中国石油和化学工业行业规划教材

"十四五"职业教育国家规划教材

化工安全技术

第三版

齐向阳　王树国　主编

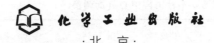

化学工业出版社

·北京·

内 容 简 介

本书侧重化工安全技能训练，兼顾安全基础知识的通用性和系统性。参照"化工总控工"、"燃料油生产工"等职业标准中有关安全技能的具体要求，从生产操作者角度出发，让学生在熟悉自身工作环境之后，首先掌握个体安全防护器材的使用，进而防止生产过程中现场中毒，防止燃烧爆炸伤害，防止现场触电伤害，防止检修现场伤害。本书配套了丰富的视频教学资源，读者可以扫描书中的二维码观看。

本书由省级教学名师和省级五一劳动奖章获得者担任主编，校企合作组成编写团队，旨在全面贯彻党的二十大报告中"产教融合"的要求。本书可作为高等职业院校化工及相关专业的教材，也可供从事化工生产的技术人员和管理人员作为培训用书或参考书。

图书在版编目（CIP）数据

化工安全技术/齐向阳，王树国主编. —3 版 .—北京：化学工业出版社，2020.7（2024.2重印）
"十二五"职业教育国家规划教材
ISBN 978-7-122-36821-8

Ⅰ.①化… Ⅱ.①齐…②王… Ⅲ.①化工安全-安全技术-高等职业教育-教材 Ⅳ.①TQ086

中国版本图书馆 CIP 数据核字（2020）第 080061 号

责任编辑：王海燕 窦 臻　　　　　　　　装帧设计：刘丽华
责任校对：宋 玮

出版发行：化学工业出版社（北京市东城区青年湖南街 13 号　邮政编码 100011）
印　　刷：北京云浩印刷有限责任公司
装　　订：三河市振勇印装有限公司
787mm×1092mm　1/16　印张 15½　字数 387 千字　2024 年 2 月北京第 3 版第 7 次印刷

购书咨询：010-64518888　　　　　　售后服务：010-64518899
网　　址：http://www.cip.com.cn
凡购买本书，如有缺损质量问题，本社销售中心负责调换。

定　　价：39.00 元　　　　　　　　　　　　　　　版权所有　违者必究

前言

党的二十大报告指出，坚持安全第一、预防为主，建立大安全大应急框架，完善公共安全体系，推动公共安全治理模式向事前预防转型。推进安全生产风险专项整治，加强重点行业、重点领域安全监管。这为化工安全技术课程的改革和教材的建设指明了努力的方向。

《化工安全技术》（第3版）教材修订工作的总体思路是：全面融入党的二十大精神，充分体现新时代中国特色社会主义建设和全面建设社会主义现代化国家新征程的鲜活实践，充分观照培养化工行业有理想、敢担当、能吃苦、肯奋斗的新时代好青年的安全素养提升需要，充分吸收第二版教材使用过程中专家学者、一线教师和学生提出的完善意见，进一步增强教材的时代感、吸引力和针对性。突出发挥教学名师和能工巧匠的作用，更好地对接产业发展；突出理论和实践相统一，强调实践性，适应项目学习、案例学习、模块化学习方式要求，注重以真实生产项目、典型工作任务、案例等为载体组织教学。在第二版教材的基础上以《高等职业学校专业教学标准》为依据修订而成的。

众所周知，化学工业是国民经济的支柱产业之一，为我国经济和社会发展做出了重要贡献。可是一旦发生事故则容易危及公共安全，社会关注度极高。因此国家针对危险化学品生产管理方面的标准规范修订速度也在加快，原来教材中的一些理论和方法已显落后。随着技术和产业升级需求，及时将新技术、新工艺、新规范纳入教材迫在眉睫。另外，现如今教育手段和阅读方式发生了很大的变化，"互联网＋教育"已是大势所趋，立体化的"纸质教材＋数字资源"，才能跟上新时代阅读方式的变化。在修订本教材前，作者多次深入企业，倾听工程技术人员的建议，召开任课教师研讨会，收集整理各方面意见后启动修订工作。

本次修订的主要内容如下：

（1）结合化工行业园区化的发展趋势，对"项目一 树立安全第一的理念"重新编写，重新定义了化工生产特点，新加入责任关怀和 HSE 管理体系的基本概念，介绍了危险、危害因素辨识和分析的基本方法，更新了相关法律、法规。

（2）依据 GB 2626—2019《呼吸防护 自吸过滤式防颗粒物呼吸器》补充了"项目二 安全防护用品的使用"中工业用口罩分类及使用方法。

（3）依据《危险化学品目录（2015 版）》、危险化学品安全管理条例（2013 年修订）、道路危险货物运输管理规定（2019 年修订）、GB 15193.3—2014《食品安全国家标准 急性经口毒性试验》，对"项目三 防止现场中毒伤害"进行了重新编排，更正了危险化学品的定义，增加了"任务二　危险化学品的安全储运"，更正了急性毒性剂量分级表，增加了烧、烫伤的现场处理。

（4）依据 GB 50058—2014《爆炸危险环境电力装置设计规范》、GB 3836.14—2014《爆炸性环境　第 14 部分：场所分类　爆炸性气体环境》、GB 50016—2014《建筑设计防火规范（2018 版）》对"项目四　防止燃烧爆炸伤害"，补充了可燃物、助燃物的内容，增加爆炸危险区域的划分及范围，删除了酸碱灭火器，增加了洁净气体灭火器和7150 灭火器的介绍。

（5）根据企业工程技术人员的建议，在"项目五　防止现场触电伤害"中，增加了漏电保护器、防爆电器、外壳防护等级（IP 代码）的含义、"黄金 4 分钟"救人法则的内容，更新了触电急救操作要点、消除静电危害的技术要点。

（6）根据企业工程技术人员的建议，在"项目六　防止检修现场伤害"中，增加压力容器分类、气瓶颜色标志，现场急救技术（止血、包扎、固定、搬运）四项基本技术。

（7）对第 2 版教材中的其他不适宜之处进行了修订。

（8）增加扫描二维码即可学习的 97 个视频资源，更新了全部教学课件。

《化工安全技术》（第 3 版）修改工作得到中国石油锦州石化分公司阎安、齐洪奎、锦州开元石化有限责任公司魏萍、陈胜辉，盘锦浩业化工有限公司刘玉龙、刘秀娟，辽宁石化职业技术学院吴巍、孙志岩的帮助和指导。"危险化学品的安全储运"由长春市公安局交通警察支队齐克寒编写，项目六由王树国编写，其余由辽宁石化职业技术学院齐向阳修订编写。

由于编者水平有限，书中难免有疏漏之处，恳请读者指正。

编者

——>>> 第一版前言

　　根据《教育部财政部关于确定"国家示范性高等职业院校建设计划"骨干高职院校立项单位的通知》（教高函［2010］27号）文件，辽宁石化职业技术学院被正式确定为第一批立项建设的国家骨干高职院校。校企合作创新石油化工生产技术专业"岗位技能递进"人才培养模式，努力实现专业人才培养规格与职业岗位标准相统一，教学内容与职业岗位要求、职业考证内容相融合。

　　"化工安全技术"课程组成员以培养学生实践技能、职业道德及可持续发展能力为出发点，以职业能力为主线，典型工作任务为载体，真实工作环节为依托，校企联合制定课程标准，按工作过程整合教学内容，深化项目导向、任务驱动、理论实践一体化的课程改革。

　　本书参照"化工总控工"、"燃料油生产工"职业标准中有关安全的具体要求，以成熟稳定的、在实践中广泛应用的技术为主，从生产操作者角度出发，在熟悉自身工作环境之后，首先掌握个体安全防护器材的使用，进而防止生产过程中现场中毒，防止燃烧爆炸伤害，防止现场触电伤害，防止检修现场伤害，通过装置的停车安全、临时用电作业安全、高处作业安全、进入受限空间作业安全、用火作业安全、拆卸作业安全训练，使学习者了解掌握化工企业计划内检修、计划外检修的安全规程。

　　教材在形式和文字方面考虑到教和学的需要，按照任务介绍、任务分析、必备知识、任务实施、考核评价、归纳总结、巩固与提高等项目化课程体例格式编写，表现形式上更直观和多样性，做到图文并茂。在内容安排上，注意反映石油化工生产过程的实际问题，突出应用训练，理论的阐述以满足学生理解掌握操作技能为目的，并渗透职业素质的培养。

　　本书编写过程中得到了锦州石化公司安全处和蒸馏车间工程技术人员的大力支持，在此表示感谢！

　　本书在编写过程中，由于编者能力所限，加上原有教材体系的变化，并且统稿时间匆忙，一定有很多不足之处，衷心希望读者批评指正。

编者

2012年1月8日

———>>> 第二版前言

　　化工生产处理的物质往往具有易燃、易爆、腐蚀性强和有毒害物质多等特点，且生产装置趋向大型化，一旦发生事故，波及面很大，对国民经济及所在地区的人民安全带来难以估计的损失和灾害。因此化工安全的意义十分重大，是化工生产管理的重要部分。

　　操作工是石油化工生产的主体工种，具体、直接地操作装置生产产品，在机械、电工、仪表和分析检验等工种中起着核心主导作用。为了保证生产过程的安全操作，操作工应该认真学习和掌握基本的安全知识、技能和生产安全要求。

　　本书是"'十二五'职业教育国家规划教材"，以培养学生实践技能、职业道德及可持续发展能力为出发点，以职业能力为主线，典型工作任务为载体，真实工作环节为依托。校企联合制定课程标准，参照"化工总控工"、"燃料油生产工"职业标准中有关安全技能的具体要求，以成熟稳定的、在实践中广泛应用的技术为主，从生产操作者角度出发，使其在熟悉自身工作环境之后，首先掌握个体安全防护器材的使用，进而防止生产过程中现场中毒，防止燃烧爆炸伤害，防止现场触电伤害，防止检修现场伤害。通过装置的停车安全、临时用电作业安全、高处作业安全、进入受限空间作业安全、用火作业安全、拆卸作业安全训练，使学习者了解掌握石油化工企业计划内检修、计划外检修的安全规程，努力实现教学内容与职业岗位要求、职业考证内容相融合，突显项目导向、任务驱动、理论实践一体化的课程改革。

　　本书在形式和文字方面考虑到教和学的需要，按照任务介绍、任务分析、必备知识、任务实施、考核评价、归纳总结、巩固与提高等项目化课程体例格式编写，表现形式上更直观和多样，做到图文并茂。在内容安排上，注重反映石油化工生产过程的实际问题，突出应用训练，理论的阐述以满足学生理解掌握操作技能为目的，并渗透职业素质的培养。

　　本书是在第一版基础上修订编写而成的，本次修订主要做了以下几项工作。

　　1. 本书沿用了第一版教材的体例格式，对内容进行了全面补充与更新。对教材所涉及的基本概念、相关安全原理进行了必要补充，力求使教材更加系统和完整。对于安全生产中常用设备附件和涉及的相关规定、标准等内容，尽可能按照最新颁布的相关规定和标准进行修订。

　　2. 新增项目一"树立安全第一的理念"，具体包括任务一了解安全生产法律法规，任务二落实安全生产管理体系，任务三借鉴杜邦公司的安全文化。意在学习国家安全生产方针、政策和有关安全生产的法律、法规、规章及标准，熟悉重大事故防范、应急管理和救援组织以及事故调查处理的有关规定，强化学生的安全文化理念。

3. 在项目三中更新了任务四"中毒的急救"的心肺复苏操作流程。在项目六任务一中新增"能量隔离"，任务二由原来的"装置的安全停车"变更为"抽堵盲板作业"，任务五补充了受限空间作业时通风换气方法。

4. 完善了配套的数字化资源，建设了具有交互性、开放性、共享性和自主性的化工安全技术网络课程，其主要内容包含：电子课件、微课、实训范例、仿真操作、试题库、视频资料、文献资料和评价系统。

本书由齐向阳担任主编，苗文莉担任副主编，其中项目一由齐向阳、卢中民编写，项目二、项目三由齐向阳、晏华丹编写，项目四由苗文莉、卢中民编写，项目五由穆德恒、齐向阳编写，项目六由齐向阳、陈胜辉编写。全书由齐向阳统稿完成，并由李晓东教授主审。

辽宁石化职业技术学院和鄂尔多斯职业学院相关老师积极参与了本书的编写工作。本书的编写还得到了锦州石化公司、锦州开元石化有限责任公司、中石油北燃（锦州）燃气有限公司有关工程技术人员的大力支持，在此表示感谢！

本书在编写过程中引用了大量的规范和文献资料，参考了有关院校编写的教材，在此对有关作者表示衷心感谢。

与本书相关的《化工安全与防护三维虚拟仿真教学软件》荣获 2012 年全国职业院校信息化教学大赛高职教学软件一等奖。主编齐向阳主持的"信息化环境下《化工安全技术》课程改革与实践"荣获 2014 年职业教育国家级教学成果二等奖。为使大量丰富的教育资源能为全体学习者共享，本书配套的网络课程（http://zypt. lnpc. edu. cn/suite/solver/classView. do? classKey＝8679088& menuNavKey＝8679088）全面开放，欢迎大家登录使用。另外，本书还套配有内容丰富的电子课件，使用本教材的学校也可以发邮件至化学工业出版社（cipedu@163.com），免费索取。

由于编者知识、技能水平有限，加上项目化教学尚处探索阶段，本书一定有很多不足，衷心希望大家批评指正，以便予以修订，使本书渐臻成熟、完善。

编者

2014 年 6 月

目录

二维码数字资源一览表

项目一
树立安全第一的理念

任务一 认识化工安全生产的重要性

【案例介绍】

　　化学工业泛指生产过程中化学方法占主要地位的过程工业，是利用化学反应改变物质结构、成分、形态等生产化学产品的工业部门。化学工业在我国工业体系和国民经济体系中占有十分重要的位置，为人们的衣、食、住、行提供品种繁多、五彩缤纷的必需品，是重要的基础工业和原材料工业，向着集约发展、安全发展、绿色发展方向迈进。

　　[案例1]　位于大连长兴岛产业园区的恒力石化（大连）有限公司，将"安全、绿色、环保、生态"作为发展准则，具有"投资规模大、生产能力强、工艺水平高、能源消耗低"等特点。形成"内在优、外在美、安全、环保"的一流石化产业园区，获评首批国家级"绿色工厂"。

　　[案例2]　美国杜邦公司是世界最大的化学与能源集团之一。作为一家有着200多年历史的化工企业，杜邦公司的安全记录：安全事故率比工业平均值低10倍，杜邦员工在工作场所比在家里安全10倍。

　　化学工业是国民经济的支柱产业之一，为我国经济和社会发展做出了重要贡献。同时，有不少化学品具有有毒有害等特性，如果管理不当，则会对人民生产生活和自然环境产生严重影响。特别是重大化学品安全事故的发生，例如2015年天津港瑞海化学品仓库特大火灾爆炸事故、2018年张家口盛华化工有限公司爆燃事故、2019年江苏响水天嘉宜化工有限公司爆炸事故等。对社会产生很大负面效应，加深了人们对化工行业的误解。

　　通过本课学习，要让大家认识到，问题并不是出在化学化工本身，目前的问题通过加强监督管理是可以解决的。同时，化工行业出现的问题是可以知道的、可以控制的、可以防止的。使大家"不被浮云遮望眼"，帮助大家在化工安全知识与技能方面更上一层楼。

【案例分析】

　　我国已成为世界第一大化学品生产国，小到纤维衣料、食品包装，大到轨道交通、航空航天，日常生活和经济发展都离不开化工行业。但是，

M1-1　化工安全的重要性

化工生产过程涉及易燃易爆、有毒有害物质，环节多、风险大，一旦发生事故容易危及公共安全，社会关注度极高。再加上社会上流行的一些错误说法，进一步加深了人们对化工行业的误解，社会上"谈化色变"心理严重。

践行社会主义核心价值观是社会和谐发展的重要保证，化工企业只有提高生产操作的安全性，才能更好地促进本产业的发展，对社会的和谐发展起到积极的推动作用。

化工生产的安全状况与人才的数量、质量、管理水平息息相关，我们未来要做既懂得化工技术又具备治理各种隐患能力的技术管理人员或一线高素质操作者，现在就要立志"不忘初心，用一生来践行跟党走的理想追求"，坚定信仰、砥砺品德，只争朝夕，不负韶华，勤奋学习，努力成长为有理想、有本领、有担当的社会主义建设者和接班人。

● 必备知识

一、基本概念

行业，是指按生产同类产品或具有相同工艺过程或提供同类劳动服务划分的经济活动类别。高危行业是指危险系数较其他行业高，事故发生率较高，财产损失较大，短时间难以恢复或无法恢复的行业。化工行业属于高危行业之一。

危害是指可能造成人员伤害、职业病、财产损失、作业环境破坏的根源或状态。

危险是指易于受到损害或伤害的一种状态。

事故隐患泛指生产系统中可导致事故发生的人的不安全行为、物的不安全状态和管理上的缺陷。按危害和整改难度，分为一般事故隐患和重大事故隐患。

事故是指造成人员死亡、伤害、职业病、财产损失或其他损失的意外事件。

安全是指没有伤害、损伤或危险，不遭受危害或损害的威胁，或免除了危害、伤害或损失的威胁。简单地说泛指没有危险、不出事故的状态。

本质安全是指通过设计等手段使生产设备或生产系统本身具有安全性，即使在误操作或发生故障的情况下也不会造成事故。具体包括失误-安全功能（误操作不会导致事故发生或自动阻止误操作）、故障-安全功能（设备、工艺发生故障时还能暂时正常工作或自动转变安全状态）。

责任关怀是化工行业针对自身的发展情况，提出的一整套自律性的、持续改进环保、健康及安全绩效的管理体系。它不只是一系列规则和口号，而是通过信息分享，严格的检测体系，运行指标和认证程序，向世人展示化工企业在健康、安全和环境质量方面所作的努力。

二、化工生产特点

化工是我国国民经济的支柱产业之一，但化工生产往往存在着许多潜在的危险因素。从安全的角度分析，化工不同于冶金、机械制造、基本建设、纺织和交通运输等部门，有其突出的特点。具体表现在以下几个方面。

1. 安全第一

化工生产中不安全因素较多，一旦发生事故，连带附近生活的居民也会遭到牵连，还会造成社会的动荡和不安。因此，化工企业安全生产秉承以人为本的理念，安全第一，积极实行化工安全教育，实现化工企业安全生产、保护人民群众生命及财产安全、构建社会主义和谐社会。

2. 倒班制度

化工生产具有高度的连续性，不分昼夜，不分节假日，长周期的连续性决定了24小时必须有专人监护、操作。因此，化工行业倒班是必不可少的。三班两倒、四班三倒、四班两倒、五班三倒等，各个企业根据自己的情况制定了倒班制度。即使是晚上上班也必须保持绝对清醒。

3. 涉及的危险品多

化工生产，从原料到产品，包括工艺过程中的半成品、中间体、溶剂、添加剂、催化剂、试剂等，多数属于有毒有害易燃易爆物质，还有爆炸性物质。它们又多以气体和液体状态存在，极易泄漏和挥发。

4. 生产条件苛刻

在生产过程中，一个产品的生产需要多道工序，甚至十几道工序才能完成，生产流程长，工艺操作条件苛刻，如高温、深冷、高压、真空等，原料、辅助材料、中间产品、产品呈三种状态且互相变换。许多加热温度都达到和超过了物质的自燃点，一旦操作失误或因设备失修，往往引起停车、产品不合格或报废，甚至着火、爆炸等。

5. 园区化成趋势，生产规模大型化、自动化、智慧化

实施园区化发展战略，走集约化发展道路，以产业空间集聚、合理配置生产要素，是当今世界石油和化学工业发展的潮流。化工企业向着大型的现代化联合企业方向发展，在一个联合企业内部，厂际之间，车间之间，管道互通，原料产品互相利用，是一个组织严密、相互依存、高度统一不可分割的有机整体。任何一个厂或一个车间，乃至一道工序发生事故，都会影响全局。

三、化工事故的特点

化工企业原料产品和生产过程的特点，决定了生产事故的特点，一般以火灾爆炸、泄漏、中毒窒息居多，另外还有触电、机械伤害、车辆伤害等。同时，由于化工企业易燃易爆物质的量非常大，少则几吨，多则可以达到几十万吨或几百万吨，一旦发生着火爆炸事故，后果不堪设想。

（1）燃烧热量大，火焰温度高，破坏性强　例如石油及其产品，在空气中燃烧时，其理论燃烧温度均在 1000℃以上，所以一旦发生火灾，人员不易靠近，其破坏性也是非常大的。

（2）燃烧面积大，容易扩散，不易扑救　化工企业的原料和产品一般都具有良好的流动性，一旦泄漏并着火，与空气接触的面积有多大，着火的面积就有多大，形成流淌火，不易扑救，容易复燃。

（3）易造成人员中毒　泄漏和燃烧产生的有毒有害物质容易造成人员中毒。

（4）容易引起二次着火、爆炸　化工装置的框架、设备、管线一般均为金属材质，这是因为在一定温度范围内金属具有强度高、密封性好、易加工等优点。但是，如果超出了这个温度范围，其强度会迅速下降。如果在着火初期处理不及时或措施不当，很容易造成着火点附近设备的损坏，甚至造成更大的火灾、爆炸，造成人员伤亡。

（5）容易造成环境污染　化工企业中不仅原料和产品是有毒有害的，发生泄漏时会造成环境污染，而且，这些原料和产品在燃烧和爆炸时也会产生大量的有毒有害物质，同时在事故的处置过程中，大量的消防水也会携带泄漏的物料流出厂外，造成水体和土壤的污染。

● **任务实施**

一、危险、危害因素的分类

对危险、危害因素进行分类，是进行危险、危害因素分析的基础。

1. **按导致事故和职业危害的直接原因分类**

① 物理性危险、危害因素；

② 化学性危险、危害因素；

③ 生物性危险、危害因素；

④ 心理、生理性危险、危害因素；

⑤ 行为性危险、危害因素；

⑥ 其他危险和危害因素。

2. 参照事故类别分类

综合考虑起因物、引起事故的先发诱导性原因、致害物、伤害方式等，将危险因素分为 20 类。包括：物体打击、车辆伤害、机械伤害、起重伤害、触电、淹溺、灼烫、火灾、高处坠落、坍塌、放炮、瓦斯爆炸、火药爆炸、锅炉爆炸、容器爆炸、其他爆炸、中毒和窒息及其他伤害。

二、危险源及重大危险源

危险源是可能导致伤害或疾病、财产损失、工作环境破坏或这些情况组合的根源或状态。重大危险源，是指长期地或者临时地生产、搬运、使用或者储存危险物品，且危险物品的数量等于或者超过临界量的单元（包括场所和设施）。重大危险源分为生产场所重大危险源和储存区重大危险源两种。

根据危险源在事故发生、发展过程中的作用，把危险源划分为以下三大类：

M1-2　危险源分级

① 生产过程中存在的，可能发生意外释放的能量（能源或能量载体）或危险物质称作第一类危险源。

② 导致能量或危险物质约束或限制措施破坏或失效的各种因素称作第二类危险源。主要包括以下三种：物的故障、人的失误、环境因素。

③ 不符合安全的组织因素，包括组织程序、组织文化、规则、制度等称为第三类危险源。

任务二　危险、危害因素辨识

【案例介绍】

孔子曰："防祸于先而不至于后伤情。知而慎行，君子不立于危墙之下，焉可等闲视之"。意思是：君子要远离危险的地方，这包括两方面：一是防患于未然，预先觉察潜在的危险，并采取防范措施；二是一旦发现自己处于危险境地，要及时离开。

［案例1］　1949 年，墨菲参加美国空军进行的 MX981 火箭减速超重实验。这个实验的目的是测定人类对加速度的承受极限。实验中要将 16 个火箭的加速度计悬空安装在受试者的正上方，当时有两种安装方法，一种是对的，另一种是错的。最终竟然有人有条不紊地将 16 个加速度计全部安装在了错误的位置上。

［案例2］　某机械师企图用手把皮带挂到正在旋转的皮带轮上，因未使用拨皮带的杆，且站在摇晃的梯板上，又穿了一件宽大长袖的工作服，结果被皮带轮绞入碾死。事后调查结果表明，他这种上皮带的方法使用已有数年之久。他手下工人均佩服他手段高明，但查阅四年病志（急救上药记录），发现他有 33 次手臂擦伤后治疗处理的记录。

安全无捷径可走，却有规律可循。我们要熟知墨菲定律和海因里希法则，将这个法则运用到现实生活和实际工作中，坚定"所有事故都可以预防"的安全理念，在 HSE 管理体系内，掌握危险、危害因素辨识和分析方法。

【案例分析】

欧洲有一个故事：一匹马的马掌上由于少了一颗铁钉而失去了一个马掌；这匹马由于失去了一个马掌而在奔跑中摔倒；由于这匹马的摔倒而使得骑在马上的将军被摔死；由于将军的阵亡，这个兵团打了败仗；由于这场败仗而失去了一座城池；由于一座城池的失陷而亡掉一个国家。它揭示了这样一个道理：千里之堤，毁于蚁穴。一个不起眼的细节可能导致灾难性的后果。

美国 MX981 火箭减速超重实验和某机械师挂皮带的案例，说明了事故的发生不仅有必然性和偶然性存在，而且做某项工作如果有很多方法，而其中一种方法将导致事故发生，那么一定有人会按这种方法去做。

事故隐患的量积累到一定程度时，事故必然发生，隐患与事故间的关系符合辩证法中量变与质变规律。如果坏事有可能发生，不管这种可能性多么小，它总会发生，并引起最大可能的损失。简单地说：凡事可能出岔子，就一定会出岔子。

危险因素是事故的前因，未遂事故是事故发生的基础，对我们从事的作业要进行充分的危害识别，风险评估，落实 HSE 管理体系，制定防范措施，消除和减少危险因素与控制未遂事故对控制事故的发生能起到举足轻重的作用。

● 必备知识

关于安全生产事故为什么会发生，国际上有两大理论模型。一个是墨菲定律，另一是海因里希法则。

一、墨菲定律

假设某意外事件在一次实验中发生的概率为 $P(P>0)$，则在 n 次实验中至少有一次发生的概率为：

$$P_n=1-(1-P)^n$$

P 无论多么小，当 n 越来越大时，P_n 就越接近 1。由此可见，做任何一件事情，如果客观上存在着一种错误的做法，或者存在着发生某种事故的可能性，不管发生的可能性有多小，当重复去做这件事时，总有人会按照错误的做法去做，事故总会在某一时刻发生。这就是"墨菲定律"，即只要发生事故的可能性存在，不管可能性有多么小，这个事故迟早会发生的。

根据墨菲定律可得到如下两点启示。

1. 不能忽视小概率危险事件

由于小概率事件在一次实验或活动中发生的可能性很小，因此，就给人们一种错觉，即在一次活动中不会发生。与事实相反，正是由于这种错觉，麻痹了人们的安全意识，加大了事故发生的可能性，其结果是事故可能频繁发生。譬如，中国运载火箭每个零件的可靠度均在 0.9999 以上，即发生故障的可能性均在万分之一以下，可是在 1996 年、1997 年两年中却频繁地出现发射失败，虽然原因是复杂的，但这不能不说明小概率事件也会常发生的客观事实。

M1-3　墨菲定律

2. 墨菲定律是安全管理过程中的长鸣警钟

安全管理的目标是杜绝事故的发生，而事故是一种不经常发生和不希望发生的意外事件，这些意外事件发生的概率一般比较小，就是人们所称的小概率事件。由于这些小概率事件在大多数情况下不发生，所以，往往被人们忽视，产生侥幸心理和麻痹大意的思想，这恰恰是事故发生的主观原因。墨菲定律告诫人们，安全意识时刻不能放松。要想保证安全，必须从我做起，采取积极的预防方法、手段和措施，消除人们不希望发生和意外的事件。

二、海因里希法则

海因里希法则，是指美国著名安全工程师海因里希提出的 300∶29∶1 法则。这个法则意为：当一个企业有 300 起隐患或违章，可能要发生 29 起轻伤或故障，并很可能有 1 起是重伤或死亡事故，如图 1-1 海因里希法则图示。

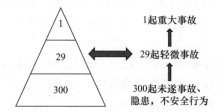

图 1-1　海因里希法则图示　　　　　　M1-4　海因里希法则

海因里希法则的另一个名字是"1∶29∶300 法则"；也可以是"300∶29∶1 法则"。

海因里希首先提出了事故因果连锁论，用以阐明导致伤亡事故的各种原因及与事故间的关系。该理论认为，伤亡事故的发生不是一个孤立的事件，尽管伤害可能在某瞬间突然发生，却是一系列事件相继发生的结果。

海因里希把工业伤害事故的发生、发展过程描述为具有一定因果关系的事件的连锁发生过程，即：

① 人员伤亡的发生是事故的结果。

② 事故的发生是由于：a. 人的不安全行为；b. 物的不安全状态。

③ 人的不安全行为或物的不安全状态是由于人的缺点造成的。

④ 人的缺点是由于不良环境诱发的，或者是由先天的遗传因素造成的。

三、HSE 管理体系

HSE 是健康（health）、安全（safety）和环境（environment）管理体系的简称。是将组织实施健康、安全与环境管理的组织机构、职责、做法、程序、过程和资源等要素有机构成的整体，这些要素通过先进、科学、系统的运行模式有机地融合在一起，相互关联、相互作用，形成动态管理体系。

H（健康）是指人身体上没有疾病，在心理上保持一种完好的状态；

S（安全）是指在劳动生产过程中，努力改善劳动条件、克服不安全因素，使劳动生产在保证劳动者健康、企业财产不受损失、人民生命安全的前提下顺利进行；

E（环境）是指与人类密切相关的、影响人类生活和生产活动的各种自然力量或作用的总和。

HSE 管理体系不仅是一种规范，更是企业文化的重要内容，HSE 管理体系主要包括的管理思想和观念：一切事故都可以预防的思想；全员参与的观点；层层负责制的管理模式；程序化、规范化的科学管理方法；事前识别控制险情的原理。

HSE 管理体系是按：规划（plan）—实施（do）—验证（check）—改进（action）运行模式来建立的，即 PDCA 模式。

HSE 程序文件架构共分为两个层次：管理层文件和作业层文件。

管理层文件包括手册、程序文件、运行控制文件。

作业层文件包括作业指导书、记录、表格、报告等。

各部门 HSE 工作主要分三步：识别评估、风险控制、绩效评估。

HSE 管理体系的十要素是：①领导承诺、方针目标和职责；②组织机构、职责、资源和文件控制；③风险评价和隐患治理；④承包商和供应商管理；⑤装置（设施）设计和建设；⑥运行和维修；⑦变更管理和应急管理；⑧检查和监督；⑨事故处理和预防；⑩审核、评审和持续改进。

"领导承诺、方针目标和责任"在十个要素中起核心和导向作用。

风险评价是所有 HSE 要素的基础，它是一个不间断的过程。

风险评价是依照现有的专业经验、评价标准和准则，对危害分析结果作出判断的过程。在进行危害评价时要考虑的十个方面指：员工和周围人群、设备、产品、财产、水、大气、废物、土地、资源、社区和相关方。

在进行危害评价时要考虑的三种状态指：正常、异常、紧急。

在进行危害评价时要考虑的三种时态指：过去、现在、将来。

四、危险与可操作性分析

危险与可操作性分析（HAZOP）是一种系统性的风险评估方法，主要用于识别和评估化工、石油和天然气等高风险行业中潜在的危险和操作问题。该方法是通过一系列的会议和讨论，由多专业背景的专家组成小组，对特定的工艺或设施进行详细审查，并识别出潜在的安全、健康和环境风险。HAZOP 分析较其他方法更适用于化工行业生产过程，被国内外众多石油石化公司、化工生产企业和设计施工单位普遍接受，并应用于装置、设备生命周期始终。

HAZOP 分析的核心是对工艺流程的每个步骤进行深入探究，找出可能出现的问题，如工艺参数的偏离、设备故障或人为错误等。然后，对这些可能的问题进行后果分析，评估其可能导致的危害，并提出相应的改进措施。

在实施 HAZOP 分析时，通常需要准备相关的工艺流程图、仪表和控制图等资料，并使用一系列引导词来描述工艺参数（如温度、压力、流量等）的可能变化。通过这些引导词和工艺参数的变化，分析人员可以系统地评估潜在的危险和操作问题。

HAZOP 分析中的常见术语如下：

设计意图	设计人员期望或规定的各要素及特性的作用范围
引导词	一种特定的用于描述对要素设计意图偏离的指导性语句
偏差	与设计意图的偏离
风险	偏差可能导致的事故后果
要素	系统一个部分的构成因素、基本特性
危险因素	发生偏差的原因
特性	要素的定性或定量性质
控制措施	消除或削弱偏差出现的手段

进行 HAZOP 分析时，应根据各个公司事故统计情况和风险接受程度，制定适用的风险矩阵。HAZOP 分析的步骤一般如下：

① 划分节点。将生产过程根据工艺流程划分为合理的分析节点，这样有利于分析工作的深入、完善。

② 选择工艺参数，确定偏差。选择适用于所选分析节点的工艺参数，如流量、温度、压力、液位、界位、腐蚀侵蚀、破裂泄漏、维修、采样、污染等。

③ 进行风险分析，分析偏差的原因和后果。针对节点内某一设备工艺参数的偏差，结合现有资料和小组成员的经验，分析导致这一偏差发生的原因，以及参数发生偏离后可能导致的后果，并根据风险后果，确定风险等级。

④ 提出建议措施。通过分析，审查现有安全措施是否足够，若事故风险等级高、后果严重且影响恶劣，小组成员就有必要提出合理可行的建议措施。

● 任务实施

一、危险、危害因素辨识和分析方法

危害识别、风险评估、制定防范措施的方法，有直观经验分析方法和系统安全分析方法，其中直观经验分析方法包括对照、经验法和类比法。系统安全分析方法常见有工作（岗位）危害分析法（JHA）、安全检查表分析法（SCL）、预危害性分析法（PHA）、失效模式与影响分析法（FMEA）、危险与可操作性分析（HAZOP）、故障树分析法（FTA）等等。在危险、危害因素的辨识与危险评价过程中，应对如下主要方面存在的危险、危害因素进行分析与评价。

① 厂址；

② 厂区平面布局；

③ 建（构）筑物；

④ 生产工艺过程；

⑤ 生产设备、装置；

⑥ 粉尘、毒物、噪声、振动、辐射、高温、低温等危害作业部位；

⑦ 管理设施、事故应急抢救设施和辅助生产、生活卫生设施。

危险、危害因素辨识工作流程如图1-2。

二、工作（岗位）危害分析法（JHA）具体工作步骤

工作（岗位）危害分析法，是一种较细致地分析工作过程中存在危害的方法，把一项工作活动分解成几个步骤，识别每一步骤中的危害和可能的事故，设法消除危害。具体步骤如下：

① 把正常的工作分解为几个主要步骤，即首先做什么，其次做什么，用3~4个词说明一个步骤，只说做什么，而不说如何做。工作分解时除运用自己对这一项工作的知识外，还要观察工作状态，并与操作者一起讨论研究。

② 对于每一步骤要问可能发生什么事故，给自己提出问题，比如操作者会被什么东西打着、碰着；他会撞着、碰着什么东西；操作者是否会跌倒；有无危害暴露，如毒气、辐射、焊光、酸雾等等。

③ 识别每一步骤的主要危害及后果。

④ 识别现有安全控制措施。

⑤ 进行风险评估。

⑥ 建立安全工作步骤。

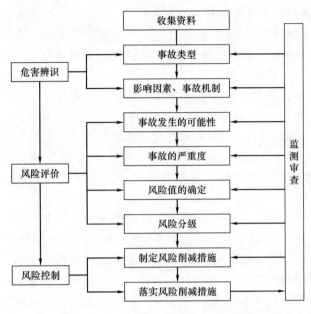

图1-2　危险、危害因素辨识工作流程

M1-5　危险、危害
因素辨识工作方法

三、安全检查表分析（SCL）具体工作步骤

安全检查表分析是一种经验的分析危害的方法，由分析人员列出一些项目，识别与生产设备和操作有关的危害，查找有无设计缺陷以及事故隐患。安全检查分析表分析可用于对物质、设备或操作规程的分析。工作步骤如下：

① 建立安全检查表，分析人员从有关渠道（如国家和行业标准、规范、内部制度、规程）选择合适的安全检查表。如果无法获取相关的安全检查表，分析人员必须运用自己的经验和可靠的参考资料制定切实可行的检查表。

② 分析者依据现场观察、阅读系统文件、与操作人员交谈以及个人的理解，通过回答安全检查表所列的问题，发现系统的设计和操作等各个方面与标准、规定不相符的地方，记下差异。

③ 分析差异（危害），制定改正措施。

任务三　遵守安全生产法律法规

【案例介绍】

为了加强安全生产监督管理，防止和减少生产安全事故，保障人民群众生命和财产安全，促进经济发展，国家制定出台了一系列安全生产法律法规。若有违反，由有关人民政府和安全生产监督管理部门、公安机关依法对其实施法律制裁。

［案例1］ 2017年5月，柯桥区安监局在某化纤有限公司进行监督检查时发现，该公司纺丝车间、加弹车间噪声高达90分贝以上，而工人们却没有佩戴耳塞等防护用品。因

公司未落实工作场所职业病危害因素检测和职业健康体检等职业病防治的主体责任，执法人员多次要求公司整改，但该公司一直拒绝配合，并拒绝在执法文书上签字。同年 6 月 21 日，柯桥区安监局依据《中华人民共和国职业病防治法》（以下简称《职业病防治法》）第七十二条的规定，对该公司作出 10 万元的行政处罚。

[案例 2]　2017 年 5 月 12 日，玛纳斯县安监局对一家化纤有限责任公司进行安全检查，共排查安全事故隐患 14 条，责令企业在 2017 年 5 月 19 日前整改完毕。2017 年 5 月 22 日，县安监局对该公司进行复查时发现该企业 10 条隐患未整改，其中员工三级安全教育卡本人未签字。依据《安全生产法》第九十四条第一款第三项之规定和《安全生产事故隐患排查治理暂行规定》第二十六条的规定，决定给予合并处以人民币 9 万元的行政处罚。

[案例 3]　2019 年 3 月 21 日，江苏响水天嘉宜化工有限公司发生"3·21"特别重大爆炸事故。造成 78 人死亡、76 人重伤，640 人住院治疗，直接经济损失约 20 亿元。事故调查组认定，江苏响水天嘉宜化工有限公司"3·21"特别重大爆炸事故是一起长期违法储存危险废物导致自燃进而引发爆炸的特别重大生产安全责任事故。依规、依纪、依法对事故中涉嫌违纪违法问题的 61 名公职人员进行严肃问责。同时，江苏省公安机关对涉嫌违法问题的 44 名企业和中介机构人员立案侦查并采取刑事强制措施。

结合上述案例，我们学习贯彻落实安全生产法律法规是做好安全生产工作的基础，也是提升安全生产水平的保证。特别是对化工这种社会关注度高、持续安全生产压力大的的企业，意义格外重大。

【案例分析】

安全生产是国家的一项长期的基本国策，是有效保护劳动者安全及其健康和国家财产安全以及促进社会生产力发展、促进经济发展、促进社会和谐稳定的基本保证。

我国有句古话"没有规矩不成方圆"。法律是国家制定或认可的，由国家强制力保证实施的，以规定当事人权利和义务为内容的具有普遍约束力的社会规范。为了搞好安全生产，加强劳动保护，保障职工的安全健康，国家出台了《中华人民共和国安全生产法》（简称《安全生产法》）等一系列涉及安全生产的法律、法规和规章。以法律形式协调人与人之间、人与自然之间的关系，维护生产的正常秩序，为劳动者提供安全、健康的劳动条件和工作环境，为生产经营者提供可行、安全可靠的生产技术和条件，从而产生间接生产力作用，促进国家现代化建设的顺利进行。

我们是化工企业的准员工，将来既是安全生产保护的对象，又是实现安全生产的基本要素，必须清楚依法享有安全保障的权利，同时也必须履行安全生产方面的义务。因此，我们要认真学习安全生产的法律知识，强化安全生产责任意识，提高对安全生产专业知识学习的热情。

● 必备知识

一、基本概念

（1）安全生产　是为了使生产过程在符合物质条件和工作秩序下进行的，防止发生人身伤亡和财产损失等生产事故，消除或控制危险、有害因素，保障人身安全与健康、设备和实施免受损坏、环境免遭破坏的总称。简单地说即不发生工伤事故、职业病、设备或财产损失。

（2）职业病 是指企业、事业单位和个体经济组织等用人单位的劳动者在职业活动中，因接触粉尘、放射性物质和其他有毒、有害物质等因素而引起的疾病。

（3）职业病危害 是指对从事职业活动的劳动者可能导致职业病的各种危害。职业病危害因素包括：职业活动中存在的各种有害的化学、物理、生物因素以及在作业过程中产生的其他职业有害因素。

（4）工伤 亦称职业伤害，指职工在工作中所发生的或与之有关的人身伤害，包括事故伤害和职业病以及因这种情况造成的死亡。

二、《安全生产法》

《安全生产法》是我国第一部全面规范安全生产的专门法律，在安全生产法律法规体系中占有极其重要的地位。包括总则、生产经营单位的安全生产保障、从业人员的权利和义务、安全生产的监督管理、生产安全事故的应急救援与调查处理、法律责任、附则共七章一百一十四条。

M1-6 中华人民共和国安全生产法

《安全生产法》是我国安全生产法律体系的主体法，是各类生产经营单位及其从业人员实现安全生产所必须遵循的行为准则，确立了对各行业和各类生产经营单位普遍适用的七项基本法律制度。包括安全生产监督管理制度、生产经营单位安全保障制度、生产经营单位负责人安全责任制度、从业人员安全生产权利义务制度、安全中介服务制度、安全生产责任追究制度、事故应急救援和处理制度。

安全生产管理方针：安全第一、预防为主、综合治理。

三、《职业病防治法》

《职业病防治法》共分总则、前期预防、劳动过程中的防护与管理、职业病诊断与职业病病人保障、监督检查、法律责任、附则七章七十九条，我国将每年4月的最后一周确定为职业病防治法宣传周。

立法的宗旨：为了预防、控制和消除职业病危害，防治职业病，保护劳动者健康及其相关权益，促进经济发展。

预防职业病方针：职业病防治工作坚持预防为主、防治结合的方针，实行分类管理、综合治理。

四、《中华人民共和国消防法》

《中华人民共和国消防法》简称《消防法》。

《消防法》包括总则、火灾预防、消防组织、灭火救援、监督检查、法律责任、附则，七章七十四条。

立法目的：为了预防火灾和减少火灾危害，加强应急救援工作，保护人身、财产安全，维护公共安全。

消防工作的方针、原则和责任制：消防工作贯彻预防为主、防消结合的方针，按照政府统一领导、部门依法监管、单位全面负责、公民积极参与的原则，实行消防安全责任制，建立健全社会化的消防工作网络。

五、《危险化学品安全管理条例》

为了加强危险化学品的安全管理，预防和减少危险化学品事故，保障人民群众生命财产安全，保护环境而制定的国家法规。适用于危险化学品生产、储存、使用、经营和运输的安全管理。

条例共八章一百零二条，规定国家实行危险化学品登记制度，为危险化学品安全管理以及危险化学品事故预防和应急救援提供技术、信息支持。危险化学品安全管理，坚持安全第一、预防为主、综合治理的方针，强化和落实企业的主体责任。任何单位和个人不得生产、经营、使用国家禁止生产、经营、使用的危险化学品。明确国家对危险化学品的生产、储存实行统筹规划、合理布局。国家对危险化学品经营（包括仓储经营）实行许可制度。

六、《工伤保险条例》

《工伤保险条例》包括总则、工伤保险基金、工伤认定、劳动能力鉴定、工伤保险待遇、监督管理、法律责任、附则共八章六十七条。为了保障因工作遭受事故伤害或者患职业病的职工获得医疗救治和经济补偿，促进工伤预防和职业康复，分散用人单位的工伤风险，制定本条例。

制定的目的：为了保障因工作遭受事故伤害或者患职业病的职工获得医疗救治和经济补偿，促进工伤预防和职业康复，分散用人单位的工伤风险。

工伤保险的基本原则：一是无责任补偿原则；二是补偿直接经济损失的原则；三是保障和补偿相结合的原则；四是预防、补偿和康复相结合的原则。

七、《生产安全事故报告和调查处理条例》

为了规范生产安全事故的报告和调查处理，落实生产安全事故责任追究制度，防止和减少生产安全事故，根据《中华人民共和国安全生产法》和有关法律而制定。条例共六章四十六条。

事故等级：根据生产安全事故（以下简称事故）造成的人员伤亡或者直接经济损失，事故一般分为以下等级，见表1-1。

表1-1   事故分级和等级标准

事故分级	等级标准
特别重大事故	造成30人以上死亡，或者100人以上重伤(包括急性工业中毒，下同)，或者1亿元以上直接经济损失的事故
重大事故	是指造成10人以上30人以下死亡，或者50人以上100人以下重伤，或者5000万元以上1亿元以下直接经济损失的事故
较大事故	造成3人以上10人以下死亡，或者10人以上50人以下重伤，或者1000万元以上5000万元以下直接经济损失的事故
一般事故	造成3人以下死亡，或者10人以下重伤，或者1000万元以下直接经济损失的事故

事故报告：事故发生后，事故现场有关人员应当立即向本单位负责人报告；单位负责人接到报告后，应当于1小时内向事故发生地县级以上人民政府安全生产监督管理部门和负有安全生产监督管理职责的有关部门报告。

情况紧急时，事故现场有关人员可以直接向事故发生地县级以上人民政府安全生产监督管理部门和负有安全生产监督管理职责的有关部门报告。

八、《安全生产违法行为行政处罚办法》

《安全生产违法行为行政处罚办法》是为了制裁安全生产违法行为，规范安全生产行政处罚工作而制定的。包括总则，行政处罚的种类、管辖，行政处罚的程序，行政处罚的适用，行政处罚的执行和备案，附则六章六十九条。

九、安全生产八大原则

① 安全生产基本原则："加强劳动保护，改善劳动条件"。

② "管生产必须管安全"的原则：企业的主要负责人在抓经营管理的同时必须抓安全生产。

③ 全员安全生产教育培训的原则：对企业全体员工（包括临时工）进行安全生产法律法规和安全专业知识，以及安全生产技能等方面的教育和培训。

④ "三同时"原则：生产性基本建设项目中的劳动安全卫生设施必须符合国家规定的标准，必须与主体工程同时设计、同时施工、同时投入生产和使用，保障劳动者在生产过程中的安全与健康。

⑤ "三同步"原则：企业在考虑经济发展，进行机构改革，技术改造时，安全生产要与之同步规划、同步组织实施、同步运作投产。

⑥ "四不伤害"原则：教育职工做到不伤害自己、不伤害他人、不被他人伤害、保护他人不受伤害。

⑦ "四不放过"原则：事故原因未查清不放过，责任人员未处理不放过，责任人和群众未受教育不放过，整改措施未落实不放过。

⑧ "五同时"原则：企业生产组织及领导者在计划、布置、检查、总结、评比经营工作的时候，要同时计划、布置、检查、总结、评比安全工作。

M1-7　安全生产"四不放过"原则

● 任务实施

通过讨论和互动提问的方式，掌握法律赋予从业人员的权利和义务。

一、从业人员承担的法律责任

员工直接从事生产经营活动，往往是各种事故隐患和不安全的因素的第一知情者和直接受害者。从业人员的安全素质高低，对安全生产至关重要。如果在从业中违反安全生产义务造成事故，那么必须承担相应的法律责任。安全生产违法行为的具体法律责任方式有三种，即行政责任、民事责任和刑事责任。对从业人员规定"不服从管理，违反安全生产规章制度或者操作规程的，由生产经营单位给予批评教育，依照有关规章制度给予处分；造成重大事故，构成犯罪的，依照刑法有关规定追究刑事责任。"

二、从业人员享有的权利

① 知情权：有权了解其作业场所和工作岗位存在的危险因素、防范措施及事故应急措施；

② 建议权：有权对本单位的安全生产工作提出建议；

③ 批评检举控告权：有权对本单位安全生产工作中存在的问题提出批评、检举、控告；

M1-8　从业人员享有的权利

④ 拒绝权：有权拒绝违章指挥和强令冒险作业；

⑤ 避险权：发现直接危及人身安全的紧急情况时，有权停止作业或者在采取可能的应急措施后撤离作业场所；

⑥ 求偿权：因生产安全事故受到损害的员工，除依法享有工伤社会保险外，依照有关民事法律尚有获得赔偿的权利的有权向本单位提出赔偿要求；

⑦ 培训权：获得安全生产教育和培训；

⑧ 获得劳动安全保护的权利：获得符合国家标准或者行业标准的劳动防护用品。

三、法律规定的从业人员的四项义务

（1）遵章守纪的义务　员工在作业过程中，应当严格遵守本单位的安全生产规章制度和

操作规程，服从管理，正确佩戴和使用劳动防护用品。

（2）接受教育的义务　员工应当接受安全生产教育和培训，掌握本职工作所需的安全生产知识，提高安全生产技能，增强事故预防和应急处理能力。

（3）报告危害的义务　员工发现事故隐患或者其他不安全因素，应当立即向现场安全生产管理人员或者本单位负责人报告；接到报告的人员应当及时予以处理。

（4）正确使用和佩戴劳动防护用品的义务。

四、在职业病防治方面，职工可以行使以下权利

① 在与企业订立劳动合同时，要求将工作过程中可能产生的职业病危害及其后果、职业病防护措施和待遇等写入劳动合同；

② 正确使用、维护职业病防护设备和个人使用的职业病防护用品，发现职业病危害事故隐患应当及时报告；

③ 要求企业在上岗前、在岗期间和离岗时进行职业健康检查，费用由企业承担并有权知道检查结果；

M1-9　职业病
防治中职工
的权利

④ 要求企业建立职业健康监护档案，离开企业时，有权索取本人职业健康监护档案复印件，企业应当如实、无偿提供，并在所提供的复印件上签章。

任务四　了解典型化工单元操作安全技术

【案例介绍】

［案例1］　2017年8月17日，中石油某石化公司第二联合车间140万吨/年重油催化裂化装置泄漏并引发火灾。经查，此次事故的直接原因是第二联合车间三催化装置分馏单元原料油泵驱动端轴承异常损坏，导致原料油泵剧烈振动，造成密封波纹管多处断裂，引起油料泄漏着火。

［案例2］曲靖经济技术开发区某科技有限公司生产一部配料车间尾气吸收系统主要由压缩机、冷凝器、填料吸收塔、引风机、烟囱组成。2021年1月20日10:08时许，尾气吸收塔发生爆炸事故，造成3人重伤，9人轻伤。事故的主要原因为企业擅自变更尾气吸收设计工艺，工艺变更后，未作安全风险辨识，安全风险失控。吸收塔内生成化学性质极不稳定的亚硝酸铵。在酸性环境及相应温度下发生剧烈分解，产生的混合气体体积急剧膨胀，同时引发硝酸铵剧烈分解，加之吸收塔为密闭容器，聚集的能量瞬间释放形成冲击波，导致事故发生。

【案例分析】

石油化工生产中，每一套工艺装置都有相应的操作规程。严格按照操作规程作业，能减少或消除火灾隐患。但若违反操作规程，将导致如装置泄漏并引发火灾，尾气吸收塔憋压爆炸等事故。究其原因，除了操作人员缺乏精益求精的工匠精神外，也与对化工单元操作知识与技能的掌握有关。

必备知识

化工单元操作是指各种化工生产中以物理过程为主的处理方法，涉及加热、冷却、冷凝、冷冻、筛分、过滤、粉碎、混合、物料输送、干燥、蒸发与蒸馏等方面的内容。可以说没有单元操作就没有化工生产过程，同样，没有单元操作的安全，也就没有化工生产的安全。

一、加热及传热

传热在化工生产过程中的应用主要有创造并维持化学反应需要的温度条件、创造并维持单元操作过程需要的温度条件、热能综合和回收、隔热与限热。装置加热方法一般为蒸汽或热水加热、载热体加热以及电加热等。

M1-10　换热器
爆炸事故

二、蒸馏及精馏

化工生产中常常要将混合物进行分离，以实现产品的提纯、回收或原料的精制。对于均相液体混合物，最常用的分离方法是蒸馏。要实现混合液的高纯度分离，需采用精馏操作。

三、气体吸收与解吸

气体吸收按溶质与溶剂是否发生显著的化学反应可分为物理吸收和化学吸收；按被吸收组分的不同，可分为单组分吸收和多组分吸收；按吸收体系（主要是液相）的温度是否显著变化，可分为等温吸收和非等温吸收。在选择吸收剂时，应注意溶解度、选择性、挥发度、黏度。

解吸又称脱吸，是脱除吸收剂中已被吸收的溶质，而使溶质从液相逸出到气相的过程。在生产中解吸过程用来获得所需较纯的气体溶质，使溶剂得以再生，返回吸收塔循环使用。工业上常采用的解吸方法有加热解吸、减压解吸、在惰性气体中解吸、精馏方法解吸等。

四、干燥

干燥按其热量供给湿物料的方式，可分为传导干燥、对流干燥、辐射干燥和介电加热干燥。干燥按操作压强可分为常压干燥和减压干燥；按操作方式可分为间歇式干燥与连续式干燥。常用的干燥设备有厢式干燥器，转筒干燥器、气流干燥器、沸腾床干燥器、喷雾干燥器。

五、蒸发

蒸发按其采用的压力可以为常压蒸发、加压蒸发和减压蒸发（真空蒸发）。按其蒸发所需热量的利用次数可分为单效蒸发和多效蒸发。蒸发过程要注意如下安全问题：

① 蒸发器的选择应考虑蒸发溶液的性质，如溶液的黏度、发泡性、腐蚀性、热敏性，以及是否容易结垢、结晶等情况。

② 在蒸发操作中，管内壁出现结垢现象是不可避免的，尤其当处理易结晶和腐蚀性物料时，使传热量下降。在这些蒸发操作中，一方面应定期停车清洗、除垢；另一方面改进蒸发器的结构，如把蒸发器的加热管加工光滑些，使污垢不易生成，即使生成也易清洗，或者提高溶液循环的速度，从而可降低污垢生成的速度。

六、结晶

结晶是固体物质以晶体状态从蒸气、溶液或熔融物中析出的过程。结晶是一个重要的化工单元操作，主要用于制备产品与中间产品、获得高纯度的纯净固体物料。

结晶过程常采用搅拌装置。搅动液体使之发生某种方式的循环流动，从而使物料混合均匀或促使物理、化学过程加速操作。

结晶过程的搅拌器要注意如下安全问题：

① 当结晶设备内存在易燃液体蒸气和空气的爆炸性混合物时，要防止产生静电，避免

火灾和爆炸事故的发生。

② 避免搅拌轴的填料函漏油，因为填料函中的油漏入反应器会发生危险。例如硝化反应或有强氧化剂存在时，使反应物料温度升高，可能发生冲料和燃烧爆炸。

M1-11 结晶槽爆炸事故

③ 对于危险易燃物料不得中途停止搅拌。因为搅拌停止，物料不能充分混匀，且大量积聚；而当搅拌恢复时，则大量未反应的物料迅速混合，反应剧烈，往往造成冲料，有燃烧、爆炸危险。如因故障而导致搅拌停止时，应立即停止加料，迅速冷却；恢复搅拌时，必须待温度平稳、反应正常后方可继续加料，恢复正常操作。

④ 搅拌器应定期维修，严防搅拌器断落造成物料混合不匀，最后突然反应而发生猛烈冲料，甚至爆炸起火，搅拌器应灵活，防止卡死引起电动机温升过高而起火。搅拌器应有足够的机械强度，以防止因变形而与反应器器壁摩擦造成事故。

七、萃取

萃取设备的主要性能是为两液相提供充分混合与充分分离的条件，使两液相之间具有很大的接触面积，萃取的设备有填料萃取塔、筛板萃取塔、转盘萃取塔、往复振动筛板塔和脉冲萃取塔。工业生产中所采用的萃取流程有多种，主要有单级和多级之分。

萃取时溶剂的选择是萃取操作安全的关键，萃取剂的性质决定了萃取过程的危险性大小和特点。萃取剂的选择性、物理性质（密度、界面张力、黏度）、化学性质（稳定性、热稳定性和抗氧化稳定性）、萃取剂回收的难易和萃取的安全问题（毒性、易燃性、易爆性）是选择萃取剂时需要特别考虑的问题。

八、制冷

在工业生产过程中，蒸气、气体的液化，某些组分的低温分离，以及某些物品的输送、储藏等，常需将物料降到比水或周围空气更低的温度，这种操作称为冷冻或制冷。

冷却、冷凝操作在化工生产中十分重要，它不仅涉及生产，而且也严重影响防火安全，反应设备和物料由于未能及时得到应有的冷却或冷凝，常是导致火灾、爆炸的原因。

冷冻操作的实质是利用冷冻剂自身通过压缩—冷却—蒸发（或节流、膨胀）的循环过程，不断地从被冷冻物体取出热量（一般通过冷载体盐水溶液传递热量），并传给高温物质（水或空气），以使被冷冻物体温度降低。一般说来，冷冻程度与冷冻操作技术有关，凡冷冻范围在 $-100℃$ 以内的称冷冻；而在 $-100\sim-200℃$ 或更低的，则称为深度冷冻或简称深冷。

九、物料输送

在工业生产过程中，经常需要将各种原材料、中间体、产品以及副产品和废弃物从一个地方输送到另一个地方，这些输送过程就是物料输送。由于所输进的物料形态不同（块状、粉态、液态、气态等），所采取的输送设备也各异。

1. 液态物料输送

液态物料输送设备通常有往复泵、离心泵、旋转泵、流体作用泵等四类。

① 输送易燃液体宜采用蒸气往复泵。设备和管道均应有良好的接地，以防静电引起火灾。

② 对于易燃液体，不可采用压缩空气压送，对于闪点很低的可燃液体，应用氮气或二氧化碳等惰性气体压送。

③ 用各种类型的泵输送可燃液体时，其管道内流速不应超过安全速度，且管道应有可靠的接地措施，以防静电聚集。同时要避免吸入口产生负压，以防空气进入系统导致爆炸或

抽瘪设备。

2. 气态物料输送

气体物料的输送采用压缩机。按气体的运动方式，压缩机可分为往复压缩机和旋转压缩机两类。

十、非均相分离

化工生产中的原料、半成品、成品大多为混合物，混合物可分为均相（混合）物系和非均相（混合）物系。为了得到纯度较高的产品以及环保的需要等，要对混合物进行分离。非均相（混合）物系常见的有筛分、过滤分离、沉降分离、、静电分离和湿洗分离等，此外，还有除尘等方法。

1. 筛分

在工业生产中，筛分分为人工筛分和机械筛分两种。筛分所用的设备称为筛子，通过筛网孔眼控制物料的粒度。按筛网的形状可分为转动式和平板式两类。

在筛分可燃物时，应采取防碰撞打火和消除静电措施，防止因碰撞和静电引起粉尘爆炸和火灾事故。

2. 过滤

过滤是使悬浮液在重力、真空、加压及离心的作用下，通过细孔物体，将固体悬浮微粒截留进行分离的操作。按操作方法，过滤分为间歇过滤和连续过滤两种；按推动力分为重力过滤、加压过滤、真空过滤和离心过滤。过滤采用的设备为过滤机。

① 若加压过滤时会散发易燃、易爆、有害气体，则应采用密闭过滤机，并应用压缩空气或惰性气体保持压力，取滤渣时，应先释放压力。

② 在存在火灾、爆炸危险的工艺中，不宜采用离心过滤机，宜采用转鼓式或带式等真空过滤机。

● 任务实施

一、加热及传热过程安全措施

（1）采用水蒸气或热水加热时，应定期检查蒸汽夹套和管道的耐压强度，并应装设压力计和安全阀。与水会发生反应的物料，不宜采用水蒸气或热水加热。

（2）采用充油夹套加热时，需将加热炉门与反应设备隔离，或将加热炉设于车间外面。油循环系统应严格密闭，防止热油泄漏。

（3）为了提高电感加热设备的安全可靠程度，可采用较大截面的导线，以防过负荷；采用防潮、防腐蚀、耐高温的绝缘，增加绝缘层厚度。添加绝缘保护层等措施。电感应线圈应密封起来，防止与可燃物接触。

（4）电加热器的电炉丝与被加热设备的器壁之间应有良好的绝缘，以防短路引起电火花，将器壁击穿，使设备内的易燃物质或漏出的气体和蒸气发生燃烧或爆炸。

（5）在采用直接用火加热工艺过程时，加热炉门与加热设备间应用耐火砖完全隔离，不使厂房内存在明火。以煤粉为燃料时，料斗应保持一定存量，不许倒空，避免空气进入，防止煤粉爆炸；制粉系统应安装爆破片。以气体、液体为燃料时，点火前应吹扫炉膛，排除积存的爆炸性混合气体，防止点火时发生爆炸。当加热温度接近或超过物料的自燃点时，应采用惰性气体保护。

二、蒸馏过程操作安全

在常压蒸馏中应注意易燃液体的蒸馏热源不能采用明火，而采用水蒸气或过热水蒸气加热较安全。蒸馏腐蚀性液体，应防止塔壁、塔盘腐蚀，造成易燃液体或蒸气逸出，遇明火或灼热的炉壁而产生燃烧。蒸馏自燃点很低的液体，应注意蒸馏系统的密闭，防止因高温泄漏遇空气自燃。对于高温的蒸馏系统，应防止冷却水突然漏入塔内，这将会使水迅速汽化，塔内压力突然增高而将物料冲出或发生爆炸。启动前应将塔内和蒸汽管道内的冷凝水放空，然后再使用。在常压蒸馏过程中，还应注意防止管道、阀门被凝固点较高的物质凝结堵塞，导致塔内压力升高而引起爆炸。在用直接火加热蒸馏高沸点物料时（如苯二甲酸酐），应防止产生自燃点很低、遇空气而自燃的树脂油状物。同时，应防止蒸干，使残渣焦化结垢，引起局部过热而着火爆炸。油焦和残渣应经常清除。冷凝系统的冷却水或冷冻盐水不能中断，否则未冷凝的易燃蒸气逸出使局部吸收系统温度增高，或窜出遇明火而引燃。

对于沸点较高、在高温下蒸馏时能引起分解、爆炸和聚合的物质，采用真空蒸馏较为合适。如硝基甲苯在高温下分解爆炸、苯乙烯在高温下易聚合，类似这类物质的蒸馏必须采用真空蒸馏的方法以降低流体的沸点。借以降低蒸馏的温度，确保其安全。

三、冷却（凝）及冷冻过程操作安全

（1）对于制冷系统的压缩机、冷凝器、蒸发器以及管路系统，应注意耐压等级和气密性，防止设备、管路产生裂纹、泄漏。此外，应加强压力表、安全阀等的检查和维护。

（2）应根据被冷却物料的温度、压力、理化性质以及所要求冷却的工艺条件，正确选用冷却设备和冷却剂。忌水物料的冷却不宜采用水做冷却剂，必需时应采取特别措施。

（3）应严格注意冷却设备的密闭性，防止物料进入冷却剂中或冷却剂进入物料中。

（4）冷却操作过程中，冷却介质不能中断，否则会造成积热，使反应异常，系统温度、压力升高，引起火灾或爆炸。

（5）开车前，首先应清除冷凝器中的积液；开车时，应先通入冷却介质，然后通入高温物料；停车时，应先停物料，后停冷却系统。

（6）为保证不凝可燃气体安全排空，可充氮进行保护。

（7）高凝固点物料，冷却后易变得黏稠或凝固，在冷却时要注意控制温度，防止物料卡住搅拌器或堵塞设备及管道。当制冷系统发生事故或紧急停车时，应注意被冷冻物料的排空处置。

（8）离心过滤机应注意选材和焊接质量，转鼓、外壳、盖子及底座等应用韧性金属制造。

四、气态物料输送操作安全

（1）输送液化可燃气体宜采用液环泵。但在抽送或压送可燃气体时，进气入口应该保持一定余压，以免造成负压吸入空气形成爆炸性混合物。

（2）为避免压缩机气缸、储气罐以及输送管路因压力增高而引起爆炸，要求这些部分要有足够的强度。此外，要安装经核验准确可靠的压力表和安全阀（或爆破片）。安全阀泄压应将危险气体导至安全的地点。还可安装压力超高报警器、自动调节装置或压力超高自动停车装置。

（3）压缩机在运行中不能中断润滑油和冷却水，并注意冷却水不能进入气缸，以防发生水锤。

（4）可燃气体的管道应经常保持正压，并根据实际需要安装止回阀（又称逆止阀）、水封和阻火器等安全装置，管内流速不应过高。管道应有良好的接地装置，以防静电聚集放电引起火灾。

（5）当输送可燃气体的管道着火时，应及时采取灭火措施。管径在150mm以下的管道，一般可直接关闭闸阀熄火。管径在150mm以上的管道着火时，不可直接关闭闸阀熄火，应采取逐渐降低气压，通入大量水蒸气或氮气灭火的措施。但气体压力不得低于50～100Pa。严禁突然关闭闸阀或水封，以防回火爆炸。当着火管道被烧红时，不得用水骤然冷却。

五、干燥过程操作安全

（1）当干燥物料中含有自燃点很低或含有其他有害杂质时必须在烘干前彻底清除掉，干燥室内也不得放置容易自燃的物质。

（2）干燥室与生产车间应用防火墙隔绝，并安装良好的通风设备，电气设备应防爆或将开关安装在室外。在干燥室或干燥箱内操作时，应防止可燃的干燥物直接接触热源，以免引起燃烧。

（3）干燥易燃易爆物质，应采用蒸汽加热的真空干燥箱，当烘干结束后，去除真空时，一定要等到温度降低后才能放入空气；对易燃易爆物质采用流速较大的热空气干燥时，排气用的设备和电动机应采用防爆的；在用电烘箱烘烤能够蒸发易燃蒸气的物质时，电炉丝应完全封闭，箱上应加防爆门；利用烟道气直接加热可燃物时，在滚筒或干燥器上应安装防爆片，以防烟道气混入一氧化碳而引起爆炸。

（4）间歇式干燥，热源采用热空气自然循环或鼓风机强制循环，温度较难控制，易造成局部过热，引起物料分解造成火灾或爆炸。因此，在干燥过程中，应严格控制温度。

（5）在采用洞道式、滚筒式干燥器干燥时，主要是防止机械伤害。在气流干燥，喷雾干燥、沸腾床干燥以及滚筒式干燥中，多以烟道气、热空气为干燥热源。

（6）干燥过程中所产生的易燃气体和粉尘同空气混合易达到爆炸极限。在气流干燥中，物料由于迅速运动相互激烈碰撞、摩擦易产生静电；滚筒干燥过程中，刮刀有时和滚筒壁摩擦产生火花，因此，应该严格控制干燥气流风速，并将设备接地；对于滚筒干燥，应适当调整刮刀与筒壁间隙，并将刮刀牢牢固定，或采用有色金属材料制造刮刀，以防产生火花。用烟道气加热的滚筒式干燥器，应注意加热均匀，不可断料，滚筒不可中途停止运转。斗口有断料或停转应切断烟道气并通氮。干燥设备上应安装爆破片。

任务五 了解典型化工反应及其安全措施

【案例介绍】

［案例1］ 2017年7月2日，江西省某工业园区一化工公司高压反应釜发生爆炸，事故造成3人死亡、3人受伤。事故直接原因为：该企业涉及胺化反应，反应物料具有燃爆危险性，事故发生时冷却失效，且安全联锁装置被企业违规停用，大量反应热无法通过冷却介质移除，体系温度不断升高；反应产物对硝基苯胺在高温下易发生分解，导致体系温度、压力极速升高造成爆炸。

M1-12 响水
天嘉宜公司
"3·21"特大
爆炸事故

［案例2］2019年3月21日，江苏省盐城市响水县生态化工园区的天嘉宜化工有限公司发生特别重大爆炸事故，造成78人死亡、76人重伤、640人住院治疗，直接经济损失将近20亿元。事故直接原因是由于天嘉宜公司旧固废库内长期违法贮存的硝化废料持续积热升温导致自燃，燃烧引发硝化废料爆炸。

【案例分析】

上面两个案例的突出特点：一是化学反应具有易燃、易爆、有毒、有害、有腐蚀等特点，硝化、氧化、氯化、聚合等均为强放热反应，若加料速率过快或突遇停电、停水，易造成反应热蓄积，反应釜内温度、压力急剧上升导致发生爆炸；二是生产工艺、设备或系统不完善，危险化学品受热或撞击，极易发生爆炸事故，造成的伤亡极其惨重，损失巨大。

● 必备知识

化工生产是以化学反应为主要特征的生产过程，不同类型的化学反应，因其反应特点不同，潜在的危险性亦不同，因此生产中要严格执行操作规程。

一、化工反应的危险性分类

① 原料、中间产物、成品、副产品、添加物中含有不稳定物质的化工反应；

② 化工放热反应；

③ 易燃物料且在高温、高压下运行的化工反应；

④ 易燃物料且在低温状况下运行的化工反应；

⑤ 在爆炸极限内或接近爆炸极限的化工反应；

⑥ 有可能形成尘雾爆炸性混合物的化工反应；

⑦ 有高毒物料存在的化工反应；

⑧ 高压或超高压的化工反应。

二、典型的化工反应

1. 氧化反应

绝大多数氧化反应都是强放热反应，作为氧源的氧化剂具有助燃作用，若反应物与空气或氧配比不当，反应温度或压力控制失调，就易发生燃烧爆炸。

氧化反应主要危险性有：

① 被氧化的物质大多是易燃易爆危险化学品，通常以空气或氧为氧化剂，反应体系随时都可以形成爆炸性混合物。

② 氧化反应是强放热反应，特别是完全氧化反应，放出的热量比部分氧化反应大 8～10 倍。

③ 有机过氧化物不仅具有很强的氧化性，而且大部分是易燃物质，有的对温度特别敏感，遇高温则爆炸。

在使用高锰酸盐、亚氯酸钠、过氧化物、硝酸等强氧化剂时，应采用低浓度或低温操作，以免发生燃烧和爆炸。对具有高火险的粉状金属（钙、钛）、氢化钾、乙硼烷、硼化氢、磷化氢等自燃性物质，为避免可能发生的火灾或爆炸，同样在加工时必须与空气隔绝，或在较低的温度条件下操作。绝大多数氧化剂都是高毒性化合物，会造成氧化性危险，有些是刺激性气体，如硫酸、氯酸烟雾；有些是窒息性气体，如硝酸烟雾、氯气，所以在防火防爆的同时还要注意防毒。

M1-13　一个疏忽，火烧连营

2. 还原反应

还原反应种类很多，有些还原反应会产生氢气或使用氢气，有些还原剂和催化剂有较大的燃烧、爆炸危险性。常用的还原剂有铁、硫化钠、亚硫酸盐（亚硫酸钠、亚硫酸氢钠）、锌粉、保险粉等。

钠、钾、钙及其氢化物，与水或水蒸气会发生程度不同放热反应，释放出易燃气体氢；氮、硫、碳、硼、硅、砷、磷类化合物与水或水蒸气反应，会生成挥发性氢化物；苯加氢生成环己烷，还原剂本身就具有燃烧爆炸的危险性。氢气的爆炸极限为 $4\%\sim75.6\%$，当反应有氢气存在，而且又在加温加压条件下进行时，若操作不当或设备泄漏，就极易引发爆炸，所以操作中要严格控制温度、压力和流量。

还原反应主要危险性有：

① 爆炸。许多还原反应都是在氢气存在的条件下，并在高温高压下进行的，如果因操作失误或设备缺陷发生氢气泄漏，极易发生爆炸。

② 火灾。如加氢裂化在高温高压下进行，且需要大量氢气，一旦油品和氢气泄漏，极易发生火灾或爆炸。

③ 氢脆。加氢为强烈的放热反应，氢气在高温下与钢材接触，钢材内的碳分子易与氢气发生反应生成碳氢化合物，使钢制设备强度降低，发生氢脆。

3. 硝化反应

硝化反应中常用的硝化剂是浓硝酸或混酸（浓硝酸和浓硫酸的混合物），也有用氧化氮气体作硝化剂的。硝化反应主要有两种，一种是指有机化合物分子中引入硝基取代氢原子而生成硝基化合物的反应，如苯硝化制取硝基苯、甘油硝化制取硝化甘油；另一种是硝酸根取代有机化合物中的羟基生成硝酸酯的化学反应。生产染料和医药中间体的反应大部分是硝化反应。

硝化反应的主要危险性有：

① 爆炸。硝化是剧烈放热反应，操作稍有疏忽如中途搅拌停止冷却水供应不足或加料速度过快等，都易造成温度失控而爆炸。

② 火灾。被硝化的物质和硝化产品大多为易燃有毒物质，受热磨擦撞击接触火源极易造成火灾。

③ 突沸冲料导致灼伤等。硝化使用的混酸具有强烈的氧化性、腐蚀性，与不饱和有机物接触就会引起燃烧。混酸遇水会引发突沸冲料事故。

4. 卤化反应

卤化反应可分为氯化、溴化、碘化和氟化，其中以氯化和溴化更为常用。卤化反应在有机合成中占有重要地位，通过卤化反应，可以制备多种含卤有机化合物。常用的氯化剂有液态或气态氯、气态氯化氢和不同浓度的盐酸、三氯化磷、次氯酸钙等。

化工生产中用于氯化的原料一般是甲烷、乙烷、乙烯、丙烯、苯、甲苯等，它们都是易燃易爆物质，氯化反应是放热反应。

卤化反应主要危险性有：

① 火灾。卤化反应的火灾危险性主要取决于被卤化物质的性质及反应过程条件，反应过程所用的物质为有机易燃物和强氧化剂时，容易引发火灾事故。

② 爆炸。卤化反应为强放热反应，因此卤化反应必须有良好的冷却和物料配比控制系统。否则超温超压会引发设备爆炸事故。

③ 中毒。卤化过程使用的液氯溴具有很强的毒性和氧化性，液氯储存压力较高，一旦泄露会发生严重的中毒事故。

5. 裂解反应

石油化工中的裂解是指石油烃在隔绝空气和高温条件下分子发生分解反应的过程，一般温度大于 600℃。典型的裂解反应有：热裂解制烯烃工艺，重油催化裂化制汽油、柴油、丙烯、丁烯；乙苯裂解制苯乙烯；二氟一氯甲烷（HCFC-22）热裂解制得四氟乙烯（TFE）。

裂解反应主要危险性：

① 在高温（高压）下进行反应，装置内的物料温度一般超过其自燃点，若漏出会立即引起火灾；

② 炉管内壁结焦会使流体阻力增加，影响传热，当焦层达到一定厚度时，因炉管壁温度过高，而不能继续运行下去，必须进行清焦，否则会烧穿炉管，裂解气外泄，引起裂解炉爆炸；

③ 如果由于断电或引风机机械故障而使引风机突然停转，则炉膛内很快变成正压，会从窥视孔或烧嘴等处向外喷火，严重时会引起炉膛爆炸；

④ 如果燃料系统大幅度波动，燃料气压力过低，则可能造成裂解炉烧嘴回火，使烧嘴烧坏，甚至会引起爆炸；

⑤ 有些裂解工艺产生的单体会自聚或爆炸，需要向生产的单体中加阻聚剂或稀释剂等。

6. 聚合反应

将若干个分子结合为一个较大的组成相同而分子量较高的化合物的反应过程为聚合。如氯乙烯聚合生产聚氯乙烯塑料、丁二烯聚合生产顺丁橡胶和丁苯橡胶等。聚合按照反应类型可分为加成聚合和缩合聚合两大类；按照聚合方式又可分为本体聚合、悬浮聚合、溶液聚合和乳液聚合、缩合聚合五种。

聚合反应过程危险性：

① 聚合反应中使用的单体、溶剂、引发剂、催化剂等大多数是易燃、易爆物质，使用或存储不当时，易造成火灾、爆炸。如聚乙烯的单体乙烯是可燃气体，顺丁橡胶生产中的溶剂苯是易燃液体，引发剂是遇湿易燃危险品。

② 许多聚合反应在高压条件下进行，单体在压缩过程中或在高压系统中易泄漏，发生火灾、爆炸。例如，乙烯在 130～300MPa 的压力下发生聚合反应合成聚乙烯。

③ 聚合反应中加入的引发剂都是化学活性很强的过氧化合物，一旦配料比控制不当，容易引起暴聚，反应器压力骤增，易引起爆炸。

④ 聚合物分子量高，黏度大，聚合反应热不易导出，一旦遇到停水、停电、搅拌系统故障时，容易挂壁和堵塞，造成局部过热或反应釜骤然升温，发生爆炸。

● 任务实施

一、氧化反应过程的安全措施

在氧化反应中，一定严格控制氧化剂的投料比，当以空气或氧气为氧化剂时，反应投料比应严格控制在爆炸范围以外。氧化剂的加料速度要适宜，防止过量。反应过程要有搅拌和冷却装置，严格控制反应温度、流量。防止因设备、物料含有杂质而为氧化反应提供催化作用。例如，有些氧化剂遇到金属杂质会引起分解。空气进入反应器前一定要净化，除掉灰尘、水分、油污以及可使催化剂活性降低或中毒的杂质，减少着火和爆炸的危险。反应器和管道上应安装阻火器，以阻止火焰蔓延，防止回火。接触器应有泄压装置，并尽可能采用自动控制、报警联锁装置。在设备系统中易设置氮气、水蒸气灭火装置，以便及时扑灭火灾。

二、还原反应过程的安全措施

操作过程中一定要严格控制温度、压力、流量等各种反应参数和反应条件。注意催化剂的正确使用和处置。反应前必须用氮气置换反应器内的全部空气，经测试确认氧含量符合要求后方可通入氢气。反应结束后，应先用氮气把氢气置换掉，才能出料，以免空气与反应器内的氢气混合，在催化剂自燃的情况下发生爆炸。注意还原剂的正确使用和处置。例如，氢化铝锂应浸没在煤油中储存，使用时应先用氮气置换干净，在氮气保护下投料和反应。对设备和管道的选材要符合要求，并定期检测，以防止氢腐蚀造成事故。车间内的电气设备必须符合防爆要求，厂房通风好，且应采用轻质屋顶，设置天窗或风帽，使氢气易于逸出，尾气排放管要高出屋脊 2m 以上并设阻火器。

三、硝化反应过程安全措施

制备混合酸时，应严格控制温度和酸的配比，并保证充分的搅拌和冷却条件，严防因温度骤升而造成冲料或爆炸。不能把未经稀释的浓硫酸和硝酸混合。稀释浓硫酸时，不可将水注入硫酸中。必须严格防止混合酸与纸、棉、布、稻草等有机物接触，避免因强烈氧化而发生燃烧或爆炸。应仔细配制反应混合物并去除其中易氧化的组分，不得有油类、酐类、甘油、醇类等有机杂质，含水也不能过高，否则，此类杂质与酸作用易引发爆炸事故。硝化过程应严格控制加料速度，控制硝化反应温度。硝化反应器应有良好的搅拌和冷却装置，不得中途停水、断电以及发生搅拌系统故障。做好设备和管道的防腐蚀，确保严密不漏。硝化器应安装严格的温度自动调节、报警及自动联锁装置，当超温或出现搅拌系统故障时，能自动报警并停止加料。硝化器应设有泄爆管和紧急排放系统，一旦温度失控，可将物料紧急排放到安全地点。

四、卤化反应过程的安全措施

卤化反应过程所用的原料大多是有机物，易燃易爆，所以生产过程有燃烧爆炸的危险，应严格控制各种点火能源，电气设备应符合防火防爆的要求。

卤化反应是一个放热过程，因此，必须有良好的冷却系统、严格控制氯气流量，避免温度剧升。

液氯的蒸发汽化装置，流量应采用自动调节装置。氯气入口处应安装计量装置，从钢瓶中放出氯气用阀门来调节流量。若需要气体氯流量较大时，可并联几个钢瓶，分别由各钢瓶供气，如果用此法氯气量仍不足时，可将钢瓶的一端置于温水中加热。

做好设备和管道的防腐蚀，确保严密不漏。

五、裂解反应过程的安全措施

① 要严格遵守操作规程，严格控制温度和压力。

② 由于热裂化的管式炉经常在高温下运转，要采用高镍铬合金钢制造。

③ 裂解炉炉体应设有防爆门，备有蒸气吹扫管线和其他灭火管线，以防炉体爆炸和用于应急灭火。设置紧急放空管和放空罐，以防止因阀门不严或设备漏气造成事故。

④ 设备系统应有完善的静电消除和避雷措施。高压容器、分离塔等设备均应安装安全阀和事故放空装置。低压系统和高压系统之间应有止逆阀。配备固定的氮气装置、蒸气灭火装置。

⑤ 应备有双路电源和水源，保证高温裂解气直接喷水急冷时的用水用电，防止烧坏设备。发现停水或气压大于水压时，要紧急放空；应注意检查、维修、除焦，避免炉管结焦，使加热炉效率下降，出现局部过热，甚至烧穿。

六、聚合反应过程的安全措施

设置可燃气体检测报警器，一旦发现设备、管道有可燃气体泄漏，将自动停车。反应釜的搅拌和温度有检测和联锁装置，发现异常能自动停止进料。高压分离系统应设置爆破片、导爆管，并有良好的静电接地系统，一旦有异常能及时泄压。对催化剂、引发剂等要加强储存、调配、运输、注入等工序的管理。注意防止暴聚现象的发生。注意防止粘壁和堵塞现象的发生。

"1+X"考证练习

一、选择题

1. 化工企业原料产品和生产过程的特点，就决定了生产事故的特点，一般以火灾爆炸、泄漏、（　　）居多，另外还有触电、机械伤害、车辆伤害等。

　　A. 锅炉爆炸　　　　　B. 容器爆炸　　　　　C. 高处坠落　　　　　D. 中毒和窒息

2. 生产过程中存在的，可能发生意外释放的能量（能源或能量载体）或危险物质称作（　　）危险源。

　　A. 第一类　　　　　B. 第二类　　　　　C. 第三类　　　　　D. 其他

3. 海因里希法则：每一起严重的事故背后，必然有（　　）起较轻微事故和300起未遂先兆，以及1000起事故隐患相随。

　　A. 28　　　　　B. 29　　　　　C. 30　　　　　D. 31

4. 下面不符合墨菲定律说法的是（　　）。

　　A. 做对一件事很难，重做一件事很容易

　　B. 所有的事情都比预计的时间长

　　C. 担心某种情况发生，那么它更有可能发生

　　D. 会出错的事总会出错

5. 某化工企业在切割某管线施工时，由于管线内残存的可燃性原料受热气化，遇切割产生明火发生爆炸，爆炸冲击波造成紧邻管线的储罐内有毒气体泄漏，事故造成3人死亡，20人重伤，35人急性工业中毒，财产损失560万元。下列说法中，正确的是（　　）。

　　A. 该起事故类型是火灾事故，事故的等级为较大事故

　　B. 该起事故类型是爆炸事故，事故的等级为重大事故

　　C. 该起事故类型是火灾事故，事故的等级为特大事故

　　D. 该起事故类型是爆炸事故，事故的等级为较大事故

6. 某机械厂一次桥式起重机检修中，一名检修工不慎触及带电的起重机滑触线，强烈电击，坠落地面，经抢救无效身亡。从主要危险和有害因素的角度分析，这起死亡事故属于（　　）类型的事故。

　　A. 车辆伤害　　　　　B. 触电　　　　　C. 高处坠落　　　　　D. 其他伤害

7. 下列事故中，属于物体打击事故类别的有（　　）。

　　A. 某施工作业人员被高空坠落的瓦片砸伤

　　B. 某职工在整理作业环境时被人为乱扔杂物砸伤

　　C. 起重机吊运货物时货物从空中坠落砸伤某作业人员

　　D. 某仓库管理人员在作业时被倒塌的堆置物砸伤

8. 下列职业性危害因素中，不属于环境因素的有（　　）。

　　A. 作业场地涌水　　　　　B. 房屋基础下沉　　　　　C. 烟雾　　　　　D. 激光

9. 根据《企业职工伤亡事故分类标准》，我国企业职工伤亡事故的类别主要依据

（　　）划分。

　　A. 受伤部位　　　　　B. 受伤性质　　　　C. 起因物　　　　D. 伤害等级

10. 根据《安全生产法》，关于生产安全事故应急救援与调查处理的说法，正确的是（　　）。

　　A. 除尚未查清伤亡人数、财产损失等原因外，必须立即将事故报告当地安全监管部门

　　B. 生产经营单位发生生产安全事故后，事故现场有关人员应当立即报告本单位负责人

　　C. 除尚未核实事故起因和伤亡人数等原因外，不得迟报事故

　　D. 除确有必要并经有关部门批准，不得故意破坏事故现场和毁灭有关证据

11. 根据《安全生产法》，从业人员安全生产权利与义务包括（　　）。

　　A. 发现直接危及人身安全的紧急情况时，从业人员有权立即撤离作业现场

　　B. 从业人员有权拒绝接受生产经营单位提供的安全生产教育培训

　　C. 从业人员发现事故隐患，立即报告现场安全管理人员或者本单位负责人

　　D. 从业人员受到事故伤害获得工伤保险后，不再享有获得民事赔偿的权利

12. 生产、储存危险化学品的企业，应当委托具备国家规定资质条件的机构，对本企业的安全生产条件每（　　）进行一次安全评价，提出安全评价报告。安全评价报告的内容应当包括对安全生产条件存在的问题进行整改的方案。

　　A. 1 年　　　　　　　B. 2 年　　　　　　C. 3 年　　　　　　D. 4 年

13. 在安全评价工作中，宜从厂址、总平面布置、道路及运输、建（构）筑物、工艺过程等单元进行系统的危险和有害因素辨识。"防火间距"危害因素的辨识属于（　　）单元的辨识。

　　A. 厂址　　　　　　　B. 总平面布置　　　C. 道路及运输　　　D. 建（构）筑物

二、简答题

1. 什么是事故？

2. 什么是事故隐患？

3. 什么是危险？

4. 危险、危害因素按导致事故和职业危害的直接原因分为几类？

5. 什么是本质安全？

6. 我国安全生产的方针是什么？

7. 我国现行的安全管理体制是什么？

8.《安全生产法》规定了从业人员哪七项权利？

9.《安全生产法》规定了从业人员哪四项义务？

10. 简述"四不伤害"原则。

11. 简述"五同时"原则。

12. 简述"三同时"原则。

13. 简述"四不放过"原则。

三、任务分析题

某日 16 时 10 分，某厂维修班开始进行连接污油池的污油管线作业。16 时 20 分，钳工甲将带有底阀的污油管线放入污油池内，当时污油池内的油水液面高度为 500cm，上面浮有 30cm 厚的污油。在连接距离液面 100cm 高的法兰时，由于法兰无法对正而连接不上，班长乙决定采取焊接方式。17 时 10 分电焊工丙带着电焊机到达现场，由于是油气场所作业，电焊工丙在现场准备好后，去车间办理动火票。17 时 20 分，钳工甲见电焊工丙迟迟

没有回来，又快到下班时间，于是用电焊开始焊接。焊接进行 3 分钟左右，发生油气爆炸，爆炸将污油池水泥盖板掀翻，污油池着火，钳工甲掉入污油池内死亡。根据上述描述分析：

1. 该起事故的性质是（　　　）。
2. 该起事故中，爆炸的直接原因是（　　　）。
3. 直接与油气爆炸有关的因素有（　　　）。
4. 钳工甲所处作业环境中存在的主要危险有（　　　）。
5. 该起事故可能涉及事故类别有（　　　）。
6. 该起事故中，爆炸的间接原因有（　　　）。

归纳总结

化工是我国国民经济的支柱产业之一，但化工生产往往存在着许多潜在的危险因素，涉及的危险品多、生产工艺复杂、生产条件苛刻、生产装置大、生产过程连续性较强、具有一定的密闭性等特点。

就化工过程而言，不论其生产规模大小、生产过程复杂与否，不外乎包含两类过程：一类是以化学反应为主，通常在反应器中进行的过程；另一类是以物理变化为主，通常是利用操作设备（或机械）完成的过程。为保证化工反应和单元操作过程的安全性，应坚持安全第一、预防为主、综合治理的方针，必须熟悉其安全操作。

从事化工生产一线的职工必须建立和强化安全生产意识，掌握基本的危险识别控制技术及安生产管理的理论和方法。牢记墨菲定律和海因里希事故法则和伤亡事故致因理论，从保护人、发展生产的角度出发，针对伴随生产过程可能发生的不安全因素和职业性危害进行辨识，消除生产中的危险有害因素，防止伤亡事故、职业病、职业中毒以及其他各种事故发生。了解《安全生产法》《消防法》《职业病防治法》《危险化学品安全管理条例》等有关安全生产的法律、法规、规章及标准；熟悉重大事故防范、应急管理和救援的有关规定。做到不伤害自己、不伤害他人、不被他人伤害、保护他人不受伤害。

巩固与提高

杜邦公司于 1802 年创立，如今已有 210 余年历史。210 年里，决策层更迭数代，员工更换数茬，经营范围从最初的单一火药制作拓展到今天的综合产品开发，但杜邦公司"安全至上"的理念始终不曾改变。今天，"杜邦"就是"安全"的代名词。

一、杜邦公司安全文化模型

杜邦认为，安全文化建设从初级到高级要经历四个阶段，见图1-3。

第一阶段，自然本能阶段。此阶段企业和员工对安全的重视仅仅是一种自然本能保护的反应，缺少高级管理层的参与，安全承诺仅仅是口头上的，将职责委派给安全经理，安全完全依靠人的本能。以服从为目标，不遵守安全规程要罚款，所以不得不遵守。这个阶段事故率很高，事故减少是不可能的。

第二阶段，严格监督阶段。此阶段企业已经建立必要的安全管理系统和规章制度，各级管理层知道自己的安全责任，并作出安全承诺。但没有重视对员工安全意识的培养，员工处于从属和被动的状态，害怕被纪律处分而遵守规章制度，执行制度没有自觉性，依靠严格的

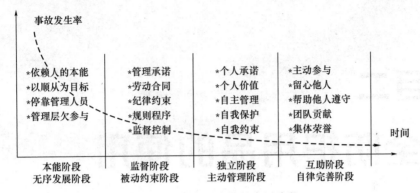

图 1-3　杜邦安全文化的发展阶段

监督管理。此阶段，安全业绩有所提高，但要实现零目标，还缺乏员工的意识。

第三阶段，独立自主管理阶段。此阶段企业已经具备很好的安全管理系统，各级管理层对安全负责，员工已经具备良好的安全意识，对自己工作的每个方面的安全隐患都十分了解，员工已经具备了安全知识，员工对安全作出承诺，按规章制度进行生产，安全意识深入员工内心，员工把安全作为自己行为的一个部分，视为自身生存的需要和价值的实现，员工人人都注重自身的安全，集合实现了企业的安全目标。

第四阶段，互助团队管理阶段。此阶段企业员工不但自己注意安全，还帮助别人遵守安全规则，留心他人，帮助别人提高安全业绩，实现经验分享，进入安全管理的最高境界。

二、杜邦公司的安全信念

杜邦创建了严谨的安全文化，确定了十大安全信念：

M1-14　杜邦安全文化的发展阶段

1．一切事故都可以防治。

2．管理层要抓安全工作，同时对安全负有责任。

3．所有危害因素都可以控制。

4．安全地工作是雇佣的一个条件。

5．所有员工都必须经过安全培训。

6．管理层必须进行安全检查。

7．所有不良因素都必须马上纠正。

8．工作之外的安全也很重要。

9．良好的安全创造良好的业务。

10．员工是安全工作的关键。

三、杜邦给我们的启示

杜邦公司安全管理经验告诉我们，安全管理是一个庞大的系统工程，必须全员参与，必须对安全生产的全过程进行管理，必须加大安全教育的力度，形成一种浓厚的企业安全文化氛围，树立高度负责的主人翁责任感和遵章守纪、自我防范的意识。正如杜邦公司的那句名言：安全一旦成为习惯，事故离我们就很遥远。

项目二
安全防护用品的使用

任务一　选择和佩戴安全帽

【案例介绍】

[案例1]　在某生产车间工艺岗位的巡检路线正上方，有一个管线的放空阀门，后来有人在该阀门下加了一节40cm左右的短管，因为习惯的原因，有部分巡检人员往往记不住该阀门已加了短管，在深夜巡检时，经常能听到安全帽被撞的"咣"的声音。这节短管撞坏了不少巡检人员的安全帽。如果巡检人员不戴安全帽，结果会是如何？

[案例2]　某施工单位在罐区改造过程中，罐顶作业人员的工具未抓牢掉下来，砸坏了正在下边作业人员甲的安全帽，然后继续掉落砸到乙的手上，乙的手当时血流如注。如果甲当时不戴安全帽，结果会是如何？

[案例3]　某化工车间的一次检修中，新员工乙被安排拆卸一块压力表。这块压力表在一个离地面两米多高、刚好能站一个人的容器顶部。乙在未系紧安全帽的下颌绳、未给别人打招呼的情形下，就独自上去拆卸，由于缺乏防护措施，方法不当，从容器顶上摔下来的同时安全帽瞬间飞了出去，头部撞在附近的一个设备上……如果乙当时把安全帽下颌绳系紧，结果会是如何？

M2-1　佩戴安全帽的必要性

在要求佩戴安全帽的场所，如果不佩戴安全帽或使用不正确，人的头部有受到伤害的危险。因此要提高安全意识，佩戴安全帽要符合标准，使用要符合规定。

【案例分析】

据有关部门统计，在工伤、交通死亡事故中，因头部受伤致死的比例最高，大约占死亡总数的35.5％，其中因坠落物撞击致死的为首。坠落物伤人事故中15％是因为安全帽使用不当造成的。因此，安全帽对于我们来说不仅仅是一顶帽子，它关系着员工的生命，家庭的幸福，企业的发展。

在生产现场，若在场的人员未戴头部防护用品，被坠落物或抛出物击中头部，将会造成严重伤害；在有些作业场所，如在旋转的机器旁操作，炉窑前作业，油漆作业，清扫烟道，除尘器清灰，生产生物制品，农药和化肥等，对头部也可能造成伤害。根据伤害程度可分为头皮毛发伤害、颅骨伤害和颅内伤害。具体分析见表 2-1。

表 2-1 生产过程可能对头部造成的伤害及防范

危险	处于危险的身体部位	减少危险的安全措施	个人防护用品
高处坠落、滑落的物体 碰撞到尖锐、坚硬的物体 触电	头	标志出危险区 张贴警告标志或安装进门栏杆 安全存放原材料	抗撞击、抗渗漏、防电的 各种材料的安全帽

进入现场必须戴好安全帽，标志如图 2-1 所示。

图 2-1 安全标志（一）

● **必备知识**

对人体头部受坠落物及其他特定因素引起的伤害起防护作用的帽子称为安全帽。

为了达到保护头部的目的，安全帽必须有足够的强度，同时还应具有足够的弹性，以缓冲落体的冲击作用。

一、安全帽的种类

安全帽产品被国家列为特种劳动防护用品，实行工业产品生产许可证制度和安全标志认证制度，是关系到劳动者人身安全健康的重要产品。

安全帽按性能分为普通型（P）和特殊型（T）。普通型安全帽是用于一般作业场所，具备基本防护性能的安全帽产品。特殊型安全帽是除具备基本防护性能外，还具备一项或多项特殊性能的安全帽产品，适用于与其性能相应的特殊作业场所。如防静电安全帽、电绝缘安全帽、抗压安全帽、防寒安全帽、耐高温安全帽。

M2-2 安全帽的分类

带有电绝缘性能的特殊型安全帽按耐受电压大小分为 G 级和 E 级。G 级电绝缘测试电压为 2200V，E 级电绝缘测试电压为 20000V。

二、安全帽的结构与防护作用

1. 安全帽的结构

帽壳：安全帽的主要构件，一般采用椭圆形或半球形薄壳结构。材质主要有 ABS、PE、玻璃钢等。

帽衬：帽衬是帽壳内直接与佩戴者头顶部接触部件的总称。帽衬的材料可用棉织带、合成纤维带和塑料衬带制成。

下颌带：系在下颌上的带子，起到固定安全帽的作用。

安全帽的结构如图 2-2 所示。

(a) 安全帽外形

(b) 安全帽帽衬

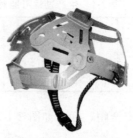
(c) 安全帽帽衬内部结构

M2-3　安全帽的
结构及作用

图 2-2　安全帽的结构

2. 安全帽的防护作用

第一是一种责任，一种形象。当我们正确佩戴安全帽以后，沉甸甸的安全帽提示每一位安全是一种责任。

第二是一种标志。化工企业生产工人应该戴红色安全帽，管理人员戴白色安全帽，监理戴黄色安全帽。

第三是一种安全防护用品。主要保护头部，防高空物体坠落，防物体打击、碰撞。当作业人员头部受到坠落物的冲击时，安全帽帽壳、帽衬在瞬间先将冲击力分解到头盖骨的整个面积上，然后利用安全帽的各个部件如帽壳、帽衬的结构、材料和所设置的缓冲结构（插口、拴绳、缝线、缓冲垫等）的弹性变形、塑性变形和允许的结构破坏将大部分冲击力吸收，

M2-4　安全帽
的防护作用

使作用到人员头部的冲击力降低到 4900N 以下，从而起到保护作业人员的头部不受到伤害或降低伤害的作用。

● 任务实施

训练内容　安全帽选择与佩戴

一、教学准备/工具/仪器

多媒体教学（辅助视频）

图片展示

实物

二、操作规范及要求

① GB/T 30041—2013《头部防护　安全帽选用规范》；

② 正确着装，熟悉安全帽的组成与功能等相关知识；

③ 会选择合适的安全帽，正确佩戴安全帽；

④ 对不符合使用要求的说明其原因。

三、安全帽的使用

（1）安全帽功能的选择

① 在可能存在物体坠落、碎屑飞溅、磕碰、撞击、穿刺、挤压、摔倒及跌落等伤害头部的场所时，应佩戴安全帽。

② 当作业环境中可能存在短暂接触火焰、短时局部接触高温物体或暴露于高温场所时应选用具有阻燃性能的安全帽。

③ 当作业环境中可能发生侧向挤压，包括可能发生塌方、滑坡的场所，存在可预见的翻倒物体，可能发生速度较低的冲撞场所时应选用具有侧向刚性的安全帽。

④ 当作业环境对静电高度敏感、可能发生引爆燃或需要本质安全时应选用具有防静电性能的安全帽，使用防静电安全帽时所穿戴的衣物应遵循防静电规程的要求。

⑤ 当作业环境中可能接触 400V 以下三相交流电时应选用具有电绝缘性能的安全帽。

⑥ 当作业环境中需要保温且环境温度不低于−20℃的低温作业工作场所时应选用具有防寒功能或与佩戴的其他防寒装配不发生冲突的安全帽。

（2）选购安全帽　检查"三证"，即生产许可证、产品合格证、安全鉴定证。

检查永久性标志和产品说明是否齐全、准确。安全帽上加贴含有如下信息的标签：①品名和类别；②企业名称、地址；③制造年、月；④出厂合格证；⑤生产许可证标志和编号的标记；⑥产品执行的标准；⑦法律、法规要求标注的内容。

图 2-3　"安全防护"
的盾牌标志

另外，安全帽属于国家劳动防护产品，应该具有"安全防护"的盾牌标志。如图 2-3 所示。

检查产品做工，合格的产品做工较细，不会有毛边，质地均匀。

（3）佩戴安全帽　任何人进入生产现场或在厂区内外从事生产和劳动时，必须戴安全帽（国家或行业有特殊规定的除外；特殊作业或劳动，采取措施后可保证人员头部不受伤害并经过安监部门批准的除外）。

（4）佩戴安全帽注意事项　戴安全帽前应将帽后调整带按自己头型调整到适合的位置，然后将帽内弹性带系牢。缓冲衬垫的松紧由带子调节，人的头顶和帽体内顶部的空间垂直距离一般在 25～50mm 之间，不要小于 32mm。戴安全帽时，必须系紧安全帽带，保证各种状态下不脱落；安全帽的帽檐必须与目视方向一致，不得歪戴或斜戴，如图 2-4 所示。

图 2-4　正确佩戴安全帽示意图　　　　　M2-5　正确佩戴安全帽

（5）安全帽使用期限　安全帽从购入时算起，植物帽一年半使用有效，塑料帽不超过两年，层压帽和玻璃钢帽两年半，橡胶帽和防寒帽三年，乘车安全帽为三年半。上述各类安全帽超过其一般使用期限易出现老化，丧失安全帽的防护性能。

（6）不正确使用安全帽示例　如图 2-5 所示。

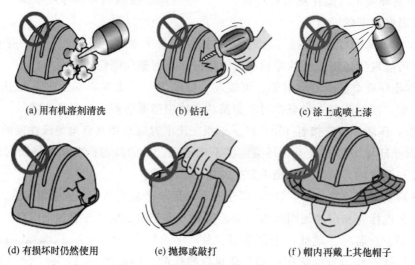

(a) 用有机溶剂清洗　　　　(b) 钻孔　　　　(c) 涂上或喷上漆

(d) 有损坏时仍然使用　　　(e) 抛掷或敲打　　　(f) 帽内再戴上其他帽子

图 2-5　不正确使用安全帽示例

任务二　选择和使用呼吸器官防护用品

【案例介绍】

　　呼吸道是工业生产中毒物进入体内的最主要途径。凡是以气体、蒸气、雾、烟、粉尘形式存在的毒物，均可经呼吸道侵入体内。呼吸防护装备是用来防御缺氧环境或空气中有毒有害物质进入人体呼吸道的防护用品，是防止职业危害的最后一道屏障，正确的选择与使用是防止职业病和恶性安全事故的重要保障，部分安全标志如图 2-6 所示。

M2-6　未戴呼吸防护
用具中毒案例

图 2-6　安全标志（二）

　　[案例1]　2020 年面对突如其来的新冠肺炎疫情，在以习近平同志为核心的党中央的坚强领导下，我国凭着在疾病防控、医疗体系建设方面的实力和经验，全国上下迅速进入"战时状态"，控制了疫情。

　　不少地方中小学返校复课，大家戴口罩、测体温。在一般人看来，佩戴口罩是再简单不过的事情，根本不需要了解相关常识。有些家长给孩子佩戴 N95 口罩，结果一些学生戴着口罩上体育课时发生意外，15 天内接连发生学生跑步猝死事件。2020 年 5 月 12 日，教育部下发《关于在常态化疫情防控下做好学校体育工作的指导意见》，明确要求上体育课和体育锻炼，不允许戴 N95 的口罩，因为它的透气性太差，即使不会出现意外，也会对身体造成伤害。

　　[案例 2]　某小型农药厂工人在进入罐体处理堵塞时，错误地选择了过滤式防毒面具，下到罐内即昏倒，另外 1 名工人发现后喊人抢救，其他工段的工人也纷纷参加抢救，结果造成罐内罐外 11 人中毒，其中 3 人经抢救无效死亡。另外一家化工企业发生次氯酸钠分解并外泄，散发出氯气，调度室让兼职气防员前往处理。3 人乘车到现场后，其中 1人边走边调整将气瓶的阀门关死，无氧可供造成缺氧窒息死亡。造成上述事故的一个重要原因就是不会正确选择和使用呼吸防护用品。

　　所以，从事化工生产操作的人员要了解呼吸防护用品的适用性和防护功能；判断是否适合所遇到的有害物及其危害程度，会选择并能检查防护用品是否完好，会正确使用典型呼吸防护用品。

【案例分析】

　　在生产劳动过程中伤害呼吸器官的因素主要包括生产性粉尘和生产性化学毒物两大类。如果作业场所上述两类因素中某一种或者多种有害物质浓度超过卫生标准，则会对现场作业人员的健康造成危害，甚至可能导致职业病，如各种尘肺病、职业性肿瘤、中毒等。此外，缺氧环境对作业人员的健康甚至生命也构成威胁，具体见表 2-2。

表 2-2　生产过程可能对呼吸器官造成的伤害分析

危险	处于危险的身体部位	减少危险的安全措施	个人防护用品
吸入化学溶剂挥发的气体	肺、呼吸道	用安全的材料代替危险材料 安装排气通风设施 安装防尘罩 安装挡板	口罩或面罩
化学品微尘	眼睛和脸	用安全的材料代替危险材料 安装排气通风设施 安装空气交换系统	有机气体防护面具 防毒面具、防护眼镜
粉尘	肺	安装防尘罩,安装排气通风设施	防尘面具

● 必备知识

一、呼吸器官防护用具分类

1. 口罩的主要标准和分类

口罩主要分工业用、医用和民用三种。目前我国工业用口罩执行 GB 2626—2019《呼吸防护　自吸过滤式防颗粒物呼吸器》标准，医用防护口罩执行 GB 19083—2010《医用防护口罩技术要求》标准。2016 年 11 月 1 日，由国家标准化管理委员会颁布的我国首个民用防护口罩国家标准 GB/T 32610—2016《日常防护型口罩技术规范》正式实施。

① 按照过滤材质和过滤效果分类的工业用口罩。

按过滤性能分为 KN 和 KP 两大类，具体见表 2-3。

表 2-3　我国自吸过滤式防颗粒物口罩一览表

类别	KN90	KN95	KN100	KP90	KP95	KP100
过滤效率	≥90.0%	≥95.0%	≥99.97%	≥90.0%	≥95.0%	≥99.97%

注："KN"表示防非油性颗粒物，"KP"表示防油性和非油性颗粒物。非油性颗粒物指的是煤尘、水泥尘、酸雾、微生物等，而油性颗粒物指的是油烟、油雾、沥青烟等。

② 美国口罩执行的是 NIOSH 标准，共分为三大类别，具体见表 2-4。

表 2-4　美国自吸过滤式防颗粒物口罩一览表

类别	N95	R95	P95
过滤效率	≥95%	≥95%	≥95%

注："N"表示不防非油性颗粒物，"R"表示防有限性的耐油颗粒物，"P"指既可以过滤油性颗粒物也可过滤非油性颗粒物。

③ 欧洲口罩执行的是 EN 标准，共分为三大类别，三种类别的口罩都既可以过滤油性颗粒物也可过滤非油性颗粒物。具体见表 2-5。

表 2-5　欧洲自吸过滤式防颗粒物口罩一览表

类别	FFP1	FFP2	FFP3
过滤效率	≥80%	≥94%	≥99%

2. 呼吸器官防护用具

呼吸器官防护用具分类见图 2-7，呼吸器官防护用具参考使用范围见表 2-6。

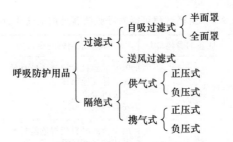

图 2-7　呼吸器官防护用具分类

表 2-6　呼吸器官防护用具参考使用范围

防护分类	防护装备名称		特点	参考使用范围
呼吸防护	过滤式呼吸防护装备	自吸过滤式防颗粒物呼吸器	靠佩戴者呼吸克服部件气流阻力，防御颗粒物的伤害	适用于存在颗粒物空气污染物的环境，不适用于防护有害气体或蒸气。KN 适用于非油性颗粒物，KP 适用于油性和非油性颗粒物
		自吸过滤式防毒面具	靠佩戴者呼吸克服部件阻力，防御有毒、有害气体或蒸气、颗粒物等对呼吸系统或眼面部的伤害	适合有毒气体或蒸气的防护，适用浓度范围根据有害环境（氧气浓度未知，缺氧，空气污染物浓度未知，不缺氧且空气污染物浓度已知四种情况），按 GB/T 18664—2002 执行
		送风过滤式防护装备	靠动力（如电动风机或手动风机）克服部件阻力，防御有毒、有害气体或蒸气、颗粒物等对呼吸系统或眼面部的伤害	适用浓度范围按 GB/T 18664—2002 执行

续表

防护分类	防护装备名称		特点	参考使用范围
呼吸防护	隔绝式呼吸防护装备	正压式空气呼吸防护装备	使用者任一呼吸循环过程中面罩内压力均大于环境压力	适用于各类颗粒物和有毒有害气体环境，适用浓度范围见 GB/T 18664—2002
		负压式空气呼吸防护装备	使用者任一呼吸循环过程面罩内压力在吸气阶段均小于环境压力	
		自吸式长管呼吸器	靠佩戴者自主呼吸得到新鲜、清洁空气	
		送风式长管呼吸器	以风机或空压机供气为佩戴者输送清洁空气	
		氧气呼吸器	通过压缩氧气或化学生氧剂罐向使用者提供呼吸气源	

二、选择和使用呼吸器官防护用具的主要原则

① 有害物的性质和危害程度；

② 作业场所污染物的种类和可能达到的最高浓度；

③ 污染物的组分是否单一；

④ 作业的环境及作业场所的氧含量。

此外，还要考虑使用者的面型特征以及身体状况等因素（如图 2-8 所示）。

(a) 活动是否自如

(b) 视野是否开阔

(c) 交流是否方便

(d) 温度是否适宜

(e) 湿度是否合适

(f) 与其他防护用品的兼容性

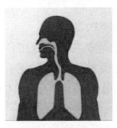
(g) 呼吸的肺活量

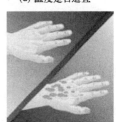
(h) 皮肤是否过敏

(i) 与脸部是否吻合

(j) 呼吸压力大小

(k) 设备自重

图 2-8　呼吸防护设备的选择因素示意图

三、常见的呼吸器官防护用具

常见的呼吸器官防护用具如图 2-9 所示。

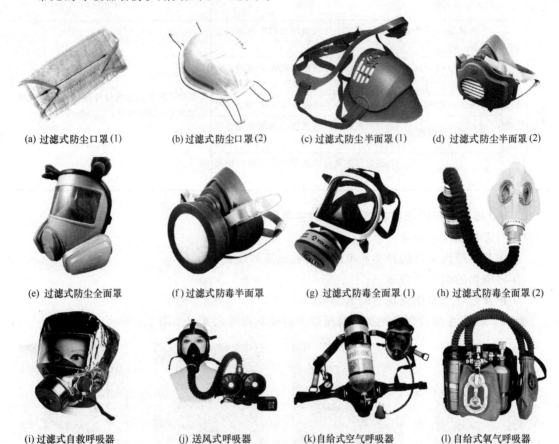

(a) 过滤式防尘口罩(1)　　(b) 过滤式防尘口罩(2)　　(c) 过滤式防尘半面罩(1)　　(d) 过滤式防尘半面罩(2)

(e) 过滤式防尘全面罩　　(f) 过滤式防毒半面罩　　(g) 过滤式防毒全面罩(1)　　(h) 过滤式防毒全面罩(2)

(i) 过滤式自救呼吸器　　(j) 送风式呼吸器　　(k) 自给式空气呼吸器　　(l) 自给式氧气呼吸器

图 2-9　常见的呼吸器官防护用具

四、空气呼吸器的使用时间

空气呼吸器的使用时间取决于气瓶中压缩空气的数量和使用者的耗气量，而耗气量又取决于使用者所进行的体力劳动的性质（见表 2-7）。

可以通过计算气瓶的水容积和工作压力的乘积来得到气瓶中可呼吸的空气量。考虑空气的纯度，需加一个系数 0.9 来校正。

可呼吸空气量(L)＝气瓶容积×工作压力×系数

使用时间(min)＝可呼吸的空气量(L)/耗气量(L/min)

表 2-7　劳动类型与耗气量对应表

劳动类型	耗气量/(L/min)
休息	10～15
轻度活动	15～20
轻度工作	20～30
中强度工作	30～40
高强度工作	35～55
长时间劳动	50～80
剧烈活动（几分钟）	100

任务实施

训练内容　防毒面具、空气呼吸器的使用

一、教学准备/工具/仪器

多媒体教学（辅助视频）

图片展示

实物

二、操作规范及要求

① GB 2626—2019《呼吸防护　自吸过滤式防颗粒物呼吸器》；

② 正确着装，熟悉呼吸器官防护用品的组成与功能等相关知识；

③ 练习使用呼吸器官防护用品；

④ 对不符合使用要求的说明其原因。

M2-7　口罩的
正确佩戴

三、练习佩戴口罩和防毒面具

1. 佩戴口罩

（1）耳带式口罩佩戴方法

① 面向口罩无鼻夹的一面，两手各拉住一边耳带，使鼻夹位于口罩上方。

② 用口罩抵住下巴。

③ 将耳带拉至耳后，调整耳带至感觉尽可能舒适。

④ 将双手手指置于金属鼻夹中部，一边向内按压一边顺着鼻夹向两侧移动指尖，直至将鼻夹完全按压成鼻梁形状为止。仅用单手捏口罩鼻夹可能会影响口罩的密合性。具体见图 2-10。

图 2-10　耳带式口罩佩戴方法

（2）头戴式口罩佩戴方法

① 捧起口罩有鼻夹的一面，使夹向上，头带自然下垂。

② 戴上口罩，将下巴置于口罩内，使其紧贴面部。

③ 用一只手穿过两条头带，然后用另一只手先将下端的头带先拉向后脑，套于颈部；再将上端的头带拉向后脑，套于后脑耳部上方的位置，调整至感觉舒适。

④ 将双手的食指及中指按压调节鼻夹，直至紧贴鼻梁。具体见图 2-11。

2. 佩戴过滤式防毒面具

具体佩戴方法如图 2-12 所示。

每次佩戴面具后，请按照如下方法进行面具的负压测试：将手掌盖住过滤盒或滤棉承接座的圆形开口，轻轻吸气。如果面具有轻微塌陷，同时面部和面具之间无漏气，即说明面具佩戴正确。如果有漏气现象，应调整面具在面部的佩戴位置或调整系带的松紧度，防止不密

图 2-11　头戴式口罩佩戴方法

M2-8　过滤式
防毒面具

(a) 将头箍调整好尺寸舒适地套在头的后上方

(b) 将下面的系带向后拉，一边拉一边将面罩盖住口鼻

(c) 将下面的系带拉到脖子后面，然后钩住

(d) 拉住系带的两端，调整松紧度

(e) 调整面具在脸部的位置，以达到最佳的佩戴效果

(f) 负压测试

图 2-12　佩戴防毒面具

合。如果不能达到佩戴的密合性，请不要进入污染区域。

3. 正压式空气呼吸器使用方法（以斯博瑞安 C900 正压式空气呼吸器为例）

（1）计算使用时间　一个工作压力 30MPa 的 6.8L 气瓶可供呼吸的使用时间。

① 计算气瓶中可呼吸空气量

$$气瓶容积 \times 工作压力 \times 系数 = 可呼吸空气量$$

$$6.8L \times 30MPa \times 10 \times 0.9 = 1836L$$

② 计算可呼吸空气使用时间

$$可呼吸空气量(L) = 可呼吸空气量 / 耗气量(L/min)$$

③ 使用者进行中强度工作时，该气瓶的理论使用时间

$$使用时间 = 可呼吸的空气量(L) / 耗气量(L/min) = 1836L / 40(L/min) = 46min$$

（2）检查呼吸器是否完好

① 检查硬件的完整性：重点检查气瓶、压力表、背板、背带、减压器、中压管、高压管、供气阀、面罩是否完好，不完好不得使用。

② 检查气瓶的压力：打开气瓶阀，观察气瓶上压力表的读数，要求 30MPa 的气瓶在

20℃情况下显示 30MPa 的压力，否则有效使用时间将缩短。

③ 检查报警性能：关闭气瓶阀，右手轻压供气阀的红色开关慢慢排气，观察压力表的变化，当压力下降到约 6.5MPa 时，减小排气量，注意观察压力表，同时注意报警哨声响，报警哨应在（5.5±0.5）MPa 之间开始发出报警声响，不在规定范围报警的呼吸器不得使用。

（3）气瓶佩戴　如图 2-13 所示。

(a) 使用前的检查

(b) 将气瓶瓶底向下背在肩上

(c) 利用过肩式或交叉穿衣式背上呼吸器

(d) 将大拇指插入肩带调节带的扣中向下拉

(e) 插上塑料快速插扣

M2-9　正压空气呼吸器的佩戴

图 2-13　携戴空气呼吸器气瓶的方法

① 背上整套装备，双手扣住身体两侧的肩带 D 形环，身体前倾，向后下方拉紧 D 形环直到肩带及背架与身体充分贴合。然后，扣上腰带，拉紧。调整松紧至合适。

② 打开气瓶阀至少一圈以上。

③ 面罩佩戴和气密性检查。擦净面罩：擦洗面罩的视窗，使其有较好的透明度。先戴上安全帽，将安全帽后置，再将面罩的头带放松并将面罩的颈带挂在脖子上。套上面罩，一只手托住面罩将面罩口鼻罩与脸部完全贴合，另一只手将头带后拉罩住头部，收紧头带。

④ 检查气密性：用手心将面罩的进气口堵住，深吸一口气，如果感到面罩有向脸部吸紧的感觉，且面罩内无任何气流流动，说明面罩和脸部是密封的。

⑤ 连接供气阀，进入工作场所。将供气阀的出气口对准面罩的进气口插入面罩中，听到"咔嚓"的声音，同时快速接口的两侧按钮同时复位则表示已正确连接。深吸一口气，会自动将供气阀打开，呼吸几次无感觉不适，戴好安全帽，进入工作场所。

（4）脱卸呼吸器，返回安全场所　工作结束返回安全场所后，按下供气阀快速接口两侧的按钮，使面罩与供气阀脱离。扳开头带卡卸下面罩，打开腰带扣，松开肩带卸下呼吸器，关闭瓶阀，打开强制供气阀放空管路空气。

（5）正压式空气呼吸器使用过程注意事项

① 在工作过程中时刻关注压力表的变化，气瓶压力到达（5.5±0.5）MPa 时报警哨开

始鸣叫，此时必须马上撤离有毒工作环境到安全区域，否则将有生命危险。

　②在恶劣和紧急的情况下（例如受伤或呼吸困难）或者使用者需要额外空气补给时，打开强制供气阀（按下供气阀黄色按钮）呼吸气流将增大到450L/min。

任务三　选择和使用眼面部防护用品

【案例介绍】

　　[案例1]　2013年8月23日某化工厂，周某所在的岗位2号釜物料反应完毕，准备由2号釜转到下一岗位6号釜内，周某全部确认无误后，到楼下打开釜底阀准备转料。按照工艺操作规程转料时需要佩戴防毒全面罩，周某当时一看没有班长与值班人员在场，心想就是打开一个釜底阀开关，很短时间内就能完成，没必要浪费时间再去佩戴全面罩，于是抱着侥幸心理未佩戴防毒全面罩，直接到楼下操作。不料当周某抬头转动釜底阀门时，阀门发生泄漏，一滴物料正好飞溅到周某右眼中，虽然周某立即使用车间内洗眼器进行冲洗，但终因物料腐蚀性太强，右眼最终永久性失明。

　　[案例2]　某化工厂一车间当班操作工发现泵漏液，立刻停泵进行泄压、置换操作后，交由维修班处理。维修工在拆开泵中间一组压盖时，泵内含有氨的冷凝液突然带压喷出，溅入左眼内。虽立刻用清水冲洗，但仍然疼痛难忍，被紧急送往医院治疗。

　　眼部受伤是工业中发生频率比较高的一种工伤，根据统计，化学性眼外伤为工业眼外伤的第三位。化学性物质对眼组织常造成严重损害，严重者甚至失明或丧失眼球。我国的《工厂安全卫生规程》中等75和77条中都提到，对于在有危害健康的气体、蒸气、粉尘、噪声、强光、辐射热和飞溅火花、碎片、刨屑的场所操作的工人应配备防护眼镜。见图2-14所示。

必须戴防护眼镜

图2-14　安全标志（三）

M2-10　未做防护，面部烧伤

　　因此，在生产的不同场合，正确选择和使用合适的眼面部防护用品，是化工操作工人必须掌握的。

【案例分析】

　　对于眼面部的防护，首先应从设备改进着手。例如：改变工艺，从源头上控制危害；在危害产生设备上安装保护罩等防护设施；密封操作，等等。在工程控制无法完全消除风险的情况下，眼面部防护用品就是员工的最后一道防线。

有效的眼面部防护首先要识别工作场所中的眼面部危害种类。

① 可能造成危害的是固体颗粒物还是液体？

② 颗粒物是高速运动的吗？

③ 颗粒物的粒径是多少？

④ 对眼部可能造成危害的物质是不是由某一个设备发出的或工作环境中会不会有碎片产生？

⑤ 液态的物质是高温的吗？

⑥ 液态的飞溅物是化学物吗？

⑦ 工作场所中有有害光辐射源吗？

具体分析见表 2-8。

表 2-8　生产过程可能对眼面部造成的伤害及防范

危险	处于危险的身体部位	减少危险的安全措施	个人防护用品
化学品飞溅 烟雾 微尘 紫外线 焊接发出的射线	眼睛和脸	用安全的材料代替危险材料 安装排气通风设施 安装防尘罩 安装挡板 遮住紫外线以消除其直射员工的眼睛 降低靠近工作区的紫外线辐射	带侧面保护的防震护目镜 防护眼镜 可滤掉98%紫外线的聚碳酸酯眼镜 口罩或面罩

● **必备知识**

眼面部受伤常见的有碎屑飞溅造成的外伤、化学物灼伤、电弧眼等。预防烟雾、尘粒、金属火花和飞屑、热、电磁辐射、激光、化学品飞溅等伤害眼睛或面部的个人防护用品称为眼面部防护用品。

眼面部防护用品种类很多，根据防护功能，大致可分为防尘、防水、防冲击、防高温、防电磁辐射、防射线、防化学飞溅、防风沙、防强光九类。

眼面部防护用品按外形结构进行分类，见表 2-9。

表 2-9　眼镜、眼罩按结构分类

名称	眼镜		眼罩	
	普通型	带侧光板型	开放型	封闭型
样型				

面罩按结构分类，见表 2-10。

表 2-10　面罩按结构分类

名称	手持式	头戴式		安全帽与面罩连接式		头盔式
	全面罩	全面罩	半面罩	全面罩	半面罩	
样型						

图 2-15 中是常见的眼面部防护用品。

(a) 防护面罩　　　　(b) 焊接防护面罩　　　　(c) 防尘面具

(d) 防风护目镜　　　　(e) 防雾护目镜　　　　(f) 防紫外线护目镜

(g) 防冲击护目镜　　　　(h) 防化学护目镜　　　　(i) 防电磁护目镜

图 2-15　常见的眼面部防护用品

● 任务实施

训练内容　焊接、电磁辐射场所的面部防护

一、教学准备/工具/仪器

多媒体教学（辅助视频）

图片展示

实物

二、操作规范及要求

① GB/T 3609.2—2009《职业眼面部防护》；

② 正确着装，熟悉眼面部防护用品的组成与功能等相关知识；

③ 练习选择和使用眼面部防护用品；

④ 对不符合使用要求的说明其原因。

三、眼部防护用品的选择与使用

1. 眼部防护用品的选用

我国在《劳动防护用品选用规则》中规定了需要配备眼面部防护用品的一些岗位。每一种防护用品都有其使用限制，在选用时，需要根据不同的危害选择具有相应功能的眼部防护用品（见表 2-11）。

表 2-11　常用眼面部防护用品分类

种类	名称	防护性能说明
眼面部防护	一般防护眼镜	戴在脸上并紧紧围住眼眶，对眼起一般的防护作用
	防冲击护目镜	防御铁屑、灰砂、碎石对眼部产生的伤害
	防放射性护目镜	防御 X 射线、电子流等电离辐射对眼部的伤害
	防强光、紫（红）外线护目镜或面罩	防止可见光、红外线、紫外线中的一种或几种对眼的伤害
	防腐蚀液眼镜/面罩	防御酸、碱等有腐蚀性化学液体飞溅对人眼/面部产生的伤害
	焊接面罩	防御有害弧光、熔融金属飞溅或粉尘等有害因素对眼睛、面部的伤害

2. 焊接防护用具使用

① 使用的眼镜和面罩必须经过有关部门检验。

② 挑选、佩戴合适的眼镜和面罩，以防作业时脱落和晃动，影响使用效果。

③ 眼镜框架与脸部要吻合，避免侧面漏光。必要时应使用带有护眼罩或防侧光型眼镜。

④ 防止面罩、眼镜受潮、受压，以免变形损坏或漏光。焊接用面罩应该具有绝缘性，以防触电。

⑤ 使用面罩式护目镜作业时，累计 8h 至少更换一次保护片。防护眼镜的滤光片被飞溅物损伤时，要及时更换。

⑥ 保护片和滤光片组合使用时，镜片的屈光度必须相同。

⑦ 对于送风式，带有防尘、防毒面罩的焊接面罩，应严格按照有关规定保养和使用。

M2-11　眼面部防护
用品的使用

⑧ 当面罩的镜片被作业环境的潮湿烟气及作业者呼出的潮气罩住，使其出现水雾，影响操作时，可采取下列措施解决：

a. 水膜扩散法。在镜片上涂上脂肪酸或硅胶系的防雾剂，使水雾均等扩散。

b. 吸水排除法。在镜片上浸涂界面活性剂（PC 树脂系），将附着的水雾吸收。

c. 真空法。对某些具有双重玻璃窗结构的面罩，可采取在两层玻璃间抽真空的方法。

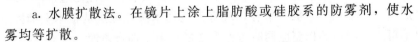

任务四 选择和使用听觉器官防护用品

【案例介绍】

［案例1］ 2005年5月，广东省东莞市某厂384名在职职工进行听力测听，有48名职工因为不同程度的听力损伤被医生建议调离原岗位。如果在该环境中继续工作下去，就会加速耳蜗由功能性改变发展到器质性病变的过程。

［案例2］ 老魏从事铆焊已11年，去年时常感觉耳膜震痛，与同事、朋友日常交谈力不从心，听力明显下降。老魏前往疾控部门进行职业健康体检，专家调取了其近5年的体检资料，发现他的听力测试结果异常，但他没按医生建议定期复查，最终被诊断为职业性重度噪声聋。

据统计，我国有1000多万工人在高噪声环境下工作，其中有10%左右的人有不同程度的听力损失。据1034个工厂噪声调查，噪声污染85dB(A)以上的占40%，职业噪声暴露者高频听力损失发生率高达71.1%，语频听力损失发生率为15.5%。

因此要进行职业危害告知及职业卫生教育，作业现场醒目位置设置警示标志（图2-16）。相关人员需正确选择和使用听觉器官防护用品，佩戴防噪声的劳动防护用品。

必须戴护耳器

图2-16 安全标志（四）

M2-12 防护意识淡薄，导致职业耳聋

【案例分析】

适合人类生存的最佳声音环境为15~45dB，而60dB以上的声音就会干扰人们的正常生活和工作。噪声是一种环境污染，强噪声使人听力受损，这种损伤是积累性的，有如滴水石穿。不仅影响了人们的工作、休息、语言交流，而且对人体部分器官产生直接危害，引发多种病症，危害人体健康。

石化企业生产工艺的复杂性使得噪声源广泛，如原油泵、粉碎机、机械性传送带、压缩空气、高压蒸汽放空、加热炉、催化"三机"室等，现有工艺技术条件无法从根本上消除，接触人员多，损害后果不可逆。噪声的控制应同时考虑声音的三要素即噪声源、传播介质和接收者，同时危害的预防还应结合职业健康检查。

生产过程可能对听力的伤害及防范见表2-12。

表 2-12　生产过程可能对听力造成的伤害及防范

危险	处于危险的身体部位	减少危险的安全措施	个人防护用品
噪声（85dB 以上）	耳朵、听力	采取消声措施	比需要防护的分贝数高一倍的耳塞；比需要防护的分贝数高 30% 的耳罩

● 必备知识

噪声是对人体有害的、不需要的声音。

按照噪声的来源，可以分为生产噪声、交通噪声和生活噪声三大类。

在生产劳动过程中对听力的损害因素主要是生产噪声，根据其产生的原因及方式不同，生产噪声可分为下列几种。

机械性噪声：指由于机械的撞击、摩擦、固体振动及转动产生的噪声，如纺织机、球磨机、电锯、机床、碎石机等运转时发出的声音。

空气动力性噪声：指由于空气振动产生的声音，如通风机、空气压缩机、喷射器、汽笛、锅炉排气放空等发出的声音。

电磁性噪声：指电机中交变力相互作用而产生的噪声，如发电机、变压器等发出的声音。

我国职业卫生标准对工作场所噪声专业接触限值规定如下：每周工作 5 天，每天工作8h，稳态噪声限值为 85dB（A），非稳态噪声等效声级的限值为 85dB（A）；每周工作 5 天，每天工作非 8h，需计算 8h 等效声级，限值为 85dB（A）；每周工作不是 5 天，需计算 40h 等效声级，限值为 85dB（A），见表 2-13。脉冲噪声工作场所，噪声声压级峰值和脉冲次数不应超过表 2-14 的规定。

表 2-13　工作场所噪声专业接触限值

接触时间	接触限值/dB（A）	备注
5d/w，=8h/d	85	非稳态噪声计算 8h 等效声级
5d/w，≠8h/d	85	计算 8h 等效声级
≠5h/d	85	计算 40h 等效声级

表 2-14　工作场所脉冲噪声职业接触限值

工作日接触脉冲次数（n/次）	声压级峰值/dB（A）
$n \leqslant 100$	140
$100 < n \leqslant 1000$	130
$1000 < n \leqslant 10000$	120

除听力损伤以外，噪声对健康的损害还包括高血压、心率变缓、心率变快、失眠、食欲减退、胃溃疡和对生殖系统不良影响等，有些患心血管系统疾病的人接触噪声会加重病情。一般讲，当听力受到保护后，噪声对身体的其他影响就可以预防。

听觉器官防护用品主要有耳塞、耳罩和防噪声头盔三大类（如图 2-17 所示）。

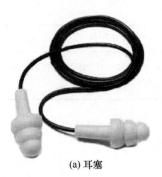
(a) 耳塞

(b) 耳罩

(c) 防噪声头盔

图 2-17　部分听觉器官防护用品

M2-13　正确选用
听力防护用品

● **任务实施**

训练内容　使用耳罩、耳塞

一、教学准备/工具/仪器

多媒体教学（辅助视频）

图片展示

实物

二、操作规范及要求

① 正确着装，熟悉听觉器官防护用品的组成与功能等相关知识；

② 练习使用耳罩、耳塞；

③ 对不符合使用要求的说明其原因。

三、使用耳罩注意事项

① 使用耳罩时，应先检查罩壳有无裂纹和漏气现象，佩戴时应注意罩壳的方位，顺着耳廓的形状戴好。

② 将耳罩调校至适当位置（刚好完全盖上耳廓）。

③ 调校头带张力至适当松紧度。

④ 定期或按需要清洁软垫，以保持卫生。

⑤ 用完后存放在干爽位置。

⑥ 耳罩软垫也会老化，影响减声功效，因此，应作定期检查并更换。

四、练习使用耳塞

① 把手洗干净，用一只手绕过头后，将耳廓往后上拉（将外耳道拉直），然后用另一只手将耳塞推进去，如图 2-18 所示，尽可能地使耳塞体与耳道相贴合。但不要用劲过猛过急或插得太深，自我感觉合适为止。

② 发泡棉式的耳塞应先搓压至细长条状，慢慢塞入外耳道待它膨胀封住耳道。

③ 佩戴硅橡胶成型的耳塞，应分清左右塞，不能弄错；插入外耳道时，要稍作转动放正位置，使之紧贴耳道内。

④ 耳塞分多次使用式及一次性两种，前者应定期或按需要清洁，保持卫生，后者只能使用一次。

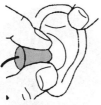
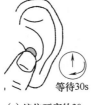
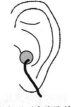

(a) 将耳塞圆头部分搓细　　(b) 将耳塞的2/3
塞入耳道中　　(c) 按住耳塞约30s　　(d) 直至耳塞膨胀并堵
住耳道　　M2-14　泡棉耳塞的
正确佩戴及脱卸方法

等待30s

图 2-18　耳塞的使用

⑤ 戴后感到隔声不良时，可将耳塞缓慢转动，调整到效果最佳位置为止。如果经反复使用效果仍然不佳时，应考虑改用其他型号、规格的耳塞。

⑥ 多次使用的耳塞会慢慢硬化失去弹性，影响减声功效，因此，应作定期检查并更换。

⑦ 无论戴耳塞与耳罩，均应在进入有噪声工作场所前戴好，工作中不得随意摘下，以免伤害鼓膜。休息时或离开工作场所后，到安静处才摘掉耳塞或耳罩，让听觉逐渐恢复。

任务五　选择和使用手套

【案例介绍】

[案例1]　1938年初，为了帮助中国人民的抗日战争，加拿大共产党员亨利·诺尔曼·白求恩大夫等外国专家陆续从延安来到晋察冀根据地。1939年10月，涞源摩天岭战斗正激烈地进行着。白求恩在一座庙里为八路军伤员做手术，突然手术台附近枪声四起，为了加快手术速度，白求恩将左手伸进伤口掏取碎骨，尖利的碎骨将他中指刺破。11月初他为一名蜂窝组织炎的伤员手术时再度感染，导致败血症。白求恩高烧不退，呕吐不止，被紧急送往总部医院，但转运途中白求恩就去世了。当时八路军野战外科条件极差，缺医少药。如果有橡胶手套，白求恩就不会被感染。

[案例2]　某车间操作规程上明确地规定，在拆有腐蚀性物料管时，一定要配戴耐酸碱的橡胶手套。在车间大修时，用大量的水冲洗过后要拆除一根输送氢氟酸的管子，一员工在拆开管子后，少量的水流到手套上（普通的布手套），结果手被氢氟酸灼伤，幸好及时用清水冲洗，并涂了药膏，没造成严重后果。

手也是人体最易受伤害的部位之一，在全部工伤事故中，手的伤害大约占1/4。一般情况下，手的伤害不会危及生命，但手功能的丧失会给人的生产、生活带来极大的不便，可导致终身残疾，丧失劳动和生活的能力。

然而，在生产中我们却常常忽视了对手的保护，如酸碱岗位操作时不戴防酸手套，操作高温易烫伤、低温易冻伤设备时，不穿戴隔温服或隔温手套，安装玻璃试验仪器或用手拿取有毒有害物料时不戴手套，使用钻床时不戴手套等。应在醒目位置设置如图 2-19 所示警示标志。

M2-15　手的防护

必须戴防护手套

图 2-19　安全标志（五）

手的保护是职业安全非常重要的一环，正确地选择和使用手部防护用具十分必要。

【案例分析】

手在人类的生产、生活中占据着极其重要的地位，几乎没有工作不用到手。手就像是一个精巧的工具，有着令人吃惊的力量和灵活性，能够进行抓握、旋转、捏取和操纵。事实上，手和大脑的联系是人类能够胜任各种高技能工作的关键。

手部伤害可以归纳为物理性伤害（火和高温、低温、电磁和电离辐射、电击）、化学性伤害（化学品腐蚀）、机械性伤害（冲击、刺伤、挫伤、咬伤、撕裂、切割、擦伤）和生物性伤害（局部感染）。其中，以机械性伤害最为常见。工作中最常见的是割伤和刺伤。一般而言，化工厂、屠宰场、肉类加工厂和革制品厂的损伤极易导致感染并伴随其他并发症。常见手部受伤危险及防范分析见表 2-15。

表 2-15　常见手部受伤危险及防范分析

危险	处于危险的身体部位	减少危险的安全措施	个人防护用品
机械性伤害 电击、辐射伤害 皮肤暴露在化学品下割伤、划破、擦伤 化学品或热气灼伤	手、胳膊	用安全的材料代替危险材料 使用工具处理化学品而不是裸肤接触化学品 给机器装上防护设备 制订安全计划	防化手套 耐高温手套 防切割手套 焊工手套

保护手的措施：一是在设计、制造设备及工具时，要从安全防护角度予以充分的考虑，配备较完备的防护措施。二是合理制订和改善安全操作规程，完善安全防范设施。例如对设备的危险部件加装防护罩，对热源和辐射设置屏蔽，配备手柄等合理的手工工具。如果上述这些措施仍不能有效避免事故，则应考虑使用个体防护用品。

必备知识

一、手部伤害

手是人体最为精细致密的器官之一。它由 27 块骨骼组成，肌肉、血管和神经的分布与组织都极其复杂，仅指尖上每平方厘米的毛细血管长度就可达数米，神经末梢达到数千个。在工业伤害事故中，手部伤害类型大致可分以下 4 大类。

M2-16　手的防护措施

1. 机械性伤害

由于机械原因造成对手部骨骼、肌肉或组织的创伤性伤害，从轻微的划伤、割伤至严重的断指、骨裂等。如使用带尖锐部件的工具，操纵某些带刀、尖等的大型机械或仪器，会造成手的割伤；处理或使用锭子、钉子、起子、凿子、钢丝等会刺伤手；受到某些机械的撞击而引起撞击伤害；手被卷进机械中会扭伤、轧伤甚至轧掉手指等。

2. 化学、生物性伤害

当接触到有毒、有害的化学物质或生物物质，或是有刺激性的药剂，如酸、碱溶液，长期接触刺激性强的消毒剂、洗涤剂等，均会造成对手部皮肤的伤害。轻者造成皮肤干燥、起皮、刺痒，重者出现红肿、水疱、疱疹、结疤等。有毒物质渗入体内，或是有害生物物质引起的感染，还可能对人的健康乃至生命造成严重威胁。

3. 电击、辐射伤害

在工作中，手部受到电击伤害，或是电磁辐射、电离辐射等各种类型辐射的伤害，可能会造成严重的后果。此外，由于工作场所、工作条件的因素，手部还可能受到低温冻伤、高温烫伤、火焰烧伤等。

4. 振动伤害

在工作中，手部长期受到振动影响，就可能受到振动伤害，造成手臂抖动综合征等病症。长期操纵手持振动工具，如油锯、凿岩机、电锤、风镐等，会造成此类伤害。手随工具长时间振动，还会造成对血液循环系统的伤害，而发生白指症。特别是在湿、冷的环境下这种情况很容易发生。由于血液循环不好，手变得苍白、麻木等。如果伤害到感觉神经，手对温度的敏感度就会降低，触觉失灵，甚至会造成永久性的麻木。

二、防护手套的主要类型

防护手套根据不同的防护功能，主要分为以下几种：①绝缘手套；②耐酸碱手套；③焊工手套；④橡胶耐油手套；⑤防X射线手套；⑥防水手套；⑦防毒手套；⑧防振手套；⑨森林防火手套；⑩防切割手套；⑪耐火阻燃手套；⑫防微波手套；⑬防辐射热手套；⑭防寒手套等。具体形式如图2-20所示。

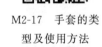

M2-17　手套的类型及使用方法

三、选择防护手套的一般原则

1. 手套的无害性

手套与使用者紧密接触部分，如手套的内衬、线、贴边等均不应有损使用者的安全和健康。生产商对手套中已知的、会产生过敏的物质，应在手套使用说明中加以注明。

pH：所有手套的pH应尽可能地接近中性。皮革手套的pH应大于3.5，小于9.5。

2. 舒适性和有效性

（1）手部的尺寸　测量两个部位：掌围（拇指和食指的分叉处向上20mm处的围长）；掌长（从腕部到中指指尖的距离）。

（2）手套的规格尺寸　手套的规格尺寸是根据相对应的手部尺寸而确定的。手套应尽可能使使用者操作灵活。

3. 透水汽性和吸水汽性

① 在特殊作业场所，手套应有一定的透水汽性。

② 手套应尽可能地降低排汗影响。

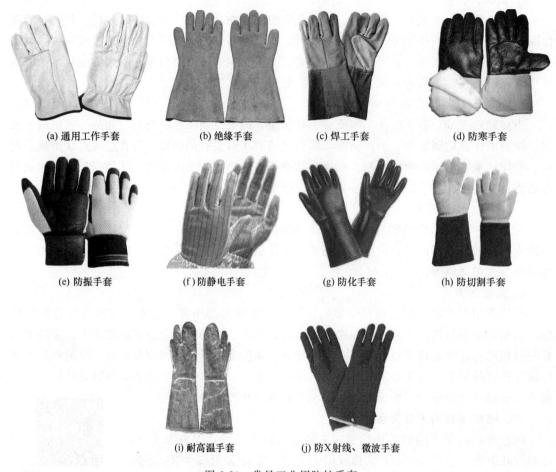

(a) 通用工作手套　　(b) 绝缘手套　　(c) 焊工手套　　(d) 防寒手套

(e) 防振手套　　(f) 防静电手套　　(g) 防化手套　　(h) 防切割手套

(i) 耐高温手套　　(j) 防X射线、微波手套

图 2-20　常见工业用防护手套

● **任务实施**

训练内容　穿戴防护手套，脱掉沾染危险化学品的手套

一、教学准备/工具/仪器

多媒体教学（辅助视频）

图片展示

实物

二、操作规范及要求

① GB/T 11651—2008《个体防护装备选用规范》；

② 正确着装，熟悉手部防护用品的组成与功能等相关知识；

③ 练习穿戴防护手套，脱掉沾染危险化学品的手套；

④ 对不符合使用要求的说明其原因。

三、使用防护手套的注意事项

① 首先应了解不同种类手套的防护作用和使用要求，以便在作业时正确选择，切不可把一般场合用手套当作某些专用手套使用。如棉布手套、化纤手套等作为防振手套来用，效

果很差。

② 在使用绝缘手套前，应先检查外观，如发现表面有孔洞、裂纹等应停止使用。绝缘手套使用完毕后，按有关规定保存好，以防老化造成绝缘性能降低。使用一段时间后应复检，合格后方可使用。使用时要注意产品分类色标，如 1kV 手套为红色、7.5kV 为白色、17kV 为黄色。

③ 在使用振动工具作业时，不能认为戴上防振手套就安全了。应注意工作中安排一定的时间休息，随着工具自身振频提高，可相应将休息时间延长。对于使用的各种振动工具，最好测出振动加速度，以便挑选合适的防振手套，取得较好的防护效果。

④ 在某些场合下，所用手套大小应合适，避免手套指过长，被机械绞或卷住，使手部受伤。

⑤ 操作高速回转机械作业时，可使用防振手套。某些维护设备和注油作业时，应使用防油手套，以避免油类对手的侵害。

⑥ 不同种类手套有其特定的性能，在实际工作时一定结合作业情况来正确使用和区分，以保护手部安全。

四、练习脱掉沾染危险化学品手套

脱掉被污染手套的正确方法如图 2-21 所示。

  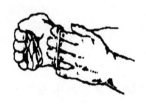 

(a) 用一只手提起另　(b) 脱掉手套,把手套　(c) 把手指插入手套内层　(d) 由内向外脱掉手套,并　　　M2-18　如何脱掉
一支手上的手套　　　放在戴手套的手中　　　　　　　　　　　　　将第一支手套包在里面　　受污染的手套

图 2-21　脱掉被污染手套的正确方法

五、标准洗手方法

具体洗手方法如图 2-22 所示。

 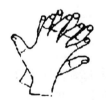

(a)掌心对掌心搓擦　　　　(b)手指交错掌心对手背搓擦　　　(c)手指交错掌心对掌心搓擦

(d)两手互握互搓指背　　　　(e)拇指在掌中转动搓擦　　　　(f)指尖在掌心中搓擦

M2-19　如何
正确洗手

图 2-22　标准洗手方法

任务六　选择和使用躯体防护服

【案例介绍】

　　[案例1]　没穿防护服操作，电镀厂工人被硫酸灼伤。2013年6月21日，常熟古里警方接到报警，一家电镀厂有工人被硫酸灼伤，到达现场时人已经处于昏迷状态，警方迅即将其送往医院。因为送救及时，经治疗伤者王某已脱离生命危险。王某是电镀生产线的操作工，当时他把高浓度硫酸倒入电镀池，进行稀释。未按规定穿戴防护服和戴口罩，硫酸桶不小心掉到了池里，硫酸溶液溅到了他的面部、脖子及胸部，形成了多处灼伤。

　　[案例2]　某化工厂有三个储存硝酸罐体，装有浓度为97％的硝酸，工人操作不当导致阀门失灵，硝酸泄漏，现场黄色烟雾缭绕，气味刺鼻，有毒气体迅速蔓延。消防指挥中心接到报警后立刻启动重点单位危险化学品应急预案。身着防护服、头戴防护面具的消防队员靠近罐体，对泄漏点进行堵漏；同时另一路消防员利用沙子混合氢氧化钠扬撒在地面上，对外泄残留的硝酸进行中和，并在水枪的配合下，对挥发的有毒气体进行稀释。最后险情被成功处置，事故没有造成人员伤亡。

　　像类似的化工厂泄漏事件、化学物质运输过程中发生的意外事件，处理时都需要在穿戴防护服和防护装备的条件下进行。化学防护服能够有效地阻隔无机酸、碱、溶剂等有害化学物质，使之不能与皮肤接触，安全标志如图2-23所示。这样就可以最大限度地保护操作人员的人身安全，将工伤事故降到最低。

　　因此，我们要了解躯体防护用品的种类和防护原理，掌握躯体防护用品的主要功能，会根据实际情况正确选择和使用躯体防护用品。

图2-23　安全标志（六）

【案例分析】

　　皮肤作为人体的第一道防线，在预防化学品危害方面担负着重要的角色。

　　据统计，生产中70％的化学中毒与危害是由于化学灼伤和化学毒物经皮肤吸收引起的。在生产过程中，化学烧伤除由违章操作和设备事故等造成以外，主要是个人防护不当引起的。很多有机溶剂如四氯化碳、苯胺、硝基苯、三氯乙烯、含铅汽油、有机磷等，即使不发生皮肤灼伤，也可通过完好的皮肤被人体吸收而引起全身中毒。还有许多化学品如染料、橡胶添加剂、医药中间体等都会引起接触性和过敏性皮炎。石油液化气的液体虽然不具有腐蚀性，但若接触人体会迅速汽化而急剧吸热，使人体皮肤产生冻伤。化工厂中化工原料一般都是在管道和反应罐中封闭运行，但由于操作失误或发生泄漏，加料工、维修工受到中毒与危害的可能性还是非常大的。石化生产一线操作工必须要有"病从皮入"的概念。

　　常见躯体受伤危险及防范分析见表2-16。

表 2-16 常见躯体受伤危险及防范分析

危险	处于危险的身体部位	减少危险的安全措施	个人防护用品
化学品的生产 化学品的搬运 化学品的储存 化学品的运输 化学品的使用 化学废料的处置或处理因作业活动导致化学品的排放 化学处理相关设备的保养、维修和清洁	皮肤	制订安全计划 用安全的材料代替危险材料 使用工具处理化学品而不是裸肤接触化学品 生产过程的密闭化 操作自动化 通风排毒	躯体防护服

化学防护服是指用于防护化学物质对人体伤害的服装，在选择防护服时应当进行相关的危险性分析，如工作人员将暴露在何种危险品（种类）之中，这些危险品对健康有何种危害，它们的浓度如何，以何种形态出现（气态、固态、液态），操作人员可能以何种方式与此类危险品接触（持续、偶然），根据以上分析确定防护服的种类、防护级别并正确着装。

M2-20 躯体防护服的种类

● 必备知识

一、躯体防护用品分类

按照结构、功能，躯体防护用品分为两大类：防护服和防护围裙，见表 2-17。

表 2-17 常用躯干防护用品分类

种类	名称	防护性能说明
躯干防护	一般防护服	以织物为面料，采用缝制工艺制成的，起一般性防护作用
	防静电服	能及时消除本身静电积聚危害，用于可能引发电击、火灾及爆炸危险场所穿用
	阻燃防护服	用于作业人员从事有明火、散发火花、在熔融金属附近操作有辐射热和对流热的场合和在有易燃物质并有着火危险的场所穿用，在接触火焰及炙热物体后，一定时间内能阻止本身被点燃、有焰燃烧和阴燃
	化学品防护服	防止危险化学品的飞溅和对人体造成的接触伤害
	防尘服	透气性织物或材料制成的防止一般性粉尘对皮肤的伤害，能防止静电积聚
	防寒服	具有保暖性能，用于冬季室外作业人员或常年低温作业环境人员的防寒
	防酸碱服	用于从事酸碱作业人员穿用，具有防酸碱性能
	焊接防护服	用于焊接作业，防止作业人员遭受熔融金属飞溅及其热伤害
	防水服(雨衣)	以防水橡胶涂覆织物为面料，防御水透过和漏入
	防放射性服	具有防放射性性能，防止放射性物质对人体的伤害
	绝缘服	可防 7000V 以下高电压，用于带电作业时的身体防护
	隔热服	防止高温物质接触或热辐射伤害

二、防护服选用原则

防护服应做到安全、适用、美观、大方，应符合以下原则：

① 有利于人体正常生理要求和健康。

② 款式应针对防护需要进行设计。

③ 适应作业时肢体活动，便于穿脱。

④ 在作业中不易引起钩、挂、绞、碾。

⑤ 有利于防止粉尘、污物沾污身体。

⑥ 针对防护服功能需要选用与之相适应的面料。

⑦ 便于洗涤与修补。

⑧ 防护服颜色应与作业场所背景色有所区别，不得影响各色光信号的正确判断。凡需要有安全标志时，标志颜色应醒目、牢固。

三、常见的防护服装

常见的防护服装如图 2-24 所示。

(a) 阻燃防护服　　(b) 防静电服　　(c) 焊工服

(d) 封闭式耐酸服　　(e) 隔热服　　(f) 化学防护服

图 2-24　常见的防护服装

● **任务实施**

训练内容　防静电工作服、防酸工作服的选择与使用

一、教学准备/工具/仪器

多媒体教学（辅助视频）

图片展示

实物

二、操作规范及要求

① 熟悉躯体防护用品的组成与功能等相关知识；

② 正确着装，练习穿戴躯体防护用品；

③ 对不符合使用要求的说明其原因。

M2-21　防静电
工作服的使用

三、穿着躯体防护服的注意事项

1. 防静电工作服

① 防静电工作服必须与 GB 4385 规定的防静电鞋配套穿用。

② 禁止在防静电服上附加或佩戴任何金属物件。需随身携带的工具应具有防静电、防电火花功能；金属类工具应置于防静电工作服衣带内，禁止金属件外露。

③ 禁止在易燃易爆场所穿脱防静电工作服。

④ 在强电磁环境或附近有高压裸线的区域内，不能穿用防静电工作服。

2. 防酸工作服

① 防酸工作服只能在规定的酸作业环境中作为辅助安全用品使用。在持续接触、浓度高、酸液以液体形态出现的重度酸污染工作场所，应从防护要求出发，穿用防护性好的不透气型防酸工作服，适当配以面罩、呼吸器等其他防护用品。

② 穿用前仔细检查是否有潮湿、透光、破损、开断线、开胶、霉变、皲裂、溶胀、脆变、涂覆层脱落等现象，发现异常停止使用。

③ 穿用时应避免接触锐器，防止机械损伤，破损后不能自行修补。

④ 使用防酸服首先要考虑人体所能承受的温度范围。

⑤ 在酸危害程度较高的场合，应配套穿用防酸工作服与防酸鞋（靴）、防酸手套、防酸帽、防酸眼镜（面罩）、空气呼吸器等劳动防护用品。

⑥ 作业中一旦防酸工作服发生渗漏，应立即脱去被污染的服装，用大量清水冲洗皮肤至少 15min。此外，如眼部接触到酸液应立即提起眼睑，用大量清水或生理盐水彻底冲洗至少 15min；如不慎吸入酸雾应迅速脱离现场至空气新鲜处，保持呼吸道通畅，呼吸困难者应予输氧；如不慎食入则应立即用水漱口，给饮牛奶或蛋清。重者立即送医院就医。

任务七　选择和使用足部防护用品

【案例介绍】

[案例1] 某工厂机械加工车间，工人潘某脚穿防砸鞋在工作，突然一块重约 50kg 钢板掉落，砸中其脚面，压扁鞋里护脚钢板，夹住了该工人的右脚。事后医院拍片显示脚没有骨折，只是瘀伤。试想，如果该名工人没有穿防砸鞋，穿的只是普通的鞋子，那么他的脚会是什么样？

[案例2] 某公司电解车间 201# 槽大修，中午 12:00 时左右，焊工李某完成了个人的工作任务，双手提着卸载下来的氧气表等工具经过一个空氧气瓶处时，发现有人拉动地上的氧气带，在他扭头查看时，空氧气瓶倒向他，躲闪不及，致使气瓶砸在其左脚上。因未穿防砸鞋致使李某大拇趾前端开放性骨折。

【案例分析】

通过对大量足部安全事故的分析表明，发生足部安全事故有 3 个方面的主因。一是企业没有为职工配备或配备了不合格的足部防护用品；二是作业人员安全意识不强，心存侥幸，认为足部伤害难以发生；三是企业和职工不知道如何正确选用选择、使用和维护足部防护用品。

作业过程中，足部受到伤害有以下几个主要方面。

1. 物体砸伤或刺伤

在机械、冶金等行业及建筑或其他施工中，常有物体坠落、抛出或铁钉等尖锐物体散落于地面，可砸伤足趾或刺伤足底。

2. 高低温伤害

在冶炼、铸造、金属加工、焦化、化工等行业的作业场所，强辐射热会灼烤足部，灼热的物料可落到脚上引起烧伤或烫伤。在高寒地区，特别是冬季户外施工时，足部可能因低温发生冻伤。

3. 化学性伤害

化工、造纸、纺织印染等接触化学品（特别是酸碱）的行业，有可能发生足部被化学品灼伤的事故。

4. 触电伤害与静电伤害

作业人员未穿电绝缘鞋，可能导致触电事故。由于作业人员鞋底材质不适，在行走时可能与地面摩擦而产生静电危害。

5. 强迫体位

在低矮的巷道作业，或膝盖着地爬行，造成膝关节滑囊炎。

具体分析见表 2-18。

表 2-18　常见足部受伤危险及防范分析

危险	处于危险的身体部位	减少危险的安全措施	个人防护用品
滑落或滚动的物体 尖角或锋利的边缘 滑倒、电击、高低温	脚	识别并标识危险区域 加强管理	抗撞击、抗挤压、抗刺穿、 电绝缘的防护鞋

根据美国 Bureauof Labor 的统计显示，足与腿的防护：66％腿足受伤的工人没有穿安全鞋、防护鞋；33％是穿一般的休闲鞋。受伤工人中85％是因为物品击中未保护的鞋（靴）部分。要保护腿足免于受到物品掉落、滚压、尖物、熔融的金属、热表面、湿滑表面的伤害，工人必须使用适当的足部防护具、安全鞋或靴或裹腿。

● **必备知识**

一、常用足部防护用品

常用足部防护用品见表 2-19。

表 2-19　常用足部防护用品

种类	名称	防护性能说明
足部 防护	防砸鞋	保护脚趾免受冲击或挤压伤害
	防刺穿鞋	保护脚底，防足底刺伤
	防水胶靴	防水、防滑和耐磨的胶鞋
	防寒鞋	鞋体结构与材料都具有防寒保暖作用，防止脚部冻伤
	隔热阻燃鞋	防御高温、熔融金属火花和明火等伤害

续表

种类	名称	防护性能说明
足部防护	防静电鞋	鞋底采用静电材料,能及时消除人体静电积累
	耐酸碱鞋	在有酸碱及相关化学品作业中穿用,用各种材料或复合型材料制成,保护足部免受化学品飞溅所带来的伤害
	防滑鞋	防止滑倒,用于登高或在油渍、钢板、冰上等湿滑地面上行走
	绝缘鞋	在电气设备上工作时作为辅助安全用具,防触电伤害
	焊接防护鞋	防御焊接作业的火花、熔融金属、高温辐射对足部的伤害
	防护鞋	具有保护特征的鞋,用于保护穿着者免受意外事故引起的伤害,装有保护包头

二、安全鞋结构

安全鞋结构见图 2-25。

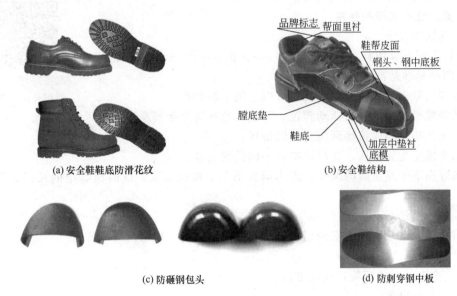

(a) 安全鞋鞋底防滑花纹

(b) 安全鞋结构

品牌标志　帮面里衬
鞋帮皮面
钢头、钢中底板
膛底垫
鞋底
加层中垫衬
底模

(c) 防砸钢包头

(d) 防刺穿钢中板

图 2-25　安全鞋结构

三、选择安全鞋要考虑的因素

选择安全鞋时,可以遵循以下 5 点。

① 防护鞋除了须根据作业条件选择适合的类型外,还应合脚,穿起来使人感到舒适,这一点很重要,要仔细挑选合适的鞋号。

② 防护鞋要有防滑的设计,不仅要保护人的脚免遭伤害,而且要防止操作人员滑倒所引起的事故。

③ 各种不同性能的防护鞋,要达到各自防护性能的技术指标,如脚趾不被砸伤,脚底不被刺伤,绝缘导电等要求。但安全鞋不是万能的。

④ 使用防护鞋前要认真检查或测试,在电气和酸碱作业中,破损和有裂纹的防护鞋都是有危险的。

⑤ 防护鞋用后要妥善保管,橡胶鞋用后要用清水或消毒剂冲洗并晾干,以延长使用寿命。

● 任务实施

训练内容　安全鞋的选择和使用

一、教学准备/工具/仪器

多媒体教学（辅助视频）

图片展示

实物

二、操作规范及要求

① GB/T 11651—2008《个体防护装备选用规范》；

② 正确着装，熟悉足腿防护用品的组成与功能等相关知识；

③ 练习穿戴足腿防护用品；

④ 对不符合使用要求的说明其原因。

三、安全鞋的选择和使用

1. 正确选用方法

安全鞋不同于日用鞋，它的前端有一块保护足趾的钢包头或者是塑胶头。选用的标准是：

M2-22　安全鞋的
使用及注意事项

① 脚伸进鞋内，脚跟处应该至少可以容纳 1 根手指；

② 系好鞋带，上下左右活动脚趾，不应该感到脚趾受到摩擦或挤压；

③ 走动几步，不应该感到脚背受到挤压；

④ 如果感觉受到挤压，建议更换大一码的安全鞋；

⑤ 最好在下午测量脚的尺寸，因为脚在下午会略微膨胀，此时所确定的尺码穿起来会最舒服；

⑥ 鞋的质量最好不要超过 1kg；

⑦ 当穿着太重及太紧的安全鞋时，易导致脚部疾病（如霉菌滋生等）。

2. 穿着安全鞋的工作环境

穿着安全鞋的工作环境，见图 2-26。

3. 安全鞋的报废

（1）外观缺陷检查

安全鞋外观存在以下缺陷之一者，应予报废：

① 有明显的或深的裂痕，达到帮面厚度的一半；

② 帮面严重磨损，尤其是包头显露出来；

③ 帮面变形、烧焦、熔化或发泡，或腿部部分开裂；

④ 鞋底裂痕大于 10mm，深度大于 3mm；

⑤ Ⅰ类鞋帮面和底面分开距离长大于 15mm，宽（深）大于 5mm，Ⅱ类鞋出现穿透；

⑥ 曲绕部位的防滑花纹高度低于 1.5mm；

⑦ 鞋的内底有明显的变形。

（2）性能检测

防静电鞋、电绝缘鞋等电性能类鞋，应首先检查是否有明显的外观缺陷，同时，每 6 个月对电绝缘鞋进行一次绝缘性能的预防性检验和不超过 200h 对防静电鞋进行一次电阻值的测试，以确保鞋是安全的；若不符合要求，则不应再当作电性能类鞋继续使用。

(a) 被坚硬、滚动或下坠的
物件触碰

(b) 被尖锐的物件刺穿
鞋底或鞋身

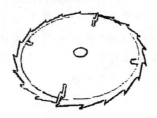
(c) 被锋利的物件割伤，甚至
使表皮撕裂

(d) 场地湿滑、跌倒

(e) 接触化学品

(f) 熔化的金属、高温及
低温的表面

M2-23 安全鞋
的作用

(g) 接触电力装置

(h) 易燃易爆的场所

图 2-26 穿着安全鞋的工作环境

任务八 选择和使用安全带

【案例介绍】

[案例1] 某厂脱硝改造工作中，作业人员王某和周某站在空气预热器上部钢结构上进行起重挂钩作业，2 人在挂钩时因失去平衡同时跌落。周某安全带挂在安全绳上，坠落后被悬挂在半空；王某未将安全带挂在安全绳上，从标高 24m 坠落至 5m 的吹灰管道上，抢救无效死亡。

[案例2] 某公司在保险公司投保团体保险，并缴纳了保费。团体人身保险投保书中特别约定一栏中载明："若被保险人在未系安全带的情况下发生高空坠落，导致身故、残疾等情形的，保险公司按'根据保险责任理算金额'的 80％进行赔付。"同时，该公司也在团体人身保险投保书末尾声明处盖章，确认已注意到本保险条款的保险责任、责任免除、免赔额等情况。

　　2015 年 6 月 27 日，一被保险人在投保人工地施工时高空坠落身亡，后其家属向某保险公司主张理赔。保险公司以被保险人在未系安全带的情况下发生高空坠落身亡为由，赔付了 80% 的保险金 480000 元。蒋某家属认为保险公司应全额支付保险金，于是诉至法院，诉请法院判令某保险公司再支付身故保险金 120000 元。

　　法院认定赔付责任已履行完毕。现原告要求被告支付 120000 元的保险金，于法无据，法院不予支持。

　　高处作业难度高、危险性大，稍不注意就会发生坠落事故，因此必须会使用坠落防护用品。安全标志如图 2-27 所示。

图 2-27　安全标志（七）

M2-24　高处坠落监控视频

【案例分析】

　　石油化工装置塔罐林立、管路纵横，多数为多层布局，高处作业比较多。尤其是检修、施工时，如设备、管线拆装，阀门检修更换，防腐刷漆保温，仪表调校，电缆架空敷设等，重叠交叉作业非常多。

　　据统计，石化企业在生产装置检修工作中发生高处坠落事故，占检修总事故的 17%。

　　高处作业主要包括临边、洞口、攀登、悬空、交叉等五种基本类型，发生高处坠落事故的原因主要是：洞、坑无盖板或检修中移去盖板；平台、扶梯的栏杆不符合安全要求，临时拆除栏杆后没有防护措施，不设警告标志；高处作业不挂安全带、不戴安全帽、不挂安全网；梯子使用不当或梯子不符合安全要求；不采取任何安全措施，在石棉瓦之类不坚固的结构上作业；脚手架有缺陷；高处作业用力不当、重心失稳；工器具失灵，配合不好，危险物料伤害坠落；作业附近对电网设防不妥触电坠落等。

　　常见高处坠落危险及防范分析见表 2-20。

表 2-20　常见高处坠落危险及防范分析

危险	处于危险的身体部位	减少危险的安全措施	个人防护用品
高处坠落		制订安全计划	安全带
物体打击	全身	脚手架	安全网
触电		设置禁区	安全绳
		设监护人	安全帽

对高处作业的安全技术措施在开工以前就须特别留意以下有关事项：

① 技术措施及所需料具要完整地列入施工计划；

② 进行技术教育和现场技术交底；

③ 所有安全标志、工具和设备等，在施工前逐一检查；

④ 做好对高处作业人员的培训考核等。

● **必备知识**

在高处作业过程中，当坠落事故发生时，冲击距离越大，冲击力就越大。当冲击力小于人体重力的 5 倍时，一般不会危及生命；当冲击力达到人体重力的 10 倍以上时，就会发生死亡事故。从大量事故的调查分析和理论计算都能得出，距地面 2m 以上的高处作业，若没有防护措施，一旦发生坠落，就可能出现伤亡事故。和世界上许多国家相同，我国规定凡是坠落高度基准面 2m 以上（含 2m）高处进行的作业均称为高处作业。

坠落防护用品就是高处作业时防止作业人员发生高处坠落和保护作业人员避免或减少因坠落而造成伤害的个人防护用品，包括安全带、安全绳和安全网。

1. 防止高处坠落伤害的三种方法

（1）工作区域限制　通过使用个人防护系统来限制作业人员的活动，防止其进入可能发生坠落的区域。

（2）工作定位　通过使用个人防护系统来实现工作定位，并承受作业人员的重量，使作业人员可以腾出双手来进行工作。

（3）坠落制动　通过使用连接到牢固的挂点上的个人坠落防护产品来防止从高于 2m 的高空坠落。

防止坠落伤害的三种方法如图 2-28 所示。

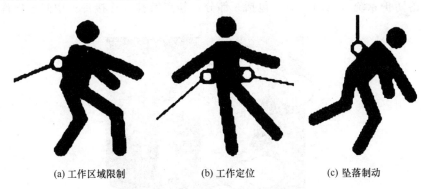

(a) 工作区域限制　　　　(b) 工作定位　　　　(c) 坠落制动

图 2-28　防止坠落伤害的三种方法

2. 安全带的防护作用

当坠落事故发生时，安全带首先能够防止作业人员坠落，利用安全带、安全绳、金属配件的联合作用将作业人员拉住，使之不坠落掉下。由于人体自身的质量和坠落高度会产生冲击力，人体质量越大、坠落距离越大，作用在人体上的冲击力就越大。安全带的重要功能是：通过安全绳、安全带、缓冲器等装置的作用吸收冲击力，将超过人体承受冲击力极限部分的冲击力通过安全带、安全绳的拉伸变形，以及缓冲器内部构件的变形、摩擦、破坏等形式吸收，使最终作用在人体上的冲击力在安全界限以下，从而起到保护作业人员不坠落、减小冲击伤害的作用。

3. 安全带分类及使用范围

① 根据使用条件的不同，安全带可分为围杆作业安全带、区域限制安全带、坠落悬挂安全带 3 类，如图 2-29～图 2-31 所示。

图 2-29　围杆作业安全带示意图

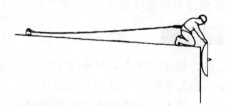

图 2-30　区域限制安全带示意图

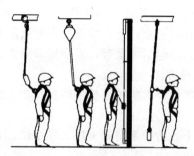

图 2-31　坠落悬挂安全带示意图

② 根据形式的不同，安全带可分为腰带式安全带、半身式安全带、全身式安全带 3 类。

4. 高空坠落防护系统组件

高空坠落防护系统（见图 2-32）包括 3 部分：挂点及挂点连接件；中间连接件；全身式安全带。

图 2-32　高空坠落防护系统

A1 挂点：一般是指安全挂点（如支柱、杆塔、支架、脚手架等）。

A2 挂点连接件：用来连接中间连接件和挂点的连接件（如编织悬挂吊带、钢丝套等）。

B 中间连接件：用来连接安全带与挂点之间的关键部件（如缓冲减震带、坠落制动器、抓绳器、双叉型编织缓冲减震系带等）。其作用是防止作业人员出现自由坠落的情况，应该根据所进行的工作以及工作环境来进行选择。

C 全身式安全带：作业人员所穿戴的个人防护用具。其作用是在发生坠落时，可以分解作用力拉住作业人员，减轻对作业人员的伤害，不会从安全带中滑脱。

单独使用这些部分不能对坠落提供防护。只有将它们组合起来，形成一整套个人高空坠落防护系统，才能起到高空坠落的防护作用。

（1）挂点及挂点连接件

① 挂点。使用牢固的结构作为挂点，它可承受高空作业人员坠落时重力加速度的作用产生的冲击力，挂点及挂点连接破断负荷应≥12kN。当工作现场没有牢固的构件可以作为挂点时，则需要安装符合同样强度要求的挂点装置。

挂点应位于足够高的地方，因为挂点位置将直接影响到坠落后的下坠距离，挂点位置越低，人下坠距离就越大，坠落冲击力也会增大，同时撞到下层结构的可能性也会大大增加。安全规程要求，坠落防护系统不得"低挂高用"就是为了达到这一目的。如图2-33 所示。

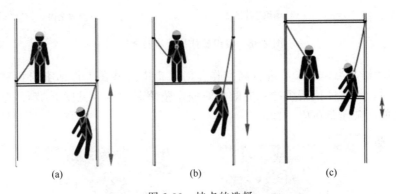

图 2-33　挂点的选择
（a）挂点位置低，坠落冲击力大；（b）挂点位置较低，坠落冲击力较大；
（c）挂点位置高，坠落冲击力小

如果挂点不在垂直于工作场所的上方位置，发生坠落时作业人员在空中会出现摆动现象，并可能撞到其他物体上或撞到地面而受伤。在工作前安装坠落防护系统时，要注意避免"钟摆效应"，如图 2-34 所示。

② 挂点连接件。用来连接中间连接件和挂点的连接件（如编织悬挂吊带、钢丝套等），如图 2-35 所示。

（2）中间连接件

① 编织悬挂吊带和安全钩，如图 2-36 所示。

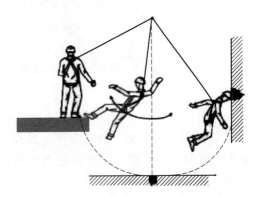

图 2-34　挂点"钟摆效应"

(a) 抓钩直接连接　　　　　(b) 安全钩直接连接　　　　　(c) 钢丝绳连接

图 2-35　挂点连接件

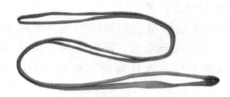

(a) 编织悬挂吊带　　　　　　　　　(b) 安全钩

图 2-36　编织悬挂吊带和安全钩

② 坠落制动器。当作业人员进行高空作业时，希望能够在工作面上自由移动，或挂点离作业面较远时，或不能使用缓冲绳系时，应使用坠落制动器（见图 2-37）。坠落制动器具有瞬时制动功能，破断负荷应 ≥12kN。

图 2-37　坠落制动器

③ 抓绳器与安全绳。当高空作业的作业人员需要上下装置、构架时，可以使用基于安全绳（见图 2-38）的抓绳器来防高空坠落。使用的安全绳装设好后，必须进行试拉检查，安全绳下部必须进行固定。抓绳器安装到安全绳上后，作业人员应进行使用前的试拉检查。

(a)　　　　　　　　(b)　　　　　　　　(c)

图 2-38　抓绳器与安全绳

④ 双叉型编织缓冲减震系带。双叉型编织缓冲减震系带由两条编织带组成，俗称"双抓"（见图 2-39）。并带有缓冲包和抓钩，破断负荷应≥15kN。两抓钩的交替使用，可以保证高空作业工作人员在上下过程或者水平移动过程中，始终有一条编织带连接在挂点上，从而始终不会失去保护。

⑤ 工作定位绳。工作定位绳用来实现作业人员的工作定位，并承受作业人员的重量，使作业人员可以腾出双手来进行工作。总长度一般选用 2～2.5m。如图 2-40 所示。

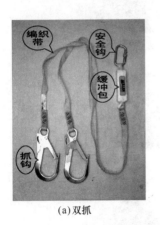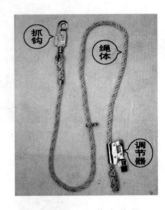

(a)双抓　　　　　　(b)抓钩

图 2-39　双叉型编织缓冲减震系带　　　　　　图 2-40　工作定位绳

（3）全身式安全带　作业人员所穿戴的个人防护用具。其作用是在发生坠落时，可以分解作用力拉住作业人员，减轻对作业人员的伤害，不会从安全带中滑脱。防范高空坠落的安全带必须是全身式安全带。如图 2-41 所示。

安全带和绳必须用锦纶、维纶、蚕丝料。电工围杆可用黄牛带革。金属配件用普通碳素钢或铝合金钢。包裹绳子的套用皮革、轻带、维纶或橡胶制。腰带长 1300～1600mm，宽 40～50mm；护腰长 600～700mm，宽 80mm；安全绳总长（2000～3000)mm±40mm；背带长 1260mm±40mm。

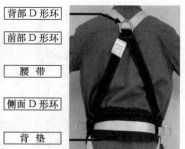

背部 D 形环
前部 D 形环
腰　带
侧面 D 形环
背　垫
调节扣

图 2-41　全身式安全带

● 任务实施

训练内容　使用安全带

一、教学准备/工具/仪器

多媒体教学（辅助视频）

第一步　　　　　　　　第二步　　　　　　　　第三步

第四步　　　　　　　　第五步　　　　　　　　第六步

图 2-42　正确佩戴安全带

图片展示

实物

二、操作规范及要求

① GB/T 23468—2009《坠落防护装备安全使用规范》；

② 正确着装，熟悉坠落防护用品的组成与功能等相关知识；

③ 练习使用全身式安全带；

④ 对不符合使用要求的说明其原因。

三、佩戴全身式安全带（如图 2-42 所示）

第一步：握住安全带的背部 D 形环。抖动安全带，使所有的编织带回到原位。如果胸带、腿带和腰带被扣住时，则松开编织带并解开带扣。

M2-25 安全带的使用方法

第二步：把肩带套到肩膀上，让 D 形环处于后背两肩中间的位置。

第三步：扣好胸带，并将其固定在胸部中间位置。

第四步：从两腿之间拉出腿带，一只手从后部拿着后面的腿带从裆下向前送给另一只手，接住并同前端扣口扣好。用同样的方法扣好第二根腿带。

第五步：扣好腰带，拉紧肩带。

第六步：全部组件都扣好后，仔细检查所有卡扣是否完全连接。并调整安全带在其肩部、腿部和胸部的位置。收紧所有带子，让安全带尽量贴紧身体，但又不会影响活动。将多余的带子穿到带夹中防止松脱。

脱下全身式安全带的顺序，和穿上时的顺序相反。

四、系挂安全带挂点的选择判断

如图 2-43、图 2-44 所示。

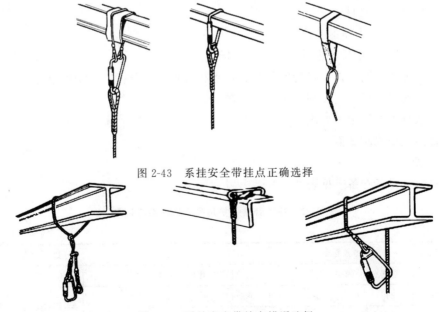

图 2-43　系挂安全带挂点正确选择

图 2-44　系挂安全带挂点错误选择

"1+X"考证练习

一、穿戴劳动保护用品

1. 考核要求

(1) 正确穿戴劳动保护用品。

(2) 考核前统一抽签，按抽签顺序对学生进行考核。

(3) 符合安全、文明生产要求。

2. 准备要求

材料准备见表2-21。

表 2-21 材料准备表

序号	名称	规格	数量	备注
1	安全帽		1顶	
2	工作服		1套	
3	安全带		1副	
4	手套		3副	

3. 操作考核规定及说明

(1) 操作程序

① 准备工作。

② 工作服的穿着。

③ 安全带的使用。

④ 手套、安全帽的佩戴。

(2) 考核规定及说明

① 如操作违章，将停止考核。

② 考核采用100分制，然后按权重进行折算。

(3) 考核方式说明 该项目为实际操作，考核过程按评分标准及操作过程进行评分。

(4) 考核时限 以学生顺利完成考核为准。

(5) 考核标准与记录 见表2-22。

二、使用过滤式防毒面具

1. 准备要求

(1) 材料、设备准备（见表2-23）

表 2-22 穿戴劳动保护用品考核标准与记录

考核时间：5min

序号	考核内容	考核要点	考核要求	分数	得分	备注
1	穿工作服	整理衣领、领扣	系领扣,衣领不得翻起	8		
		袖扣	系袖扣	6		
		整理衣摆	衣摆、摆扣整齐规范	6		

续表

序号	考核内容	考核要点	考核要求	分数	得分	备注
2	佩戴安全带	检查安全带合格证	安全带应在有效期内	5		
		检查安全带是否完好	应检查安全带的外观,组件完整性、无短缺、无伤残破损	10		
		正确佩戴安全带	腰带应平顺,系带方法要正确	10		
		正确使用安全带	安全带应高挂低用,绑定牢固	10		
3	戴安全帽	检查安全帽合格证书	安全帽应在有效期内	10		
		检查安全帽是否完好	应查看安全帽组件的完好性、帽衬与帽壳的间隙应该足够	10		
		安全帽佩戴正确	安全帽下颌带应系好,后箍调整紧凑,保证安全帽不脱落	10		
4	戴手套	选择耐酸碱手套	应检查手套的外观,完整性、无短缺、无伤残破损	5		
5	安全文明操作	维护工具	工具归位,摆放整齐	5		
		严格按操作规程操作	严格遵守操作规程	5		
	合计			100		

表 2-23　材料、设备准备表

序号	名称	规格	数量	备注
1	橡胶面罩		1个	
2	滤毒罐		3个	

（2）工具准备（见表 2-24）

表 2-24　工具准备表

序号	名称	规格	数量	备注
1	手套	布	1副	

2. 操作程序规定说明

（1）操作程序说明　佩戴防毒面具。

（2）考核规定说明

① 如违章操作该项目终止考核。

② 考核采用百分制,考核项目得分按权重进行折算。

（3）考核方式说明　该项目为实际操作题,全过程按操作标准结果进行评分。

（4）技能考核说明　本项目主要考核学生对使用过滤式防毒面具的掌握程度。

3. 考核时限

① 准备时间:1min（不计入考核时间）。

② 操作时间:10min。

③ 从正式操作开始计时。

④ 考核时,提前完成不加分,超过规定操作时间按规定标准评分。

4. 考核标准与记录表

见表 2-25。

表 2-25　使用过滤式防毒面具考核标准与记录

考核时间：10min

序号	考核内容	考核要点	分数	评分标准	得分	备注
1	佩戴防毒面具	判断毒气的种类	10	判断不正确扣 10 分		
		选择滤毒罐	10	选择不正确扣 10 分		
		检查橡胶面罩的完好状况,检查视窗、活门、本体等部件完好情况	15	未检查橡胶面罩的完好状况扣 10 分,未检查视窗、活门、本体等部件完好情况扣 5 分		
		检查防毒面具的气密性,戴好面罩,用掌心堵住面罩接口,吸气,然后感觉到面罩紧贴面部为准	15	未检查防毒面具的气密性扣 10 分,面罩内未成负压扣 5 分		
		将滤毒罐上封盖拧下	10	未将滤毒罐上封盖拧下扣 10 分		
		将滤毒罐下封盖拧下	10	未将滤毒罐下封盖拧下扣 10 分		
		将橡胶面罩与滤毒罐连接	15	未将橡胶面罩与滤毒罐连接扣 10 分,连接不规范扣 5 分		
		佩戴好防毒面具	15	未佩戴好防毒面具扣 10 分,佩戴不规范扣 5 分		
2	安全文明操作	按国家或企业颁布的有关规定执行		违规操作一次从总分中扣除 5 分,严重违规停止本项操作		
3	考核时限	在规定时间内完成		按规定时间完成,每超时 1min,从总分中扣 5 分,超时 3min 停止操作		
	合计		100			

三、单选题

1. 作业安全注重的是作业者的安全，主要通过合理的 （　　） 和个人防护来确保安全地完成作业任务。

A. 作业方法　　　　B. 安全措施　　　　C. 报警系统　　　　D. 人员培训

2. 过程安全管理的要素中，（　　） 是核心要素。

A. 过程安全信息　　B. 操作规程　　　　C. 符合性审核　　　D. 工艺危险分析

3. 在过程安全管理的要素中，（　　） 是开展工艺危险分析的基础？

A. 试生产前安全检查　　　　　　　　　B. 培训

C. 过程安全信息　　　　　　　　　　　D. 机械完整性

4. 用于人失误分析的引导词"异常"的含义是 （　　）。

A. 完全替代　　　　B. 判断失误　　　　C. 执行失误　　　　D. 疏漏失误

5. 员工轻度受伤属于哪种事故后果？（　　）

A. 职业健康　　　　B. 财产损失　　　　C. 产品损失　　　　D. 环境影响

6. 噪声影响属于哪种事故后果 （　　）。

A. 职业健康　　　　B. 财产损失　　　　C. 产品损失　　　　D. 环境影响

7. 设备损坏属于哪种事故后果 （　　）。

A. 职业健康　　　　B. 财产损失　　　　C. 产品损失　　　　D. 环境影响

8. 常见原因一般包括很多种类，其中人员违反操作规程属于 （　　）。

A. 人员失误　　　　B. 训练不足　　　　C. 管理问题　　　　D. 规程问题

9. 作业安全与过程安全的目的都是避免或减少事故危险，包括（　　）。

A. 人员伤害、人员培训　　　　　　　B. 人员伤害、人员培训、环境破坏

C. 人员伤害、设备损坏、环境破坏　　D. 人员伤害、设备损坏、人员培训

10. 按照预防原理，安全生产管理应该做到预防为主，通过有效的管理和技术手段来减少和防止人的不安全行为和物的不安全状态，下列论述中不符合预防原理的是（　　）。

A. 事故后果及后果的严重程度，都是随机的，难以预料的

B. 只要诱发事故的因素存在，发生事故是必然的

C. 从根本上消除事故发生的可能性，是本质安全的出发点

D. 当生产与安全发生矛盾时，要以安全为主

归纳总结

个人防护用品是指劳动者在劳动过程中为免遭或减轻职业病危害而随身穿戴和配备的各种物品的总称。正确使用防护用品是保障从业人员安全和健康的一个非常关键的环节。劳动防护用品是保护职工安全所采取的必不可少的辅助措施，在某种意义上说，它是劳动者防止职业伤害的最后一项措施。

《安全生产法》规定："生产经营单位必须为从业人员提供符合国家标准或行业标准的劳动防护用品。"《职业病防治法》规定："用人单位必须采用有效的职业病预防措施，并为劳动者提供个人使用的职业病防护用品"，并且"提供的职业病防护用品必须符合防治职业病的要求，不符合要求的不得使用"。

以上两法中都使用了"必须"词语，第一层含义是强调劳动防护用品的重要性，不是可有可无的物质福利待遇，而是保障安全生产、预防工伤事故和职业病的必需品；第二层含义是强调劳动防护用品的质量，不符合国家标准或行业标准的劳动防护用品不能使用。

各种防护用品具有消除或减轻事故的作用。但防护用品对人的保护是有限度的，当伤害超过允许防护范围时，防护用品也将失去其作用。

我国对劳动防护用品采用以人体防护部位为法定分类标准（《劳动防护用品分类与代码》），共分为十大类：

① 头部防护用品；

② 呼吸器官防护用品；

③ 眼面部防护用品；

④ 听觉器官防护用品；

⑤ 手部防护用品；

⑥ 躯体防护用品；

⑦ 足腿防护用品；

⑧ 坠落防护用品；

⑨ 皮肤防护用品；

⑩ 其他防护用品。

M2-26　安全防护用品的分类

巩固与提高

一、选择题

1. 正确佩戴安全帽有两个要点：一是安全帽的帽衬与帽壳之间应有一定间隙；二是（   ）。

    A. 必须系紧下颚带　　　　B. 必须时刻佩戴　　　　C. 必须涂上黄色

2. 正压式空气呼吸器压力在（   ）MPa 时报警，报警哨声音必须大于 90dB，持续性声响时间不低于 15s，间歇性声响不低于 30s。

    A. 10.0±0.5　　　　　　B. 5.5±0.5　　　　　　C. 3.5±0.5

3. 进入密闭空间拯救晕倒的职工，应佩戴（   ）个人防护装备。

    A. 净化空气式防毒面罩　B. 供气式呼吸器　　　C. 反光衣

4. 在作业场所液化气浓度较高时，应佩戴（   ）。

    A. 面罩　　　　　　　　B. 口罩　　　　　　　　C. 眼罩

5. 电焊弧光对人眼的伤害主要是（   ）辐射。

    A. 红外线　　　　　　　B. 紫外线　　　　　　　C. X 射线

6. 在进行电焊操作时，必须（   ）。

    A. 佩戴装有适当滤光镜片的眼罩或面罩

    B. 佩戴太阳镜　　　　　C. 佩戴呼吸器

7. 耳罩的平均隔声值在（   ），对高频噪声有良好的隔声作用。

    A. 10dB　　　　　　　　B. 15～25dB　　　　　　C. 30dB 以上

8. 噪声达到（   ）dB 以上时，必须使用听力防护用品。

    A. 75　　　　　　　　　B. 85　　　　　　　　　C. 95

9. 从事噪声作业应佩戴什么防护用品（   ）。

    A. 安全带　　　　　　　B. 安全绳　　　　　　　C. 耳塞或耳罩

10. 下列哪种手套适用于防硫酸（   ）。

    A. 棉手套　　　　　　　B. 橡胶手套　　　　　　C. 防割手套

11. （   ）保护手免受火星、粗糙物体和摩擦物体的损害。

    A. 皮革手套　　　　　　B. 线手套　　　　　　　C. 橡胶手套

12. 操作机械时，工人要穿"三紧"式工作服，"三紧"是指袖紧、领紧和（   ）。

    A. 扣子紧　　　　　　　B. 腰身紧　　　　　　　C. 下摆紧

13. 安全鞋的鞋底夹层装上钢片，其主要功用是（   ）。

    A. 防滑　　　　　　　　B. 防静电　　　　　　　C. 防被尖锐硬物刺穿

14. 登高大于（   ）时必须使用安全带。

    A. 1m　　　　　　　　　B. 2m　　　　　　　　　C. 3m

15. 若没有合适工作台，职工进行高空作业应使用下列（   ）个人防护装备。

    A. 救生绳　　　　　　　B. 安全鞋　　　　　　　C. 安全带

16. 安全带的正确扣法应该是（   ）。

    A. 同一水平　　　　　　B. 低挂高用　　　　　　C. 高挂低用

二、简答题

1. 什么是劳动保护用品? 并举例说明。

2. 安全帽的作用是什么?

3. 根据防毒原理, 防毒面具分为几类? 过滤式防毒面具的适应范围是什么?

4. 正压式空气呼吸器在使用时应注意哪些事项?

5. 常见的眼面部防护用品可以大致分成几类?

6. 听觉器官防护用品主要有哪些?

图 2-45　倾倒废液示意图

7. 选择安全鞋要考虑哪些因素?

8. 防止高处坠落伤害的三种方法是什么?

9. 全身式安全带穿戴的步骤是什么?

三、看图找错误

1. 如图 2-45 所示, 操作员正将一种具有腐蚀性的物质倒入桶内, 该工作所需的劳动防护用品如图所示。观察这位员工是否受到保护, 将这位员工未受保护的部分选出来。

☐ 头部
安全帽、防酸头罩、发网

☐ 眼部
安全眼镜、面罩、防喷溅护目镜、焊接帽

☐ 耳部
耳塞、耳罩

☐ 呼吸系统
呼吸防护具、输气管面罩、防尘面罩、供氧呼吸防护具

☐ 手臂与手部
手套: 皮革制、抗化学药物、抗热或抗割; 长袖

☐ 躯干
围裙、安全带、防火衣物、全身衣物、连身工作服、防坠保护

☐ 腿部与脚部
安全鞋、护胫、抗化学物长靴、橡皮靴

2. 指出图 2-46~图 2-49 中的安全违章。

图 2-46

图 2-47

图 2-48

图 2-49

项目三
防止现场中毒伤害

任务一　认识常见危险化学品

【案例介绍】

[案例1]　2013年11月29日，武汉某快递公司人员在卸载快件运输车时，嗅到刺激性气味，两名员工呕吐。对此，该公司的处理措施只是疏散员工，将受伤员工送医，并与发件企业联系，但发件企业一句谎话就把这件事轻易遮掩过去。随后有8人因此出现不同程度的中毒症状，其中家住山东省东营市广饶县一居民因收到被化工原料污染的包裹快件（网购的一双鞋子），几小时后出现呕吐、腹痛等症状，经抢救无效死亡。据医院诊断显示，死因为有毒化学液体氟乙酸甲酯中毒。此事缘于氟乙酸甲酯作为快件投递中发生泄漏，污染了其他快件。

[案例2]　2003年12月23日晚上，重庆开县发生天然气特大井喷事故，高于正常值6000倍的硫化氢气体迅速顺风扩散，扑向毫无准备的村庄、集镇。虽然经过多方全力抢险救援，但仍然有243人因硫化氢中毒死亡，4000多人受伤，6万多人被疏散转移，9.3万多人受灾，门诊病人累计达1.4万余人，直接经济损失高达6432.31万元。当地

M3-1　夺命
快递

的干部和农民事先均对可能面对的危险一无所知，多数村民不知道硫化氢是什么，它有哪些危害，出了事故如何防护，应该怎样逃生。如果他们了解这些危险化学物质，恐怕就不会造成这么严重的后果。

就危险化学品而言，只有正确地分析、了解和掌握危险化学物质的基本特性，才能在生产过程中有针对性地采取措施，保证生产生活的安全。具体要掌握以下几点。

① 正确辨识化学品安全标签，理解作业场所化学品安全标签上的信息及其含义。

② 了解化学品安全技术说明（有毒有害化学物质信息卡）的内容及其含义。

③ 正确识别和理解作业场所内使用的图形、颜色、编码、标识等安全标志。

④ 了解不同化学品进入人体的途径及其对人体的危害和防护急救方法。

⑤ 了解危险化学品安全使用、储存、操作处置、废弃的程序和注意事项。

⑥ 了解紧急状态下的应急处理程序和措施。

【案例分析】

危险源是可能导致伤害或疾病、财产损失、工作环境破坏或这些情况组合的根源或状态。危险源由三个要素构成：潜在危险性、存在条件和触发因素。例如，从全国范围来说，对于危险行业（如石油、化工等）具体的一个企业（如炼油厂）就是一个危险源。而从一个企业系统来说，可能是某个车间、仓库或危险化学品就是危险源。

目前世界上大约有 800 万种化学物质，其中常用的化学品就有 7 万多种，每年还有上千种新的化学品问世。在品种繁多的化学品中，有些物质能够直接对机体造成危害，有些物质虽不会直接产生危害，但当数量增加到一定程度或在一定条件下通过生物转化后即可表现出某些毒性。危险化学品是指化学品中具有易燃、易爆、有毒及腐蚀等特性，会对人员、设施、环境造成伤害或损害的化学品。

化工事故案例史表明，对加工的化学物质及相关的物理、化学原理不甚了解，忽视过程与操作的安全及违章操作是酿成化工事故的主要原因。据有关资料介绍，在各类工业爆炸事故中，化工爆炸占 32.4%，所占比例最大；事故造成的损失也以化学工业为最大，约为其他工业部门的五倍。

危险化学品事故预防与控制一般包括技术控制和治理控制两个方面。技术控制的目的是通过采取适当的措施，消除和降低化学品工作场所的危害，防止工人在正常作业时受到有害物质的侵害；治理控制是指按照国家法律、标准所建立起来的治理程序和措施，对作业场所进行危险识别、安全生产禁令、张贴警示标志、操纵规程、贴制安全标签、产品安全技术说明书等，是预防作业场所中化学品危害的一个重要方面。

● 必备知识

一、危险化学品的定义

是指具有毒害、腐蚀、爆炸、燃烧、助燃等性质，对人体、设施、环境具有危害的剧毒化学品和其他化学品。

二、危险化学品的主要危害体现

1. 危险化学品燃爆危害

燃爆危害是指化学品能引起燃烧、爆炸的危险程度。化工、石油化工企业由于生产中使用的原料、中间产品及产品多为易燃、易爆物，一旦发生火灾、爆炸事故，会造成严重的后果。

2. 危险化学品健康危害

健康危害是指接触后能对人体产生危害的大小。由于危险化学品的毒性、刺激性、腐蚀性、麻醉性、窒息性等特性，导致人员中毒事故每年都在发生。

3. 危险化学品环境危害

环境危害是指危险化学品对环境影响的危害程度。随着工业发展，各种危险化学品的产品量增加，新的危险化学品也不断涌现，人们充分利用危险化学品的同时，也产生了大量的废物，其中不乏有毒有害物质。

三、危险化学品危害防控基本原则

危险化学品危害预防和控制的基本原则一般包括两个方面：操作控制和管理控制。

操作控制的目的是通过采取适当的措施，消除或降低工作场所的危害，防止工人在正常

作业时受到有害物质的侵害，采取的主要措施是替代、变更工艺、隔离、通风、个体防护和注意卫生。

管理控制是按照国家法律和标准建立起管理程序和措施，通过对作业场所进行危害识别、张贴标志，在化学品包装上粘贴安全标签，在化学品运输、经营过程中附化学品安全技术说明书等多种手段，以及对从业人员进行安全培训和资质认定，采取接触监测、医学监督等措施来达到管理控制的目的。

四、我国危险化学品的分类

根据联合国《全球化学品统一分类和标签制度》（简称 GHS），我国制定了化学品危险性分类和标签规范系列标准，确立了化学品危险性 28 类的分类体系。从化学品 28 类 95 个危险类别中，选取了其中危险性较大的 81 个类别作为危险化学品的确定原则，按照《危险化学品目录（2015 版）》，分类危险化学品（见表 3-1）。

表 3-1　危险化学品分类

危险和危害种类		类别						
物理危害	爆炸物	不稳定爆炸物	1.1	1.2	1.3	1.4	1.5	1.6
	易燃气体	1	2	A(化学不稳定性气体)	B(化学不稳定性气体)			
	气溶胶	1	2	3				
	氧化性气体	1						
	加压气体	压缩气体	液化气体	冷冻液化气体	溶解气体			
	易燃液体	1	2	3	4			
	易燃固体	1	2					
	自反应物质和混合物	A	B	C	D	E	F	G
	自热物质和混合物	1	2					
	自燃液体	1						
	自燃固体	1						
	遇水放出易燃气体的物质和混合物	1	2	3				
	金属腐蚀物	1						
	氧化性液体	1	2	3				
	氧化性固体	1	2	3				
	有机过氧化物	A	B	C	D	E	F	G
健康危害	急性毒性	1	2	3	4	5		
	皮肤腐蚀/刺激	1A	1B	1C	2	3		
	严重眼损伤/眼刺激	1	2A	2B				
	呼吸道或皮肤致敏	呼吸道致敏物 1A	呼吸道致敏物 1B	皮肤致敏物 1A	皮肤致敏物 1B			
	生殖细胞致突变性	1A	1B	2				
	致癌性	1A	1B	2				

续表

危险和危害种类		类别						
健康危害	生殖毒性	1A	1B	2	附加类别（哺乳效应）			
	特异性靶器官毒性——次接触	1	2	3				
	特异性靶器官毒性-反复接触	1	2					
	吸入危害	1	2					
环境危害	危害水生环境	急性1	急性2	急性3	长期1	长期2	长期3	长期4
	危害臭氧层	1						

注：深色背景的是作为危险化学品的确定原则类别。

● 任务实施

训练内容　认识安全标志与危险化学品的标志

一、教学准备/工具/仪器

多媒体教学（辅助视频）

图片展示

典型案例

二、操作规范及要求

① GB 13690—2009《化学品分类和危险性公示　通则》；

②《危险化学品目录（2015 版）》；

③ 危险化学品安全条例（2013 年修订）；

④ 根据典型案例做出分析；

⑤ 认识安全标志；

⑥ 认识危险化学品的标志及特性。

三、认识安全标志与危险化学品的标志

1. 安全色与对比色

安全色是传递安全信息的颜色，使安全色更加醒目的反衬色称为对比色。

国家标准 GB 2893—2008《安全色》中规定红、蓝、黄、绿四种颜色为安全色，黑白两种颜色为对比色，具体见表 3-2 所示。

M3-2　安全色
与安全标志

表 3-2　安全色及对比色的含义及用途

颜色	颜色表征	用途举例
红色	传递禁止、停止、危险或提示消防设备、设施的信息	各种禁止标志；交通禁令标志；消防设备标志；机械的停止按钮、刹车及停车装置的操纵手柄；机械设备转动部件的裸露部位；仪表刻度盘上极限位置的刻度；各种危险信号旗等
蓝色	传递必须遵守规定的指令性信息	各种指令标志；道路交通标志和标线中指示标志等
黄色	传递注意、警告的信息	各种警告标志；道路交通标志和标线中警告标志；警告信号旗等
绿色	传递安全的提示性信息	各种提示标志；机器启动按钮；安全信号旗；急救站、疏散通道、避险处、应急避难场所等

续表

颜色	颜色表征	用途举例
黑色	使安全色更加醒目的反衬色	用于安全标志的文字、图形符号和警告标志的几何边框
白色	使安全色更加醒目的反衬色	白色用于安全标志中红、蓝、绿的背景色，也可用于安全标志的文字和图形符号

2. 安全色与对比色搭配使用要求

安全色与对比色同时使用时，规定红色、蓝色、绿色可以与白色搭配使用，黄色可以与黑色搭配使用。

3. 安全色与对比色相间条纹

红色与白色相间条纹。表示禁止或提示消防设备、设施位置的安全标记。应用于交通运输等方面所使用的防护栏杆及隔离墩（如图 3-1 所示）、液化石油气汽车槽车的条纹、固定禁止标志的标志杆上的色带等。

蓝色与白色相间条纹。表示指令的安全标记，传递必须遵守规定的信息。应用于道路交通的指示性导向标志（如图 3-2 所示）、固定指令标志的标志杆上的色带等。

图 3-1 红色与白色
相间条纹举例

图 3-2 蓝色与白色
相间条纹举例

黄色与黑色相间条纹。表示危险位置的安全标记。应用于各种机械在工作或移动时容易碰撞的部位，如移动式起重机的外伸腿、起重臂端部、起重吊钩和配重（如图 3-3 所示）；剪板机的压紧装置；冲床的滑块等有暂时或永久性危险的场所或设备；固定警告标志的标志杆上的色带等。

绿色与白色相间条纹表示安全环境的安全标记。应用于固定提示标志杆上的色带等（如图 3-4 所示）。

图 3-3 黄色与黑色
相间条纹举例

图 3-4 绿色与白色
相间条纹举例

4. 安全标志

安全标志是由安全色、几何图形和形象的图形符号构成的，用以表达特定的安全信息，是一种国际通用的信息。

安全标志分禁止标志、警告标志、指令标志、提示标志，其具体含义和常见标志如表3-3所示。

表3-3 安全标志

类型	含义	安全标志
禁止标志	禁止人们不安全行为；其基本形式为带斜杠的圆形框。圆形和斜杠为红色，图形符号为黑色，衬底为白色	禁止带火种　禁止穿带钉鞋　禁止穿化纤服装
警告标志	提醒人们对周围环境引起注意，以避免可能发生的危险；其基本形式是正三角形边框。三角形边框及图形符号为黑色，衬底为黄色	当心泄漏　当心触电　噪声有害
指令标志	强制人们必须做出某种动作或采用防范措施；其基本形式是圆形边框。图形符号为白色，衬底色为蓝色	必须戴防护眼镜　必须戴防尘口罩　必须戴护耳器
提示标志	向人们提供某种信息（如标明安全设施或场所等）。其基本形式是正方形边框。图形符号为白色，衬底色为绿色	灭火器　消防水泵接合器

5. 安全线

企业中用以划分安全区域与危险区域的分界线。厂房内安全通道的标志线、铁路站台上的安全线都属于此列。根据国家有关规定，安全线用白色，宽度不小于60mm。在生产过程中，有了安全线的标示，我们就能区分安全区域和危险区域，有利于我们对危险区域的认识和判断。

6. 化学品危险性象形图标

化学品危险性象形图标见表3-4。

表 3-4　化学品危险性象形图标

危险特性	爆炸危险	燃烧危险	加强燃烧危险
图标			
适用危险类别	1. 爆炸物中不稳定爆炸物、1.1、1.2、1.3、1.4 项 2. 自反应物质和混合物中 A 型、B 型 3. 有机过氧化物中 A 型、B 型	1. 易燃气体中第 1 类 2. 易燃气溶胶中第 1 类、第 2 类 3. 易燃液体中第 1 类、第 2 类、第 3 类 4. 易燃固体中第 1 类、第 2 类 5. 自反应物质和混合物中 B 型、C 型、D 型、E 型、F 型 6. 可自然液体中第 1 类 7. 自燃固体中第 1 类 8. 自热物质中第 1 类、第 2 类 9. 遇水放出易燃气体物质中第 1 类、第 2 类、第 3 类	1. 氧化性气体中第 1 类 2. 氧化性液体中第 1 类、第 2 类、第 3 类 3. 氧化性固体中第 1 类、第 2 类、第 3 类 4. 有机过氧化物中 B 型、C 型、D 型、E 型、F 型
危险特性	加压气体	腐蚀危险	毒性危险
图标			
适用危险类别	1. 压力下气体中压缩气体 2. 压力下气体中液化气体 3. 压力下气体中冷冻液化气体 4. 压力下气体中溶解气体	1. 金属腐蚀物中第 1 类 2. 皮肤腐蚀/刺激中第 1A 类、第 1B 类、第 1C 类 3. 严重眼损伤/眼睛刺激性中第 1 类	1. 经口急性毒性中第 1 类、第 2 类、第 3 类 2. 经皮肤急性毒性中第 1 类、第 2 类、第 3 类 3. 吸入急性毒性中第 1 类、第 2 类、第 3 类
危险特性	警告	健康危险	危害水环境
图标			
适用危险类别	1. 经口吸入急性毒性中第 4 类 2. 经皮肤急性毒性中第 4 类 3. 吸入急性毒性中第 4 类 4. 皮肤腐蚀/刺激中第 2 类 5. 严重眼损伤/眼睛刺激中第 2A 类 6. 皮肤致敏性中第 1 类 7. 特异性靶器官系统毒性——单次接触中第 3 类	1. 呼吸系统致敏性中第 1 类 2. 生殖细胞突变性中第 1A 类、中第 1B 类、第 2 类 3. 致癌性中第 1A 类、中第 1B 类、第 2 类 4. 生殖毒性中第 1A 类、中第 1B 类、第 2 类 5. 特异性靶器官系统毒性——单次接触中第 1 类、第 2 类 6. 特异性靶器官系统毒性——反复接触中第 1 类、第 2 类 7. 吸入危险中第 1 类、第 2 类	1. 对水环境危害的急性危害中第 1 类 2. 对水环境危害的慢性危害中第 1 类、第 2 类

任务二　危险化学品的安全储运

【案例介绍】

[案例1]　2011年7月22日，京珠高速公路河南省信阳市境内发生一起特别重大卧铺客车燃烧事故，造成41人死亡、6人受伤，直接经济损失2342.06万元。经调查认定，这是一起责任事故，直接原因是由山东某某集团客运二分公司负责日常管理的大型卧铺客车，违规运输15箱共300kg偶氮二异庚腈，并堆放在客车舱后部，这些危化品在挤压、摩擦、发动机放热等综合因素作用下受热分解并发生爆燃。

[案例2]　2016年7月25日，四川广元境内一辆载有35吨保险粉的货车行驶至广南高速681公里处，车厢内的保险粉突然起火，经13小时连续扑救将火势扑灭，未造成人员伤亡，事故造成广南高速封路15小时。

M3-3　卧铺客车燃烧事故

危险品具有特殊的物理、化学性能，储运中如防护不当，极易发生事故，并且事故所造成的后果较一般车辆事故更加严重。因此，为确保安全，在危险品储运中必须具有高度的责任感和事业心，牢固树立对国家、企业、人民生命财产负责的责任心。要认真落实对从业人员进行危险化学品的容器使用、装载、运输和发生事故后以应急处置为主要内容的安全教育和培训。掌握危险化学品装卸运输安全操作规程。

【案例分析】

据统计，仅2011～2013年，我国共发生危险化学品运输事故183起，其中67%为泄漏事故，13%为爆炸事故，12%为火灾，8%为其他事故。危险化学品运输事故不同于一般运输事故，往往会衍生出燃烧、爆炸、泄漏等更严重的后果，造成经济损失、环境污染、生态破坏、人员伤亡等一系列的社会问题。

危险化学品运输是其生产、使用过程中必需的环节，危险品运输是特种运输的一种，是指专门的组织或技术人员对非常规物品使用特殊车辆进行的运输。涉及人、事、物、管理等多个方面，其中任何失误都有可能导致危险化学品运输事故的发生，造成重大损失。

危险化学品运输只有经过国家相关职能部门严格审核，并且拥有能保证安全运输危险货物的相应设施设备，才能有资格进行危险品运输。

我们在化学危险物品生产使用、储存、运输各个过程中要把安全放在第一位，确保万无一失，真正做到"我要安全"和"我会安全"。

必备知识

一、危险货物及危险货物分类

1. 危险货物

危险货物是指具有爆炸、易燃、毒害、感染、腐蚀、放射性等危险特性，在运输、储存、生产、经营、使用和处置中，容易造成人身伤亡、财产损毁或环境污染而需要特别防护的物质和物品。

2. 危险货物分类

目前，国际上关于危险货物包括危险化学品的分类有两种体系：

一种是按联合国《关于危险货物运输的建议书 规章范本》（简称 TDG）确定的分类原则进行分类，这是传统的较为成熟的危险品分类体系；我国 GB 6944—2012《危险货物分类和品名编号》将危险货物分为以下九类。

第 1 类 爆炸品

第 2 类 气体

第 3 类 易燃液体

第 4 类 易燃固体、易于自燃的物质、遇水放出易燃气体的物质

第 5 类 氧化性物质和有机过氧化物

第 6 类 毒性物质和感染性物质

第 7 类 放射性物质

第 8 类 腐蚀性物质

第 9 类 杂项危险物质和物品，包括危害环境物质

另一种是按照联合国《全球化学品统一分类和标签制度》（简称 GHS）确定的分类原则进行分类，这是近年来发展起来并不断深化的新分类体系，充分体现了安全、健康、环保和可持续发展理念。

二、联合国编号

由联合国危险货物运输专家委员会编制的四位阿拉伯数字编号，用以识别一种物质或物品或一类特定物质或物品。如硫化氢为 1053。

三、CAS 登录号

CAS 登录号是美国化学会的下设组织化学文摘社（Chemical Abstracts Service，简称 CAS）为每一种出现在文献中的物质分配的唯一识别号，其目的是为了避免化学物质有多种名称的麻烦，使数据库的检索更为方便。如今几乎所有的化学数据库都采用 CAS 号检索。

四、化学品安全技术说明书

化学品安全技术说明书国际上称作化学品安全信息卡，简称 MSDS 或 CSDS。化学品生产或销售企业按法律要求向客户提供的有关化学品特征的一份综合性法律文件，也被称为安全数据单。它提供化学品及企业标识、成分/组成信息、危险性概述、急救措施、消防措施、泄露应急处理、操作处置与储存、接触控制/个体防护、理化特性、稳定性和反应性、毒理学资料、生态学资料、废弃处置、运输信息、法规信息以及其他信息等十六项内容。MSDS 可由生产厂家按照相关规则自行编写。安全技术说明书结构见图 3-5 所示。

五、危险化学品储存的安全要求

1. 储存企业要求

危险化学品储存是指对爆炸品、压缩气体和液化气体、易燃液体、易燃固体、自燃物品和遇湿易燃物品、氧化剂和有机过氧化物、有毒品和腐蚀品等危险化学品的储存行为。化学性质相抵或灭火方式不同的物料称为禁忌物料。危险化学品储存应重点关注禁忌物料的储存。

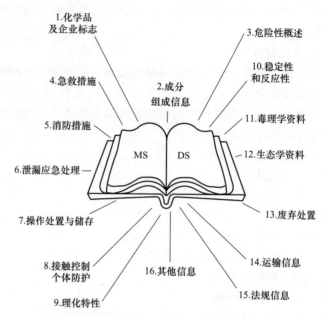

M3-4　化学品安全
技术说明书

图 3-5　安全技术说明书结构

我国《危险化学品安全管理条例》规定，危险化学品生产、储存企业必须具备以下条件：

① 有符合国家标准的生产工艺、设备或者储存方式、设施；

② 工厂、仓库的周边防护距离符合国家标准或者国家有关规定；

③ 有符合生产或者储存需要的管理人员和技术人员；

④ 有健全的安全管理制度；

⑤ 符合法律、法规规定和满足国家标准要求的其他条件。

2. 储存方式

由于各种危险化学品的性质和类别不同，储存方式也不相同。根据危险化学品的危险特性，一般分为隔离储存、隔开储存和分离储存三种储存方式。

隔离储存是在同一房间或同一区域内，不同的物料分开一定距离，非禁忌物料间用通道保持空间距离的储存方式。这种方式只适用于储存非禁忌物料，如图 3-6 所示；隔开储存是在同一建筑或同一区域，用隔板或墙体将禁忌物料分开储存的方式，如图 3-7 所示；分离储存是在不同的建筑物内或远离所有建筑的外部区域内的储存方式，如图 3-8 所示。

图 3-6　隔离储存平面图

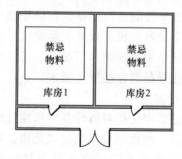

图 3-7　隔开储存平面图

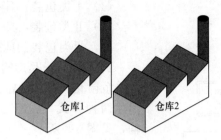

图 3-8　分离储存示意图

危险化学品的储存应严格遵照表 3-5 的储存原则。

表 3-5　危险化学品储存原则

危险物质组别		储存原则	附注
爆炸性物质		不准与任何其他种类的物质共同储存，必须单独储存	
易燃和可燃气体、液体		不准与其他种类的物质共同储存	如数量很少，允许与固体易燃物质隔开后共存
压缩气体和液化气体	可燃气体	除不燃气体外，不准与其他种类的物质共同储存	
	不燃气体	除可燃气体、助燃气体、氧化剂和有毒物质外，不准与其他种类物质共同储存	
	助燃气体	除不燃气体和有毒物质外，不准与其他种类的物质共同储存	氯兼有毒性
遇水或空气能自燃的物质		不准与其他种类的物质共同储存	钾、钠须浸入石油中，黄磷须浸入水中
易燃固体		不准与其他种类的物质共同储存	赛璐珞须单独储存
氧化剂		除惰性气体外，不准与其他种类的物质共同储存	过氧化氢有分解爆炸的危险，应单独储存。过氧化氢应储存在阴凉处
毒害物质		除不燃和助燃气体外，不准与其他种类的物质共同储存	

六、危险化学品安全运输的定义及原则

危险化学品运输是特种运输的一种，是指专门组织对非常规物品使用特殊方式进行的运输。只有经过国家相关职能部门严格审核，并且拥有能保证安全运输危险货物的相应设施设备，才能有资格进行危险品运输。

M3-5　危险化学品安全运输

危险化学品运输组织管理要做到：三定，即定人、定车和定点；三落实，即发货、装卸货物和提货工作要落实。

1. 危险货物包装类别

为了包装目的，除了爆炸品、气体、放射性物质、有机过氧化物和感染性物质，以及自反应物质以外的物质，根据其危险程度，划分为三个包装类别：

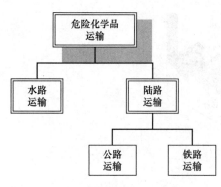

图 3-9 危险化学品运输方式

（1）Ⅰ类包装：具有高度危险性的物质；

（2）Ⅱ类包装：具有中等危险性的物质；

（3）Ⅲ类包装：具有轻度危险性的物质。

2. 危险化学品运输方式

危险化学品的运输方式主要有水路运输和陆路运输两种方式，陆路运输包括公路运输和铁路运输，见图 3-9 所示。

（1）公路运输 汽车装运不仅可以运输固体物料还可以运输液体和气体物质。运输过程不仅运动中容易发生事故，而且装卸也非常危险。公路运输是化学品运输中出现事故最多的一种运输方式。

（2）铁路运输 铁路是运输化工原料和产品的主要工具，通常对易燃、可燃液体采用槽车运输，装运其他危险货物使用专用危险品货车。

（3）水路运输 水路运输是化学品运输的一种重要途径。目前，已知的经过水路运输的危险化学品达 3000 余种。水路危险化学品的运输形式一般分为包装危险化学品运输，固体散装危险化学品运输和使用散装液态化学品船、散装液化气体船及油轮等专用船舶运输。因为水路运输的特殊性，禁止利用内河以及其他封闭水域运输剧毒化学品。

3. 运输安全要求

危险化学品的发货、中转和到货，都应在远离市区的指定专用车站或码头装卸货物，要根据危险物品的类别和性质合理选用车、船等。车、船、装卸工具，必须符合防火防爆规定，并装设相应的设施。

装运危险化学品应遵守危险货物配装规定。性质相抵触的物品不能一同混装。装卸危险化学品，必须轻拿轻放，防止碰击、摩擦和倾斜，不得损坏包装容器。包装外的标志要保持完好。

危险化学品的装卸和运输工作应选派责任心强、经过安全防护技能培训的人员承担并应按规定穿戴相应的劳动保护用品。运送爆炸、剧毒和放射性物品时应按照公安部门规定指派押运人员。

● 任务实施

训练内容 了解危险化学品安全储运的规程

一、教学准备/工具/仪器

多媒体教学（辅助视频）

图片展示

典型案例

二、操作规范及要求

① GB 6944—2012《危险货物分类和品名编号》，GB 190—2009《危险货物包装标志》；

②《危险化学品目录（2015 版）》；

③ 危险化学品安全管理条例（2013 年修订）；

④ 根据典型案例做出分析。

三、认识危险货物包装标志

危险货物包装标志见表3-6所示。

表 3-6　危险货物包装标志

标签名称	爆炸性物质或物品			
标签图形				
对应的危险货物类项号	1.1、1.2、1.3	1.4	1.5	1.6
标签名称	易燃气体		非易燃无毒气体	
标签图形				
对应的危险货物类项号	2.1		2.2	
标签名称	毒性气体	易燃液体		易燃固体
标签图形				
对应的危险货物类项号	2.3	3		4.1
标签名称	易于自燃的物质	遇水放出易燃气体的物质		氧化性物质
标签图形				
对应的危险货物类项号	4.2	4.3		5.1
标签名称	有机过氧化物		毒性物质	感染性物质
标签图形				
对应的危险货物类项号	5.2		6.1	6.2

续表

标签名称	一级放射性物质	二级放射性物质	三级放射性物质	裂变性物质
标签图形	RADIOACTIVE I CONTENTS ACTIVITY 7	RADIOACTIVE II CONTENTS ACTIVITY TRANSPORT INDEX 7	RADIOACTIVE III CONTENTS ACTIVITY TRANSPORT INDEX 7	FISSILE CRITIGALITY SAFETY INDEX 7
对应的危险货物类项号	7A	7B	7C	7E
标签名称	腐蚀性物质	杂项危险物质和物品		
标签图形	8	9		
对应的危险货物类项号	8	9		

四、危险化学品标签

化学品标签应包括物质名称、编号、危险性标志、警示词、危险性概述、安全措施、灭火方法、生产厂家、地址、电话、应急咨询电话、提示参阅安全技术说明书等内容。危险化学品标签（苯酚）如图 3-10 所示。

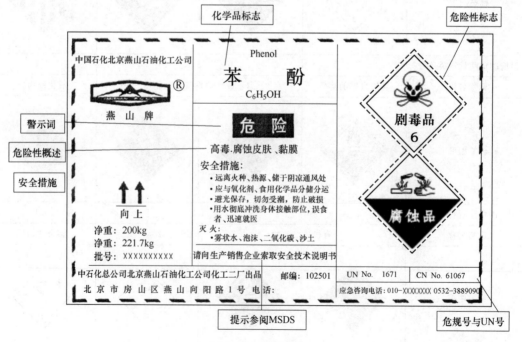

图 3-10　苯酚标签

五、危险化学品储存安全操作

储存危险化学品的操作人员，搬进或搬出物品必须按不同商品性质进行操作，在操作过程中应遵守以下规定。

1. 易燃易爆性物品

① 作业人员应穿工作服、戴手套、口罩等必要的防护用具，操作中轻搬轻放，防止摩擦和撞击。

② 各种操作不得使用能产生火花的工具，作业现场应远离热源与火源。

③ 操作易燃液体需穿防静电工作服，禁止穿带钉鞋，大桶不得直接在水泥地面移动。

④ 桶装的各种氧化剂不得在水泥地面滚动。

⑤ 库房内不准分装、改装、开箱、开桶，验收和质量检查等需在库房外进行。

2. 腐蚀性物品

① 操作人员必须穿工作服，戴护目镜、橡胶手套、橡胶围裙等必要的防护用具。

② 操作时必须轻搬轻放，严禁背负肩扛，防止摩擦震动和撞击。

③ 不能使用沾染异物和能产生火花的机具，作业现场远离热源和火源。

④ 分装、改装、开箱质量检查等在库房外进行。

3. 毒害性物品

① 装卸人员应具有操作毒品的一般知识，操作时轻拿轻放，不得碰撞、倒置，防止包装破损，商品外溢。

② 作业人员要佩戴手套和相应的防毒口罩或面具，穿防护服。

③ 作业中不得饮食，不得用手擦嘴、脸、眼睛。每次作业完毕，必须及时用肥皂（或专用洗涤剂）洗净面部、手部，用清水漱口，防护用具应及时清洗，集中存放。

六、烧、烫伤的现场处理

烧、烫伤主要有热液烫伤、化学性灼伤、接触性烫伤、火焰烧伤、电灼伤五种类型。

在各类烧、烫伤中，以热液烫伤最为常见。发生热液烫伤后，一般采取"冲、脱、泡、盖、送"的处理方式。具体方法如下：

M3-6　化学烧伤现场处理

① 冲。用流动的自来水冲洗或浸泡在冷水中，以达到皮肤快速降温的目的，不可将冰块直接放在伤口上，以免皮肤组织受伤。现场有条件时，创面可用中和剂，强酸烧伤可用5%碳酸氢钠或食用碱水冲洗，强碱烧伤可选弱酸或食醋冲洗。但中和不能取代冷水冲洗，因为酸碱中和反应时也会产热，加重损伤。头面部化学烧伤时尤其要注意眼睛是否有烧伤，如有则应首先冲洗眼睛，若无，面部冲洗时要保护好眼睛，勿使冲洗液流入眼内。生石灰烧伤，应首先去除体表石灰粉末再冲洗，以免石灰与水反应生成氢氧化钙时产热，加重烧伤。磷烧伤先用干布擦掉磷颗粒，大量凉水冲洗后，用1%硫酸铜擦洗，与残存的磷反应生成磷化铜，再以5%碳酸氢钠溶液冲洗湿敷以中和磷酸，禁用油纱，防止磷溶解在油脂中被人体吸收中毒。

② 脱。如果是穿有衣服或鞋袜部位被烫伤，要尽快将衣服、鞋袜脱掉或剪掉，如果衣服、鞋袜粘在烧伤处，千万不要强行脱去，否则会使皮肤表皮脱落，容易感染，加重病情。应在充分湿润伤口后，小心除去，也可用剪刀剪去，有水疱时注意不要弄破，水疱对创面有保护作用。

③ 泡。一般浸泡于冷水中30min以上，或至疼痛缓解。此法可减轻疼痛和红肿，缩短病程，促进早期愈合。如果伤口面积大或患者年龄较小，不要浸泡太久。

④ 盖。用干净的床单或纱布覆盖。盖前可在创面上涂抹 1cm 厚的湿润烧伤膏。但不要在伤口处涂抹醋、酱油、牙膏、肥皂、草灰等，以免刺激创面，为以后的治疗带来困难。

⑤ 送。立即送往正规的医院诊治。除面积较小的烧伤可自行处理外，其他情况最好尽快送往附近医院做进一步处理。

接触性烫伤的受伤深度与温度和接触时间均有关系。温度低但接触时间久，也会造成深度创伤。若皮肤为红色或有水疱时，需先冲水、泡水，再送医院治疗。若皮肤为焦黑或变白如蜡状时，为深度烧伤的症状，应直接快速送医院治疗。

发生火焰烧伤时，应首先灭火，待火熄灭后，再依照热液烫伤处理方法进行处理。如果是电灼伤，要先切断电源或用绝缘体将电线移开。若患者失去知觉，立刻实施心肺复苏，快速送医院治疗。

任务三　工业毒物的危害

【案例介绍】

［案例 1］　2008 年 10 月至 2009 年 7 月，美国苹果公司在华供应商、位于苏州工业园区的联建（中国）科技有限公司的无尘作业车间里，137 名工人出现类似感冒的症状：头晕、头痛和乏力，按照感冒来治却不见好转。病情进一步恶化的出现周围神经炎、肌无力、肌肉萎缩等症状，如吃饭时筷子夹不住菜，也拿不住饭碗，走路都有困难，上下楼梯容易摔倒。后经苏州市疾病预防控制中诊断为正己烷中毒。苹果公司发布的 2011 年供应商责任进展报告，首度承认其在华供应商联建中国科技有限公司 137 名工人因暴露于正己烷环境健康遭受不利影响。

［案例 2］　2019 年 3 月 3 日，四川某化工有限公司物流部液态硫化钠运输车，卸车后罐体仍有硫化钠残液，押运员便使用低压蒸汽进行蒸罐吹扫清洗，流入地沟的污水与地沟内残留的磷酸发生化学反应，产生硫化氢气体，造成附近人员吸入中毒。其中 3 人经全力救治无效死亡，其余 3 人轻度中毒，直接经济损失超 425 万元。

M3-7　毒"苹果"事件

上面两个案例暴露出一个共性的问题：企业没有落实安全生产主体责任，作业员工普遍缺乏对工业毒物危害的了解。

【案例分析】

工业毒物又称生产性毒物，一般系指工业生产中使用或生产的有毒物质。当摄入量太大时会造成中毒，而这些物质的摄入往往是由一些复杂的因素造成的。其中有人为的、误服的以及环境中气体含量过高吸入的。这些物质一旦进入人体，就会在体内发生作用，会出现某些中毒症状。职业中毒不仅与工业毒物本身的理化特性有关，而且与毒物的剂量、浓度和作用时间有关，还与接触者机体的健康状况、劳动强度、中毒环境有关。不同的工业毒物由于其结构和性质不同，出现的中毒症状也有一定的差异。

工业毒物不仅危害行业内的人员，对非职业的人群也会产生不同程度的影响。例如，化工企业中的工业毒物一旦流入河流中，对周围的水域产生破坏，人们就无法使用该水域的水进行生产生活；如果发生火灾，就会产生大量的有毒气体，四散到空气中，人们吸入有毒的空气，自然就会造成身体上的危害。

工业毒物以固、液、气三种形态存在，不同形态的物质其危害性也不尽相同。员工要保护好自己不受毒物危害，首先要识别可能存在的危险因素，就要了解相关物质的性质和可能发生的事故后果。在此基础上对其进行预防，将危险系数降到最低。

个体防护在防毒措施中起辅助作用，但在特殊场合下却具有重要作用。例如进入高浓度毒物污染的密闭场所操作时，佩戴正压式空气呼吸器就能保护操作人员的安全健康，避免发生急性中毒。为防止毒物沾染皮肤，接触酸碱等腐蚀性液体及极易经皮肤吸收的毒物时，应穿耐腐蚀的工作服、戴橡胶手套、安全帽、防护眼镜、穿安全鞋。

● 必备知识

一、工业毒物及来源

毒物是指在一定条件下以较小剂量进入生物体后，能使生理功能或机体正常结构发生暂久性的病理改变、甚至死亡的化学物质。

与非毒物之间并无绝对的界限。16世纪的德国著名医生帕拉塞尔苏斯说过：只有形成毒物。因此对大多数物质而言，有安全剂量也有中毒剂量。

性接触毒物系指工人在生产中接触以原料、成品、半成品、中间体、反应副产物和存在，并在操作时可经呼吸道、皮肤或经口进入人体而对健康产生危害的物质。过程中由于接触化学毒物而引起的中毒称为职业中毒。

工业中，毒性物质的来源是多方面的。有的作为原料，有的作为中间体或副产为成品，有的作为催化剂，有的作为溶剂，有的作为夹杂物。还有，如氯碱厂水阴极用汞，以及氩弧焊作业中产生的臭氧和氮氧化物等，多数都是毒性物质。另、橡胶工业中所用的增塑剂、防老剂、润滑剂、稳定剂、填料等，以及化学工液、废渣等排放物均属于工业毒性物质。

毒物的形态和分类

件下，工业毒物常以一定的物理形态（固体、液体或气在生产环境中，随着反应或加工过程的不同，则有下列五

飘浮于空气中的固体微粒，直径大于 $0.1\mu m$ 者，根据的大小可分为飘尘、降尘、总悬浮微粒。具体见表3-7。

M3-8 工业毒物的分类

表 3-7 按粉尘微粒的大小分类表

粒径/μm	特征
$\leqslant 10$	它能较长期地在大气中漂浮，有时也称为浮游粉尘，也被称为可吸入颗粒物，英文缩写为PM10
>10	在重力作用下，它可在较短的时间内沉降到地面
$\leqslant 100$	大气中固体微粒的总称

颗粒物，指空气中小于等于 $2.5\mu m$ 的颗粒物。它能较长时间悬浮于空气颗粒物相比，PM2.5粒径小，面积大，活性强，易附带有毒、有害物质，间长、输送距离远，其在空气中含量浓度越高，就代表空气污染越严

重。因而对人体健康和大气环境质量的影响更大。

（2）烟尘　又称烟雾或烟气，为悬浮在空气中的烟状固体微粒。直径小于 $0.1\mu m$，多为某些金属熔化时产生的蒸气在空气中氧化凝聚而成。

（3）雾　为悬浮于空气中的微小液滴。多系蒸气冷凝或液体喷散而成。如铬电镀时的铬酸雾、喷漆中的含苯漆雾等。烟尘和雾统称为气溶胶。

（4）蒸气　为液体蒸发或固体物料升华而形成。前者如苯蒸气，后者如熔磷时的磷蒸气等。

（5）气体　在生产场所温度、气压条件下散发于空气中的气态物质。如常温常压下的氯、一氧化碳、二氧化碳、烯烃等。

生产性毒物的分类很多，按其化学成分可分为金属、类金属、非金属、高分子化合物毒物等；按物理状态可分为固态、液态、气态毒物。

按毒物的作用性质可分为刺激性、腐蚀性、窒息性、神经性、溶血性和致畸、致癌、致突变性毒物等。

按损害的器官或系统（靶器官）可分为神经毒性、血液毒性、肝脏毒性、肾脏毒性、全身毒性等毒物。有的毒物具有两种作用，有的具有多种作用或全身性作用。

M3-9　生产性毒物的分类

一般将生产性毒物按其综合性分为以下几类，见表 3-8 所示。

表 3-8　工业毒物的分类

分类	举例
金属及类金属毒物	铅、汞、锰、镉、铬、砷、磷等
刺激性和窒息性毒物	氯、氨、氮氧化物、一氧化碳、氰化氢、硫化氢等
有机溶剂	苯、甲苯、汽油、四氯化碳等
苯的氨基和硝基化合物	苯胺、三硝基甲苯等
高分子化合物	合成橡胶、合成纤维、黏合剂、离子交换树脂等
农药	杀虫剂、除草剂、植物生长调节剂、灭鼠剂等

三、毒物的毒性与分级

1. 毒性及其评价指标

毒性是指毒物引起机体损害的强度。工业毒物的毒性大小，可用毒物的剂量与反应之间的关系来表示。评价毒性的指标最通用的是计算毒物引起实验动物死亡的剂量（或浓度），所需剂量（浓度）越小，则毒性越大。常用的指标有以下几种：

① 绝对致死剂量或浓度（LD_{100} 或 LC_{100}）：全组染毒动物全部死亡的最小剂量或浓度。

② 半数致死剂量或浓度（LD_{50} 或 LC_{50}）：染毒动物半数死亡的剂量和浓度。

③ 最小致死量或浓度（MLD 或 MLC）：染毒动物中个别动物死亡的剂量或浓度。

④ 最大耐受量或浓度（LD_0 或 LC_0）：染毒动物全部存活的最大剂量或浓度。

2. 毒物毒性分级

毒物急性毒性常按 LD_{50}（吸入 2h 的结果）进行分级，其中半数致死量常用来反映各种毒物毒性的大小。按照毒物的半数致死量大小，可将毒物的毒性分成剧毒、高毒、中等毒、低毒和实际无毒五级，具体见表 3-9 所示。

3. 职业性接触毒物危害程度分级

依据急性毒性、急性中毒发病症状、慢性中毒患病状况、慢性中毒后果、致癌性和最高

表 3-9　急性毒性（LD_{50}）剂量分级表

毒性分级	大鼠一次经口 LD_{50}/(mg/kg 体重)	相当于人的致死量	
		mg/kg 体重	g/人
剧毒	<1	稍尝	0.05
高毒	1～50	500～4000	0.5
中等毒	51～500	4000～30000	5
低毒	501～5000	30000～250000	50
实际无毒	>5000	250000～500000	500

容许浓度等六项指标将职业性接触毒物分为极度危害（Ⅰ级）、高度危害（Ⅱ级）、中度危害（Ⅲ级）、轻度危害（Ⅳ级）四个等级。

四、职业中毒种类

（1）急性中毒　在短时间内有大量毒物进入人体后突然发生的病变。具有发病急、变化快和病情重的特点。如不及时抢救，可危及生命或留有后遗症。如：一氧化碳中毒、氰化物中毒。

（2）慢性中毒　是指长时间内有低浓度毒物不断进入人体，逐渐引起的病变。慢性中毒绝大部分是蓄积性毒物所引起的。如：慢性铅、锰等中毒。

（3）亚急性中毒　亚急性中毒介于急性与慢性中毒之间，病变较急性时间长，发病症状较急性缓和的中毒。如二硫化碳、汞中毒等。

五、毒物的最高容许浓度

最高容许浓度（MAC）是衡量车间空气污染程度的卫生标准，指工作场所空气中任何一次有代表性的采样测定均不得超过的浓度。在此浓度下，工人长期从事生产劳动，不致引起任何急性或慢性的职业危害。

● 任务实施

训练内容　认识工业毒物对人体的危害

一、教学准备/工具/仪器

多媒体教学（辅助视频）

图片展示

典型案例

二、操作规范及要求

① GBZ 230—2010《职业性接触毒物危害程度分级》；

② GB 15193.3—2014《食品安全国家标准　急性经口毒性试验》；

③ GB 13690—2009《化学品分类和危险性公示　通则》；

④ 炼油生产中主要工业毒物辨识；

⑤ 根据典型案例做出分析。

三、认识工业毒物对人体的危害

1. 神经系统

毒物对中枢神经和周围神经系统均有不同程度的危害作用，其表现为神经衰弱症候群：全身无力、易于疲劳、记忆力减退、头昏、头痛、失眠、心悸、多汗，多发性末梢神经炎及中毒性脑病等。汽油、四乙基铅、二硫化碳等中毒还表现为兴奋、狂躁、癔症。

M3-10　工业毒物
对人体的危害

2. 呼吸系统

氨、氯气、氮氧化物、氟、三氧化二砷、二氧化硫等刺激性毒物可引起声门水肿及痉挛、鼻炎、气管炎、支气管炎、肺炎及肺水肿。有些高浓度毒物（如硫化氢、氯、氨等）能直接抑制呼吸中枢或引起机械性阻塞而窒息。

3. 血液和心血管系统

严重的苯中毒，可抑制骨髓造血功能。砷化氢、苯肼等中毒，可引起严重的溶血，出现血红蛋白尿，导致溶血性贫血。一氧化碳中毒可使血液的输氧功能发生障碍。钡、砷、有机农药等中毒，可造成心肌损伤，直接影响人体血液循环系统的功能。

4. 消化系统

肝是解毒器官，人体吸收的大多数毒物积蓄在肝脏里，并由它进行分解、转化，起到自救作用。但某些称为"亲肝性毒物"，如四氯化碳、磷、三硝基甲苯、锑、铅等，主要伤害肝脏，往往形成急性或慢性中毒性肝炎。汞、砷、铅等急性中毒，可发生严重的恶心、呕吐、腹泻等消化道炎症。

5. 泌尿系统

某些毒物损害肾脏，尤其以氯化汞和四氯化碳等引起的急性肾小管坏死性肾病最为严重。此外，乙二醇、汞、镉、铅等也可以引起中毒性肾病。

6. 皮肤损伤

强酸、强碱等化学药品及紫外线可导致皮肤灼伤和溃烂。液氯、丙烯腈、氯乙烯等可引起皮炎、红斑和湿疹等。苯、汽油能使皮肤因脱脂而干燥、皲裂。

7. 眼睛的危害

化学物质的碎屑、液体、粉尘飞溅到眼内，可发生角膜或结膜的刺激炎症、腐蚀灼伤或过敏反应。尤其是腐蚀性物质，如强酸、强碱、飞石灰或氨水等，可使眼结膜坏死糜烂或角膜混浊。甲醇影响视神经，严重时可导致失明。

8. 致突变、致癌、致畸

某些化学毒物可引起机体遗传物质的变异。有突变作用的化学物质称为化学致突变物。有的化学毒物能致癌，能引起人类或动物癌病的化学物质称为致癌物。有些化学毒物对胚胎有毒性作用，可引起畸形，这种化学物质称为致畸物。

9. 对生殖功能的影响

工业毒物对女工月经、妊娠、授乳等生殖功能可产生不良影响，不仅对妇女本身有害，而且可累及下一代，引发畸胎，尤其是妊娠后的前三个月，胚胎对化学毒物最敏感。

四、石油炼制过程中职业危害因素种类

石油炼制过程中职业危害因素种类见表 3-10。

表 3-10　石油炼制过程中职业危害因素种类

生产工艺	职业危害因素种类
原油电脱盐	氢氧化钠、噪声
常压蒸馏	汽油、液化石油气、硫化氢、二氧化硫、一氧化碳、氮氧化物、氨、噪声、高温等

续表

生产工艺	职业危害因素种类
催化裂化	液化石油气、硫化氢、二氧化硫、一氧化碳、氮氧化物、钝化剂（锑）、氢氧化钠、柴油、催化剂粉尘、噪声、高温等
液化气精制	液化石油气、硫化氢、氨、硫酸、氢氧化钠、噪声等
气体分馏	戊烷、丁二烯、丁烯、二氧化硫、硫化氢、一氧化碳、氮氧化物、噪声等
污水处理	苯、甲苯、二甲苯、硫化氢、二氧化硫、二氧化氯、混凝剂、催化剂粉尘、噪声等

任务四　中毒的急救

【案例介绍】

[案例1] 2017年3月30日早6时30分，正在上班的安徽某化工股份有限公司生产部调度长突然接到电话：我们这里有人晕倒了，赶紧派车送医院急救！当他赶到现场时看见一名女工正平躺在地面，面色发白，牙关紧闭，并发现其呼吸、脉搏都已暂停。他一面让车间值班人员拨打120电话，一面让在场的同事协助，争分夺秒对女工进行心肺复苏急救。在检查、确认口腔无异物后，进行胸外心脏按压、人工呼吸，如此反复进行了三次后，女工腹部发出"咕嘟咕嘟"的声音——恢复自主呼吸和脉搏，僵硬的四肢也放松下来。7时许，120急救车到达现场，将该女工送到医院进一步治疗。要不是调度长及时进行心肺复苏，争取了宝贵的抢救时间，后果将不堪想象。

[案例2] 2019年5月11日，山西某市环境治理投资有限公司因二级泵站污水泵排水能力下降，进行泵体解体清污检修。5月13日上午10：10分左右，两名维修工配合进行泵体冲污工作，一名维修工在撤离过程中毒窒息晕倒，另一名维修工救援过程中也中毒窒息晕倒。在不具备自救、互救条件下，盲目施救，泵站负责人带领附近其他人员进入泵房内泵坑中进行救援，结果先后中毒窒息，致伤亡扩大，造成3人死亡，2人受伤。

上述正反案例说明，具备应急救护技能，能够为患者争取宝贵的急救时间，是我们人人都应掌握的技能。而安全意识严重不足、对作业程序不清楚，监护人员缺乏监护救援知识和能力，无知者无畏盲目施救，必然导致伤亡事故扩大。

【案例分析】

职业中毒的发生必须具有某些条件：生产环境中存在某种有毒有害化学物质，而且，这种化学物质要达到可导致人中毒的浓度或数量，生产者必须接触一定的时间且吸收了达到或超过中毒量的有毒物质。所以，职业中毒的发生实际上是有毒物质、生产环境及劳动者三者之间相互作用的结果，只要切断三者之间的联系，职业中毒是完全可以预防的。

化工职业性中毒其毒物多由呼吸道或皮肤侵入，主要原因是在生产过程中不注意劳动保护造成的。经呼吸道吸入的一般较快且完全，毒气、烟雾能在短时间内被吸收，且对中枢神经系统和心脏的作用是直接的，毒物进入机体量大且迅速时，肝脏不能充分解毒或来不及发挥，临床症状快速出现且严重。

在化工生产过程或检修现场，由于中毒事故的突然发生，造成设备损坏，泄漏严重，致使大量毒物外逸（溢）而引起急性中毒。为此，必须及时、正确地进行抢救，以挽救中毒者的生命，减轻中毒的程度和防止合并症的产生。

施救人员在进行抢救之前，首先做好个人呼吸系统和皮肤的防护，佩戴防毒面具和防护服。切勿不采取任何措施，凭想象盲目施救，扩大事故恶果。

当发现被救者的心脏、呼吸均已停止时，如窒息、煤气中毒、药物中毒、呼吸肌麻痹、溺水及触电时，在确保环境安全的前提下，应立即对被救者进行心肺复苏。心肺复苏（CPR）是一种人工呼吸结合胸部按压的挽救生命的方法。它被用于救治意识丧失、没有呼吸、没有脉搏的患者，其目的是维持血液循环、保证组织的氧供。胸部按压迫使血液从心脏泵出，人工呼吸使供氧能够到达脑和其他重要器官。

● 必备知识

一、毒物进入人体的途径

生产性毒物进入人体的途径主要有呼吸道、皮肤和消化道，见图 3-11。

吸入

食入

吸收

图 3-11　毒物进入人体的途径示意图

M3-11　毒物进入人体的途径

1. 呼吸道

这是最常见和主要的途径。呈气体、气溶胶（粉尘、烟、雾）状态的毒物均可经呼吸道进入人体，其主要部位是支气管和肺泡。经呼吸道吸收的毒物吸入肺泡后，很快能通过肺泡壁进入血液循环中，毒物随肺循环血液而流回心脏，然后不经过肝脏解毒，即直接进入体循环而分布到全身各处。

2. 皮肤

在生产中，毒物经皮肤吸收而中毒者也较常见。某些毒物可透过完整的皮肤进入体内。皮肤吸收的毒物一般是通过表皮屏障到达真皮，进入血液循环的。脂溶性毒物可经皮肤直接吸收，如芳香族的氨基、硝基化合物，有机磷化合物，苯及同系物等。个别金属如汞亦可经皮肤吸收。某些气态毒物，如氰化氢，浓度较高时也可经皮肤进入体内。皮肤有病损时，不能经完整皮肤吸收的毒物，也能大量吸收。

3. 消化道

在生产环境中，单纯从消化道吸收而引起中毒的机会比较少见。往往是由于手被毒物污染后直接用污染的手拿食物吃，而造成毒物随食物进入消化道，见表 3-11。

表 3-11　工业毒物进入人体的途径及危害

工业毒物形式	侵入体内途径	发生作用→造成危害→严重引起尘肺、致癌、致畸、致突变		
气体 蒸气 雾 烟 粉尘	呼吸道 皮肤 消化道	引起皮炎	引起眼部疾患	引起职业性哮喘
		缺氧	昏迷和麻醉	全身中毒

二、常见的化工职业中毒

（1）刺激性气体中毒　刺激性气体是指对人的眼睛、皮肤，特别是对呼吸道具有刺激作用的一类气体的总称。常见的刺激性气体主要有氯气、氨气、氮氧化物、光气、二氧化硫等。刺激性气体对人体健康的危害与接触浓度的大小和接触时间的长短有关，轻度刺激作用，可以是短暂的，也可以是一次性的，不再接触或吸入，不适反应很快就会消失，不治也可能会好。明显或严重的刺激作用，不仅出现刺激反应，而且会造成人体器官、系统组织的破坏，出现一系列症状体征，甚至危及人的生命。

（2）窒息性气体中毒　窒息性气体是指吸入该气体后，造成人体组织处于缺氧状态的气体。一般分为以下三类。

① 单纯窒息性气体，如氮气、甲烷、二氧化碳等，这类气体本身毒性很小或无毒，但当它们在空气中的含量增加时，就会相应降低空气中氧的含量，造成人体吸入氧不足而发生窒息。

② 血液窒息性气体，如一氧化碳、一氧化氮、苯的硝基或氨基化合物蒸气等。血液窒息性气体的毒性在于它们能明显降低血红蛋白对氧气的化学结合能力，从而造成组织供氧障碍。

③ 细胞窒息性气体，如硫化氢、氰化氢等，这类毒物主要作用于细胞内的呼吸酶，阻碍细胞对氧的利用而发生窒息。

窒息性气体中毒的人体生理变化见图 3-12。

（3）铅中毒　根据接触的剂量不同可导致急性铅中毒和慢性铅中毒，从而引起肝、脑、肾等器官的损害。

（4）汞中毒　接触汞可引起急性中毒和慢性中毒症状，其中慢性汞中毒是职业性汞中毒中最常见的类型。主要表现有口腔炎，部分患者出现全身皮疹，神经衰弱综合征等，有时肾脏也受损害。

（5）苯中毒　苯应用非常广泛，工业上接触苯的机会也比较多。急性苯中毒主要表现为中枢神经系统症状，部分患者可有化学性肺炎、肺水肿及肝肾损害。慢性中毒主要影响造血功能系统及中枢神经系统。

三、几种典型有害气体的中毒症状

常见有害气体的性质及不同浓度中毒时主要临床表现见表 3-12。

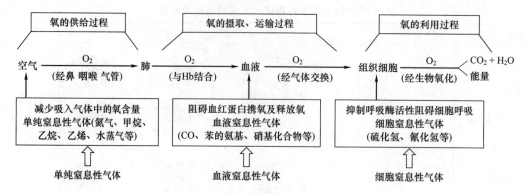

图 3-12　窒息性气体中毒的人体生理变化

表 3-12　常见有害气体的性质及不同浓度中毒时主要临床表现

有害气体	主要性质	中毒气体质量浓度/(mg/m³)	中毒的临床表现
一氧化碳	无色、无味、无刺激性	80	轻度头痛
		250	剧烈头痛、头晕、四肢无力、恶心、呕吐、轻度意识障碍
		400～600	轻度昏迷
		900～1400	深度昏迷、植物状态，长时间暴露可致死亡
硫化氢	无色、臭蛋气味	0.01	可嗅出气味
		5～29	出现眼部刺激及全身症状(头痛、头晕等)
		70～150	2～5min 后嗅觉疲劳，1～2h 出现明显的皮肤及上呼吸道症状
		＞700～1000	多种全身症状危及生命
		＞1000	瞬间死亡
氯气	黄绿色、异臭、强烈刺激性	0.6～10	可嗅出气味
		15～45	气味明显，并对眼、鼻、上呼吸道产生刺激
		90	立即出现胸痛、呕吐、咳嗽、呼吸困难
		115～170	短期暴露可产生严重损害(中毒性肺炎、肺水肿)
		1250	吸入 30min 可致死亡
		3000	短时间暴露可导致死亡
氨	无色、恶臭、刺激性	0.7	可嗅到
		50～105	眼及呼吸道产生刺激作用
		300	接触 30min，上呼吸道刺激症状明显
		1750～4500	接触 30min，即可危及生命
		＞4500～7000	瞬间引起死亡
二氧化氮	棕红色，刺激性	1.88	易感人群可能发生哮喘
		47	呼吸道立即受刺激、胸痛
		188	有肺水肿，可致死亡
		1880	立即昏倒，15min 死亡

● **任务实施**

训练内容　中毒急救方法

一、教学准备/工具/仪器

多媒体教学（辅助视频）

图片展示

典型案例

二、操作规范及要求

① GBZ 188—2014《职业健康监护技术规范》；

② 掌握几种典型中毒症状；

③ 练习中毒急救方法；

④ 练习心肺复苏操作。

三、急性化学中毒急救

引起急性化学中毒事故的原因很多，如危险化学品发生泄漏、火灾、爆炸等等。因此中毒急救与应急抢险和救援密不可分。

（一）隔离、疏散

1. 建立警戒区域

事故发生后，应根据危险化学品泄漏扩散的情况或火焰热辐射所涉及的范围建立警戒区，并在通往事故现场的主要干道上实行交通管制。建立警戒区域时应注意以下几项：

① 警戒区域的边界应设警示标志，并有专人警戒；

② 除消防、应急处理人员以及必须坚守岗位的人员外，其他人员禁止进入警戒区；

③ 泄漏溢出的危险化学品为易燃品时，区域内应严禁火种。

2. 紧急疏散

迅速将警戒区及污染区内与事故应急处理无关的人员撤离，以减少不必要的人员伤亡。

紧急疏散时应注意：

① 如事故物质有毒时，需要佩戴个体防护用品或采用简易有效的防护措施，并有相应的监护措施；

② 应向侧上风方向转移，明确专人引导和护送疏散人员到安全区，并在疏散或撤离的路线上设立哨位，指明方向；

③ 不要在低洼处滞留；

④ 要查清是否有人留在污染区与着火区。

注意：为使疏散工作顺利进行，每个车间应至少有两个畅通无阻的紧急出口，并有明显标志。

（二）防护

根据事故物质的毒性及划定的危险区域，确定相应的防护等级，并根据防护等级按标准配备相应的防护器具。

（三）询情和侦检

① 询问遇险人员情况，容器储量、泄漏量、泄漏时间、部位、形式、扩散范围，周边单位、居民、地形、电源、火源等情况，消防设施、工艺措施、到场人员处置意见。

② 使用检测仪器测定泄漏物质、浓度、扩散范围。

③ 确认设施、建（构）筑物险情及可能引发爆炸燃烧的各种危险源，确认消防设施运行情况。

（四）现场急救

在事故现场，危险化学品对人体可能造成的伤害为：中毒、窒息、冻伤、化学灼伤、烧伤等。进行急救时，不论患者还是救援人员都需要进行适当的防护。

1. 现场急救注意事项

① 选择有利地形设置急救点；

② 做好自身及伤病员的个体防护；

③ 防止发生继发性损害；

④ 应至少 2～3 人为一组集体行动，以便相互照应；

⑤ 所用的救援器材需具备防爆功能。

2. 现场救护病人的搬运及方式

① 拖两臂法（如图 3-13 所示）；

② 两人抬四肢法（如图 3-14 所示）；

图 3-13　拖两臂法　　　　　　　　　　　图 3-14　两人抬四肢法

③ 拖衣服法（如图 3-15 所示）。

图 3-15　拖衣服法

3. 现场处理

① 迅速将患者脱离现场至空气新鲜处。

② 呼吸困难时给氧，呼吸停止时立即进行人工呼吸，心脏骤停时立即进行心脏按压。

③ 皮肤污染时，脱去污染的衣服，用流动清水冲洗，冲洗要及时、彻底、反复多次；头面部灼伤时，要注意眼、耳、鼻、口腔的清洗。

④ 当人员发生冻伤时，应迅速复温，复温的方法是采用 40～42℃ 恒温热水浸泡，使其温度提高至接近正常，在对冻伤的部位进行轻柔按摩时，应注意不要将伤处的皮肤擦破，以防感染。

⑤ 当人员发生烧伤时，应迅速将患者衣服脱去，用流动清水冲洗降温，用清洁布覆盖创伤面，避免伤口污染，不要任意把水疱弄破，患者口渴时，可适量饮水或含盐饮料。

4. 使用特效药物治疗，对症治疗，严重者送医院观察治疗

注意：急救之前，救援人员应确信受伤者所在环境是安全的。另外，口对口的人工呼吸及冲洗污染的皮肤或眼睛时，要避免进一步受伤。

四、心肺复苏操作训练

徒手心肺复苏（CPR），是对病人心跳呼吸骤停后在现场施行的紧急救治措施，通常缺少专业复苏设备和技术条件，故常称徒手心肺复苏。作为初期复苏措施，徒手心肺复苏的主要任务是迅速有效地恢复生命器官的血液灌注和供氧，主要措施是胸外心脏按压和人工呼吸。

各种意外伤害和严重疾病都可造成人的心跳呼吸停止，根据病因的不同，呼吸、心跳停止的时间不一致，多为心跳先停，约 30s 后呼吸停止。大脑缺血缺氧超过 4～6min 即可引起不可逆损伤，随后发生生物学死亡，故一般把心脏骤停的安全时限定为 5min。大量实践表明，心脏骤停急救有"黄金四分钟"之说。4min 内进行复苏者可能有一半的人存活；4～6min 开始进行复苏者，救活比例降至 10%；超过 6min 者存活率仅 4%；10min 以上者存活机会较少，因此心肺复苏操作应越早越好。

M3-12 心肺复苏术

心肺复苏操作流程见表 3-13。

表 3-13 心肺复苏操作流程

步骤	程序	具体内容
1	判断，呼救	判断意识、呼吸：呼唤患者同时轻拍肩部(左右两次)无呼吸或呼吸不正常，看时间，呼救援助，拨打 120
2	判断脉搏	判断：触摸颈动脉无搏动、观察肢体有无活动(判断意识、呼吸和脉搏的时间在 10s 内)
3	取复苏体位	去枕仰卧位，置于硬板或平地上
4	胸外按压	按压部位：胸骨下 1/2 段，或剑突上 2 指处 按压方式：双手掌根重叠，十指相紧扣，双臂绷直，垂直按压胸骨 按压深度：5cm 以上 按压频率：100 次/min 以上(大于 18s 内 30 次)
5	人工呼吸	打开气道，清理呼吸道 口对口人工呼吸 2 次，每次吹气时间不少于 1s，吹气是否有效以胸廓有起伏为标准
6	CPR 循环	胸外按压与人工呼吸比：30：2 每 5 个循环(约 2min)判断呼吸、循环体征 1 次 持续半小时无效，宣布死亡 出现复苏有效指征，进行下一步
7	整理	协助患者取复原体位 实施进一步救治

心肺复苏操作示意，具体见图 3-16。

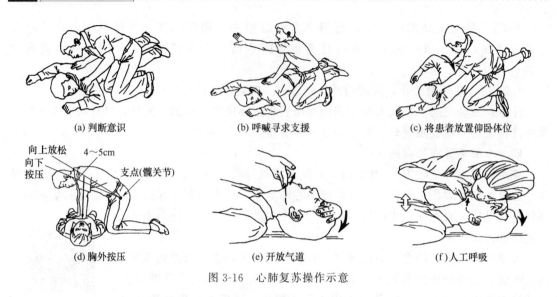

| (a) 判断意识 | (b) 呼喊寻求支援 | (c) 将患者放置仰卧体位 |
| (d) 胸外按压 | (e) 开放气道 | (f) 人工呼吸 |

图 3-16　心肺复苏操作示意

任务五　防毒防尘的综合治理

【案例介绍】

[案例 1]　位于大连长兴岛的恒力（大连）石化产业园里，恒力石化炼化项目引进法国阿克森斯、德力满、美国雪佛龙、UOP、鲁姆斯等国际领先技术和工艺包，将安全、环保放在首位，高起点、严要求规划设计。从原油到 PTA 实现一体化生产，装置共有 50 多个加热炉，若按传统化工工艺需要建设几十根烟囱，恒力仅用比一般化工企业高出近一倍的 7 根烟囱，并且配上了电袋复合式双重除尘器除尘，有利于烟气消散，大大降低对环境影响。突破性成果使恒力石化成为全球安全、环保、内在优、外在美的生态型炼化一体化示范园。

[案例 2]　随着世界石油、天然气资源逐渐向高含硫等劣质化方向发展，我国含硫原油和含硫天然气加工量不断增加，在加工高含硫原油时，原油中的硫最终基本以 H_2S 废气的形式从常减压等装置脱除出来。H_2S 是剧毒物质，不能排放，不易储存和运输。回收废气中的硫化氢不仅是环保的要求也是资源的回收利用的要求，巴陵石化与南化集团研究院采用成熟先进的自动控制系统，将人员安全和环境保护放在第一位，开发的废气焚烧、SO_2 氧化、冷凝成酸工艺，具有自主知识产权的国产化硫化氢湿法制酸成套技术，原料气中的总硫回收率达到 99% 以上，除产品浓硫酸外，没有需要二次处理的副产品或污染物产生，尾气达到国家排放标准，该技术 2014 年 11 月通过中国石化成果鉴定。

职业中毒的病因是职业环境中的生产性毒物，因此预防职业中毒必须采取综合治理措施，从根本上消除、控制或尽可能减少危害。

【案例分析】

化工行业是职业危害因素较多也是较为严重的一个行业，消除职业危害必须从技术措施、管理措施、个人防护卫生保健措施三方面综合治理，才能取得好的效果。

① 建立健全管理机构。在计划、布置、检查、总结、评比生产时，应同时设计、布置、检查、总结、评比防毒防尘工作。制定事故应急救援预案，并根据本单位的实际情况变化对应急救援预案适时修订，定期组织演练。

② 加强宣传教育，健全管理制度。对员工进行防尘防毒培训和在岗期间的定期培训，普及有关防尘防毒知识，培训员工遵守有关法律、法规和操作规程。

③ 优先采用先进的生产工艺、技术和无毒或低毒的原材料；采用机械化和自动化密闭措施，湿式作业，设置通风装置及连锁泄露报警装置，避免直接人工操作。

④ 做好尘毒监测。配备有毒有害物质的监测人员，定期进行岗位的监测和化验分析，建立管理档案。

⑤ 卫生保健制度。严禁有职业禁忌证的人员从事有毒有害岗位工作，对接触毒物、粉尘的作业人员，安排定期体检。建立个人健康档案。

⑥ 个体防护措施。根据有毒物质的性质、有毒作业的特点和防护要求，在有毒作业工作环境中应配置事故柜、急救箱和个体防护用品（防毒服、手套、鞋、眼镜、过滤式防毒面具、长管面具、空气呼吸器、生氧面具等）、个体冲洗器、洗眼器等卫生防护设施。

● 必备知识

一、职业危害因素

1. 职业危害因素定义

在生产过程中、劳动过程中、作业环境中存在的危害从业人员健康的因素，称为职业性危害因素。

2. 职业危害因素分类

按其性质，可分为环境因素（包括物理因素、化学因素和生物因素）、与职业有关的其他因素和其他因素。

二、粉尘对健康的危害

在生产过程中形成的粉尘叫作生产性粉尘。生产性粉尘根据其性质可分为无机粉尘（如石棉、水泥、玻璃纤维等）、有机粉尘（如染料和炸药、树脂等）和混合性粉尘，生产中最常见的是混合性粉尘。

1. 生产性粉尘理化特性

（1）粉尘的化学组成　这是决定粉尘对人体危害性质和严重程度的重要因素，据其化学成分不同可分别致纤维化、刺激、中毒和致敏作用。

（2）浓度和暴露时间　浓度和暴露时间也是决定粉尘对人体危害严重程度的重要因素。生产环境中的粉尘浓度越高，暴露时间越长，进入人体内的粉尘剂量越大，对人体的危害就越大。

（3）分散度　作业场所空气中各种不同粒径的粉尘所占百分比叫分散度。分散度越高，对人体的危害越大。因为分散度越高，粉尘的颗粒越细小，在空气中飘浮的时间越长，进入体内的机会就大，危害越大。

（4）硬度　硬度越大的粉尘，对呼吸道黏膜和肺泡的物理损伤越大。

（5）溶解度　有毒粉尘如铅等，溶解度越高毒作用越强；相对无毒尘如面粉，溶解度越高作用越低；石英尘很难溶解，在体内持续产生危害作用。

（6）荷电性　固体物质在被粉碎和流动的过程中，相互摩擦或吸附空气中的离子而带电，飘浮在空气中的粉尘有 90%～95% 的带正电或带负电，同性电荷相排斥，异性电荷相吸引，带电尘粒易在肺内阻留，危害大。

（7）爆炸性 有些粉尘达到一定的浓度，遇到明火、电火花和放电时会爆炸，导致人员伤亡和财产损失，加重危害。煤尘的爆炸极限是 $35g/m^2$，面粉、铝、硫黄为 $7g/m^2$，糖为 $10.3g/m^2$。

M3-13 粉尘
爆炸案例

2. 粉尘对健康的危害

粉尘对人体的危害，根据其理化性质、进入人体的量的不同，可引起不同的病变。如呼吸性系统疾病、局部作用、中毒作用等。

（1）呼吸性系统疾病 长期大量吸入粉尘，使肺组织发生弥漫性、进行性纤维组织增生，引起尘肺病，导致呼吸功能严重受损而使劳动能力下降或丧失。矽肺是纤维化病变最严重、进展最快、危害最大的尘肺。有些粉尘具有致癌性，如石棉是世界公认的人类致癌物质，石棉尘可引起间皮细胞瘤，可使肺癌的发病率明显增高。

（2）局部作用 长期大量吸入生产性粉尘，可使呼吸道黏膜、气管、支气管的纤毛上皮细胞受到损伤，破坏了呼吸道的防御功能，破坏人体正常的防御功能。粉尘堵塞皮脂腺使皮肤干燥，可引起痤疮、毛囊炎、脓皮病等；粉尘对角膜的刺激及损伤可导致角膜的感觉丧失，角膜混浊等改变；粉尘刺激呼吸道黏膜，可引起鼻咽、咽炎、喉炎。

（3）中毒作用 铅、砷、锰等有毒粉尘，能在支气管和肺泡壁上被溶解吸收，引起铅、砷、锰等中毒。

● 任务实施

训练内容 防毒防尘技术措施

一、教学准备/工具/仪器

多媒体教学（辅助视频）

图片展示

典型案例

二、操作规范及要求

① GB 12801—2008《生产过程安全卫生要求总则》、GBZ 158—2003《工作场所职业病危害警示标识》、GBZ/T 203—2007《高毒物品作业岗位职业病危害告知规范》。

② 熟悉职业病危害告知制度。

③ 掌握典型控制方法。

④ 根据典型案例做出分析。

三、防毒防尘技术措施

M3-14 防毒
防尘措施

1. 改革工艺

防毒防尘的根本性措施就是改革工艺，要优选在生产中不产生毒物或将其消灭在生产过程中的工艺流程。例如：恒力石化（大连）2000 万吨/年炼化一体化项目主要的工艺技术引进国际上一流的，而且有成熟应用的技术，包括从法国 Axens，美国 GTC、美国 UOP，德国林德等公司引进的工艺技术。这些工艺技术一方面是技术先进；另一方面，这些技术在安全性的考虑上是相当完善的，所有的安全防护都是最严格的，从本质上保证项目的安全。

2. 以无毒低毒的物料代替有毒高毒的物料

在生产过程中，使用的原材料和辅助材料应尽量采用无毒、低毒材料，以代替有毒、高毒材料。例如：传统溶剂型涂料在生产和使用过程中所释放的有机挥发性物质（VOC）产生的污染。水性涂料作为传统溶剂型涂料的替代物之一，可以降低 VOC 的排放、减少有害废物的生成、减少工人对有毒释放物的接触。

3. 生产过程的密闭化、自动化

要达到有毒物质不散发、不外逸，关键在于生产设备本身的密闭程度以及投料、出料、物料的输送、粉碎、包装等生产过程中各环节的密闭程度。

生产条件允许时也可使设备内部保持负压状态，以达到有毒物质不外逸。

对气体、液体采用管道、泵、高位槽、风机等作为投料、出料、输送的设施。对固体则可采用气力输送、软管真空投料，星形锁气器、翻板式锁气器出料等。

以自动化、智能化操作代替手工操作，可以防止毒物危害，降低劳动强度。

4. 隔离操作和自动控制

由于条件的限制，不能使有毒物质的浓度降低到国家卫生标准时，可以采用隔离操作措施。

隔离操作，就是把工人与生产设备隔离开来，使生产工人不会被有毒物质或有害的物理因素所危害。

隔离的方法有两种：一种是将全部或个别毒害严重的生产设备放置在隔离室内，采用排风方法使室内保持负压状态，使有毒物质不能外逸；另一种是把工人的操作地点放在隔离室内，采用送风的办法，将新鲜空气送入隔离的操作室内，保持室内正压。

5. 通风排毒（尘）

受技术、经济条件限制，仍然存在有毒物质逸散且自然通风不能满足要求时，应设置必要的机械通风排毒、净化（排放）装置，使工作场所空气中有毒物质浓度限制到规定的最高容许浓度值以下。

机械通风排毒方法主要有局部排风、局部送风、全面通风换气 3 种。

（1）局部送风　局部送风主要用于有毒物质浓度超标、作业空间有限的工作场所，新鲜空气往往直接送到人的呼吸带，以防止作业人员中毒、缺氧，如图 3-17 所示。

（2）局部排风　局部排风装置排风量较小、能耗较低、效果好，是最常用的通风排毒方法，如图 3-18 所示。

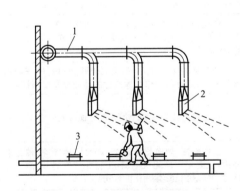

图 3-17　局部送风示意图
1—风管；2—送风罩；
3—工位

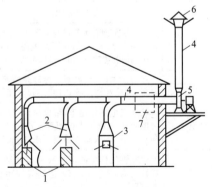

图 3-18　局部排风示意图
1—有毒源；2—排风罩；3—排风柜；4—风管；
5—通风机；6—排风帽；7—空气净化设备

（3）全面通风　在生产作业条件不能使用局部排风或有毒作业地点过于分散、流动时，采用全面通风换气，如图 3-19、图 3-20 所示。

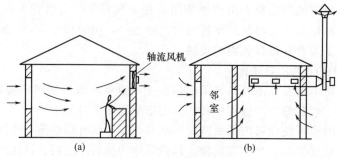

图 3-19 全面排风示意图

（a）在墙上装有轴流风机的最简单全面排风；（b）全面机械排风系统

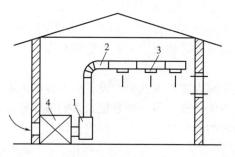

图 3-20 全面送风示意图

1—通风机；2—风管；3—送风罩；4—空气净化设备

M3-15 毒物的净化案例

四、毒物的净化方法

毒物的净化方法见表 3-14。

表 3-14 生产性毒物的净化方法

净化方法	原理	举例
洗涤法	通过适当比例的液体吸收剂处理气体混合物,完成沉降、降温、聚凝、洗净、中和、吸收和脱水等物理化学反应,以实现气体的净化	冶金行业的焦炉煤气、高炉煤气、转炉煤气、发生炉煤气净化;化工行业的工业气体净化;机电行业的苯及其衍生物等有机蒸气净化;电力行业的烟气脱硫净化等
吸附法	吸附法是使有害气体与多孔性固体(吸附剂)接触,使有害物(吸附质)黏附在固体表面上(物理吸附)。吸附剂达到饱和吸附状态时,可以解吸、再生、重新使用	已广泛应用于机械、仪表、轻工和化工等行业,对苯类、醇类、酯类和酮类等有机蒸气的气体净化与回收工程,吸附效率在 90%～95%
袋滤法	在袋滤器内,粉尘通过过滤介质而受阻,经过沉降、聚凝、过滤和清灰等物理过程,实现气体无害化排放	工业气体的除尘净化,如金属氧化物(Fe_2O_3 等)的烟气净化;还可以用作气体净化的前处理及物料回收
静电法	粒子在电场作用下,带电荷后,粒子向沉淀极移动,带电粒子碰到集尘极即释放电子而呈中性状态附着在集尘板上,从而被捕捉下来,完成气体净化	在供电设备清灰和粉尘回收等方面应用较多
燃烧法	将有害气体中的可燃成分与氧结合,进行燃烧,使其转化为 CO_2 和 H_2O,达到气体净化与无害物排放的方法	直接燃烧法,如净化沥青烟、炼油厂尾气等;催化燃烧法,主要用于净化机电、轻工行业产生的苯、醇、酯、醚、醛、酮、烷和酚类等有机蒸气

"1+X"考证练习

一、考核要求

① 正确使用空气呼吸器。

② 正确使用便携式硫化氢检测仪。

③ 考核前统一抽签，按抽签顺序对学生进行考核。

④ 符合安全、文明生产。

二、准备要求

材料准备见表 3-15。

表 3-15　材料准备清单

序号	名称	规格	数量	备注
1	空气呼吸器		1 个	
2	便携式硫化氢报警仪		1 只	
3	警戒线		若干米	
4	电话		1 部	

三、操作考核规定及说明

（1）操作程序

① 准备工作。

② 工作防护用品的穿戴。

③ 设备准备。

（2）考核规定及说明

① 如操作违章，将停止考核。

② 考核采用 100 分制，然后按权重进行折算。

（3）考核方式说明　该项目为实际操作，考核过程按评分标准及操作过程进行评分。

（4）考核时限　以学生顺利完成考核为准。

（5）考核内容

① 便携式硫化氢检测仪的使用；

② 毒物泄漏事件的报警；

③ 硫化氢中毒的现场救护。

（6）考核标准及记录表（见表 3-16～表 3-18）。

表 3-16　便携式硫化氢检测仪的使用

考核时间：10min

序号	考核内容	考核要点	配分	评分标准	得分	备注
1	准备工作	穿戴劳保用品	3	未穿戴整齐扣 3 分		
		工具、用具准备	2	工器具选择不正确扣 2 分		
2		确认检测仪是否完好	10	未检查扣 10 分		
3		确认检测仪电量是否充足	10	未检查扣 10 分		
4	使用方法	确认检测仪零位是否正确，如不正确则对其调节使其零位在正确位置	20	未确认零位扣 10 分 不会调整扣 10 分		
5		按规定的使用方法对测量点进行测量	20	使用方法不对扣 10 分 损坏测量仪扣 10		
6		记录测量数据并准备好对下一点的测量	15	未记录扣 10 分		
				未准备好扣 5 分		
7		测量完毕后保存好测量仪	15	未保存好扣 10 分		

续表

序号	考核内容	考核要点	配分	评分标准	得分	备注
8	使用工具	使用工具	2	工具使用不正确扣2分		
		维护工具	3	工具乱摆乱放扣3分		
9	安全及其他	按操作规程规定		违规一次总分扣5分；严重违规停止操作		
		在规定时间内完成操作		每超时1min总分扣5分；超时5min停止操作		
	合计		100			

表3-17　毒物泄漏事件的报警记录表

考核时间：8min

序号	考核内容	考核要点		分数	评分标准	得分	备注
1	准备工作	穿戴劳保用品		3	未穿工作服或穿戴不整齐扣3分		
		工具、用具准备		2	未检查所需工具或用品扣2分		
2	操作内容	正确拨打报警电话号码110		10	未熟记报警电话扣5分		
					未正确拨打报警电话扣5分		
		打电话报警时，要沉着镇定，当电话接通后，得到对方确认是报警台时，方可报警		5	未确认就报警扣5分		
3		由学生抽签，根据设定的情景确定一项突发事件并进行报警操作	1. 突发毒气泄漏	25	未讲清发生泄漏单位详细地址扣5分		
					未讲清单位临近何处扣5分		
					未讲清毒气名称扣5分		
					未讲清泄漏发展情况扣5分		
					未讲清是否有人员被困扣5分		
			2. 跑冒毒性液体	25	未讲清发生跑冒液体单位的详细地址扣5分		
					未讲清单位临近何处扣5分		
					未讲清跑冒液体品种扣5分		
					未讲清跑冒毒性液体去向扣5分		
					未讲清可能造成的危害扣5分		
4	回答问题	要注意对方提问，并把自己报警用的电话号码和本人姓名告诉对方，以便联系		10	未讲清联系方式扣5分		
					未讲清本人姓名扣5分		
		在报警时应注意倾听报警台的询问，回答要准确、简明		20	表述、吐字、回答不清或情节描述不正确扣20分		
5	安全及其他	按国家法规或企业规定		—	违规一次总分扣5分；严重违规停止操作		
	合计			100			

表 3-18 硫化氢中毒的现场救护记录表

考核时间：15min

序号	考核内容	考核要点	分数	评分标准	得分	备注
1	准备工作	穿戴劳保用品	3	未穿戴整齐扣3分		
		工具、用具准备	2	工具选择不正确扣2分		
2	现场救护	佩戴空气呼吸器	10	未佩戴空气呼吸器扣3分		
				佩戴不正确扣5分		
		携带便携式硫化氢报警仪	10	未携带扣5分		
				未开启电源扣5分		
		两人以上到现场寻找硫化氢中毒人员，并搬离泄露区域	30	未寻找硫化氢中毒人员扣10分		
				未一人寻找一人监护扣10分		
				监护人员未站在上风口扣5分		
				未将中毒人员移至空气新鲜处扣5分		
		就地实施心肺复苏	20	未就地实施心肺复苏扣10分		
				心肺复苏方法错误扣10分		
		联系医院对硫化氢中毒人员实施抢救和设置警戒线	10	未设置警戒线扣5分		
				未联系医院扣5分		
3	使用工具	正确使用工具	2	正确使用不正确扣2分		
		正确维护工具	3	工具乱摆放扣3分		
4	安全文明操作	按国家或企业颁布的有关规定执行	5	违规操作一次从总分中扣除5分，严重违规停止本项操作		
5	考核时限	在规定时间内完成	5	按规定时间完成，每超时1min，从总分中扣5分，超时3min停止操作		
	合计		100			

四、单选题

1. 我们通常将危害分为物理危害、化学危害和生物危害等，下列对于化学品危害认识正确的是（   ）。

A. 氢气有毒   B. 氯气能助燃   C. 硫酸易燃   D. 原油会造成污染

2. 有毒气体排放影响属于哪种事故后果？（   ）

A. 职业健康   B. 财产损失   C. 产品损失   D. 环境影响

3. 本质安全核心层为工艺本质安全，工艺本质安全的实现主要应从危险原料的替代（或减少）和工艺技术路线的选择等方面来考虑。实现工艺本质安全的策略不包括（   ）。

A. 考虑工艺设计中装置的安全性和可靠性措施

B. 选用安全无毒的物料或减少危险物料的使用量

C. 在设计和运行阶段增加安全防护措施和实施有力的安全生产管理方案

D. 采用更加先进安全可靠的技术路线

4. 危险和可操作性研究是一种（   ）的安全评价方法。

A. 定量   B. 概率   C. 定性   D. 因素

5. 危险化学材料的安全说明书（MSDS）包括的信息主要有（   ）。

A. 含量、爆炸点/燃点

B. 安全操作程序

C. 所需的个人保护装备、紧急救护的措施

D. 以上各项

6. 车间张贴在现场的 MSDS 共有多少项内容？（　　）

A. 14 项　　　　　　B. 16 项　　　　　　C. 18 项　　　　　　D. 20 项

7. MSDS 是（　　）名称的缩写。

A. 物料安全数据表　　　　　　　　　B. 物料详细数据表

C. 物料种类数据表　　　　　　　　　D. 物料数量数据表

8. MSDS 安全材料数据清单的作用不包括（　　）。

A. 提供有关化学品的危害信息，保护化学产品使用者

B. 提供有助于紧急救助和事故应急处理的技术信息

C. 为化学品的销售提供有利条件

D. 指导化学品的安全生产、安全流通和安全使用

9. 在危险化学品分类中，乙醇属于（　　）。

A. 毒性气体　　　　B. 爆炸品　　　　C. 易燃气体　　　　D. 易燃液体

10. 下列哪种物质不属于"重点监管危险化学品"名单之中（　　）。

A. 原油　　　　　　B. 碳酸钠　　　　C. 乙醇　　　　　　D. 甲醇

归纳总结

　　危险化学品管理控制主要包括：危害识别、安全标签、安全技术说明书、安全储运、安全处理与使用、废物处理、接触监测、医学监督和培训教育。

　　石油化学等工业在生产过程中往往使用或产生一些有毒物质，称为生产性毒物或工业毒物，其种类很多，且经常几种毒物同时存在。这些有毒物质在空气中的浓度达到或超过规定的最高容许浓度时，可使长期接触这些毒物的人们中毒，严重时造成死亡。有些工业毒物，不仅对作业人员本人有影响，还能影响其后代健康。工业中毒患者，有些经治疗可以恢复健康，有些尚无特效治疗方法。

M3-16　危化品
防爆基本措施

M3-17　重庆开县
12·23 特大井喷事故

　　一旦发生急性中毒，要采取科学、正确的现场急救方法，并注意避免二次事故发生。

　　预防职业中毒，要健全组织管理措施，可采取如下措施：①改革工艺技术，提高生产过程机械化和自动化程度；用无毒或低毒物质代替有毒或高毒物质；提高生产过程中的密闭程度和生产场所的通风，严格防止跑、冒、滴、漏的现象。②采用防护器材，如在毒物浓度比较高的特殊环境中，可使用防毒面具等。③对工厂加强卫生监督，对工人进行安全操作教育，严防意外事故发生。④从事接触工业毒物作业的工人要进行就业前体检和定期检查，及

时发现就业禁忌证及毒物吸收状态。根据情况采取有效的防护措施。⑤对于毒物作业工人，提供保健膳食，以增强身体的抵抗力，保护易受毒物损害的器官。

巩固与提高

一、填空题

1. 危险化学品对人体的毒害作用主要是通过（   ）、（   ）和（   ）三种途径侵入人体内而被吸收，从而造成对人体组织器官的损害。

2. GBZ 230—2010《职业性接触毒物危害程度分级》将毒物的危害程度分为四级：（   ）、（   ）、（   ）、（   ）。

3. 窒息性气体一般分为三大类，即单纯窒息性气体、（   ）、血液窒息性气体。

4. 工业毒物的形态通常有粉尘、烟尘、（   ）、（   ）、蒸气等形态。

5. 毒物的急性毒性可按 LD_{50}、（   ）分级。据此将毒物分为剧毒、高毒、中毒、低毒、微毒五级。

6. 心肺复苏的胸外心脏按压和人工呼吸比例为（   ）。

二、选择题

1. （   ）对人体骨髓造血功能有损害。

A. 二氧化硫中毒   B. 铅中毒   C. 氯化苯中毒

2. 甲苯的危害性是指（   ）。

A. 易燃、有毒性   B. 助燃性   C. 刺激性

3. 急性苯中毒主要表现为对中枢神经系统的麻醉作用，而慢性中毒主要为（   ）系统的损害？

A. 呼吸系统   B. 消化系统   C. 造血系统

4. 下列物质（   ）可经皮肤进入人体损害健康。

A. 汞   B. 尘土   C. 碳

5. 进行有关化学液体的操作时，应使用（   ）保护面部。

A. 太阳镜   B. 防护面罩   C. 毛巾

6. 消除粉尘危害的根本途径是（   ）。

A. 改革工艺、采用新技术   B. 湿式作业

C. 密闭尘源   D. 通风除尘

7. 有机过氧化物最危险的特性是（   ）。

A. 强还原性   B. 稳定性   C. 分解爆炸性   D. 非极性

8. 化学品安全标签用文字、图形符号、（   ）组合形式表示化学品所具有的危险性和安全注意事项。

A. 分子量   B. 分子式   C. 元素符号   D. 编码

9. 依据石化企业火灾危险性分类，甲B类物质是指（   ）。

A. 闪点低于28℃   B. 闪点28~45℃   C. 闪点45~60℃   D. 沸点低于15℃

10. 下列包装材料错误的是（   ）。

A. 浓硝酸用铝罐盛装   B. 氢氧化钠（固体）用铁桶装

C. 浓盐酸用瓷坛盛装   D. 氢氟酸用玻璃瓶盛装

11. 包装材料或处理方法错误的是（   ）。

A. 浓硫酸用铁罐盛装　　　　　　　　　B. 过氧化氢（双氧水）用铁桶装

C. 金属钠放在煤油中　　　　　　　　　D. 黄磷保存在水中

12. 每种化学品最多可以选用（　　）标志，标志符号放在标签右边。

A. 一个　　　　　　B. 两个　　　　　　C. 三个　　　　　　D. 四个

13. 对于现场液体泄漏应及时进行（　　）、稀释、收容、处理。

A. 覆盖　　　　　　B. 填埋　　　　　　C. 烧毁　　　　　　D. 回收

三、问答题

1. 危险化学品的定义是什么？

2. 危险化学品的主要危害体现有哪些？

3. 化学品安全技术说明书（MSDS）包括多少项内容？

4. 什么是安全色，什么是对比色？

5. 安全色与对比色搭配使用有何要求？

6. 安全标志分为几类，各有什么含义？

7. 危险化学品储存企业必须具备哪些条件？

8. 烧、烫伤的现场处理方法有哪些？

9. 什么叫职业性接触毒物？

10. 工业毒物按作用性质分为哪些？

11. 常用的毒性评价指标有哪些？

12. 工业毒物对人体有哪些危害？

13. 生产性毒物进入人体的途径有哪些？

14. 简述心肺复苏操作流程。

15. 粉尘对健康的危害有哪些？

16. 防毒防尘技术措施有哪些？

17. 毒物有哪些净化方法？

四、综合分析题

某独资制鞋有限公司，在一年内接连出现3例含苯化学物及汽油中毒患者（经职业病医院确诊），3名女性中毒者都是在该公司生产流水线上进行手工刷胶的操作工。

有关人员到工作现场调查确认：

① 在长70m，宽12m的车间内，并列2条流水线，有近百名工人进行手工刷胶作业；

② 车间内有硫化罐、烘干箱、热烤板等热源，但无降温、通风设施，室温高达37.2℃；

③ 企业为追求利润，不按要求使用溶剂汽油，改用价格较低、毒性较高的燃料汽油作为橡胶溶剂，使得配制的胶浆中的含苯化学物含量较高；

④ 所有容器（如汽油桶、亮光剂桶、胶浆桶及40多个胶浆盆等）全部敞口；

⑤ 操作工人没有穿戴任何个人防护用品。

经现场检测，车间空气中苯和汽油浓度分别超过国家卫生标准2.42倍和2.49倍。

1. 单项选择题

（1）根据《职业病危害因素分类目录》，苯属于（　　）类职业病危害因素。

A. 放射性物质　　　　B. 粉尘　　　　　　C. 物理因素　　　　D. 化学物质

（2）根据《职业病目录》，汽油可能导致（　　）类职业病。

A. 职业性眼病　　　　B. 职业性皮肤病　　　C. 职业中毒　　　D. 职业性肿瘤

2. 多项选择题

（3）根据《职业病目录》，苯可能导致（　　）类职业病。

A. 放射性　　　　　　B. 职业性肿瘤　　　　C. 职业中毒　　　D. 职业性眼病

（4）根据《职业病防治法》，企业应对从事接触职业病危害作业的劳动者，按照有关规定组织（　　）的职业健康检查，并将检查结果如实告知劳动者。

A. 离岗时　　　　　　B. 在岗期间　　　　　C. 上岗前　　　D. 退休时

3. 简答题

（5）试分析为什么该公司在较短时间内，会连续发生女刷胶工苯及汽油中毒事件？

（6）根据《职业病防治法》规定，用人单位应当采取的职业病防治管理措施有哪些？

五、阅读资料

世界十大化工安全事件如表 3-19 所示。

表 3-19　世界十大化工安全事件

时间	国家	事件	事件简介	
1930 年	比利时	马斯河谷烟雾事件	比利时马斯河谷工业区。在这个狭窄的河谷里有炼油厂、金属厂、玻璃厂等许多工厂。12 月 1～5 日，河谷上空出现了很强的逆温层，致使 13 个大烟囱排出的烟尘无法扩散，大量有害气体积累在近地大气层，对人体造成严重伤害。一周内有 60 多人丧生，其中心脏病、肺病患者死亡率最高，许多牲畜死亡。这是 20 世纪最早记录的公害事件	M3-18　比利时马斯河谷烟雾事件
1943 年	美国	洛杉矶光化学烟雾事件	夏季，美国西海岸的洛杉矶市。该市 250 万辆汽车每天燃烧掉 1100t 汽油。汽油燃烧后产生的碳氢化合物等在太阳紫外线照射下引起化学反应，形成浅蓝色烟雾，使该市大多数市民患了红眼病、头疼病。后来人们称这种污染为光化学烟雾。1955 年和 1970 年洛杉矶又两度发生光化学烟雾事件，前者有 400 多人因五官中毒、呼吸衰竭而死，后者使全市四分之三的人患病	M3-19　美国洛杉矶光化学烟雾事件
1948 年	美国	多诺拉烟雾事件	美国的宾夕法尼亚州多诺拉城有许多大型炼铁厂、炼锌厂和硫酸厂。1948 年 10 月 26 日清晨，大雾弥漫，受反气旋和逆温控制，工厂排出的有害气体扩散不出去，全城 14000 人中有 6000 人眼痛、喉咙痛、头痛、胸闷、呕吐、腹泻。17 人死亡	
1952 年	英国	伦敦烟雾事件	自 1952 年以来，伦敦发生过 12 次大的烟雾事件，祸首是燃煤排放的粉尘和二氧化硫。烟雾逼道所有飞机停飞，汽车白天开灯行驶，行人走路都困难，烟雾事件使呼吸疾病患者猛增。1952 年 12 月，5 天内有 4000 多人死亡，两个月内又有 8000 多人死去	M3-20　伦敦烟雾事件

续表

时间	国家	事件	事件简介
1953～1956 年	日本	水俣病事件	日本熊本县水俣镇一家氮肥公司排放的废水中含有汞，这些废水排入海湾后经过某些生物的转化，形成甲基汞。这些汞在海水、底泥和鱼类中富集，又经过食物链使人中毒。当时，最先发病的是爱吃鱼的猫。中毒后的猫发疯痉挛，纷纷跳海自杀。没有几年，水俣地区连猫的踪影都不见了。1956年，出现了与猫的症状相似的病人。因为开始病因不清，所以用当地地名命名。1991 年，日本环境厅公布的中毒病人仍有 2248 人，其中 1004 人死亡　M3-21　日本水俣病事件
1955～1972 年	日本	骨痛病事件	镉是人体不需要的元素。日本富山县的一些铅锌矿在采矿和冶炼中排放废水，废水在河流中积累了重金属"镉"。人长期饮用这样的河水，食用浇灌含镉河水生产的稻谷，就会得"骨痛病"。病人骨骼严重畸形、剧痛，身长缩短，骨脆易折
1968 年	日本	米糠油事件	先是几十万只鸡吃了有毒饲料后死亡。人们没深究毒的来源，继而在北九州一带有 13000 多人受害。这些鸡和人都是吃了含有多氯联苯的米糠油而遭难的。病人开始眼皮发肿，手掌出汗，全身起红疙瘩，接着肝功能下降，全身肌肉疼痛，咳嗽不止。这次事件曾使整个西日本陷入恐慌中　M3-22　日本米糠油事件
1984 年	印度	博帕尔事件	12 月 3 日，美国联合碳化公司在印度博帕尔市的农药厂因管理混乱，操作不当，致使地下储罐内剧毒的甲基异氰酸酯因压力升高而爆炸外泄。45t 毒气形成一股浓密的烟雾，以每小时 5000m 的速度袭击了博帕尔市区。死亡近两万人，受害 20 多万人，5 万人失明，孕妇流产或产下死婴，受害面积 40km²，数千头牲畜被毒死
1986 年	前苏联	切尔诺贝利核泄漏事件	4 月 26 日，位于乌克兰基辅市郊的切尔诺贝利核电站，由于管理不善和操作失误，4 号反应堆爆炸起火，致使大量放射性物质泄漏。西欧各国及世界大部分地区都测到了核电站泄漏出的放射性物质。31 人死亡，237 人受到严重放射性伤害。基辅市和基辅州的中小学生全被疏散到海滨，核电站周围的庄稼全被掩埋，少收 2000 万吨粮食，距电站 7km 内的树木全部死亡，此后半个世纪内，10km 内不能耕作放牧，100km 内不能生产牛奶……这次核污染飘尘给邻国也带来严重灾难。这是世界上最严重的一次核污染
1986 年	瑞士	剧毒物污染莱茵河事件	11 月 1 日，瑞士巴塞尔市桑多兹化工厂仓库失火，近 30t 剧毒的硫化物、磷化物与含有水银的化工产品随灭火剂和水流入莱茵河。顺流而下 150km 内，60 多万条鱼被毒死，500km 以内河岸两侧的井水不能饮用，靠近河边的自来水厂关闭，啤酒厂停产

项目四
防止燃烧爆炸伤害

任务一　了解石油化工燃烧爆炸的特点

【案例介绍】

我国的石油化学工业几乎遍布全国，为国民经济的迅速发展和人民生活水平的改善做出了巨大贡献。与此同时，石油化工行业也是一个火灾爆炸危险性大，而且一旦发生火灾爆炸事故，则损失大、伤亡大、影响大的行业，一直是消防保卫的重点。

[案例1]　2013年11月22日，中石化东黄复线管道一输油管道（山东省青岛市黄岛区）发生破裂事故造成原油泄漏。上午10时维修过程中引发起火爆炸，事故造成55人死亡、9人失踪，住院伤员145人。

[案例2]　2013年6月2日，中石油大连石化分公司发生油渣罐爆炸事故，造成2人失踪，2人受伤。

[案例3]　2011年11月6日，吉林松原石化公司厂房发生闪爆事故并引发火灾，造成3死8伤。

[案例4]　2011年8月9日，中石油大连石化分公司厂区，一台2万立方米柴油储罐爆炸起火。

[案例5]　2011年7月16日，中石油大连石化分公司，厂区一装油罐发生泄漏起火，大火燃烧6小时后才被扑灭。

[案例6]　2010年12月15日，中石油大连新港储油罐区附近区域起火，火灾离103号油罐仅相隔80m，3人在火灾中丧生。

M4-1　东海
输油管道
泄漏爆炸

面对严峻的职业安全环境，有效地了解掌握石油化工燃烧爆炸风险的可能性及其危害程度，将会使生产过程中发生事故的可能性和后果的严重程度大大降低。作为石油化工企业的一线操作工，必须掌握燃烧与爆炸的基本规律，了解石油化工燃烧爆炸的特点。

【案例分析】

石油化工企业生产工艺复杂，化工设备塔釜成群，压力管道纵横交错，生产原料和产品大多具有易燃易爆、毒害和腐蚀性，生产工艺操作复杂、连续性强，生产危险性大，发生火灾爆炸概率高。

1. 原材料与产成品

石化生产过程中所使用的原材料、辅助材料半成品和成品绝大多数属易燃、可燃物质，一旦泄漏，易形成爆炸性混合物而发生燃烧、爆炸；许多物料是高毒和剧毒物质，极易导致人员伤亡。诸如在炼油装置所使用的原油，生产的汽油、柴油、液化石油气等；重整装置使用的石脑油，生产的苯、甲苯、二甲苯、氢气等；裂解装置使用的裂解汽油，生产的乙烯、甲烷等；环氧乙烷/乙二醇装置使用的乙烯，生产出的环氧乙烷均属于易燃易爆介质。

2. 工艺过程

石油化工装置生产的核心是化学反应，其中包括氧化反应、还原反应、聚合反应、裂化反应、歧化反应、重整反应、硝化反应等，在这些化学反应过程中均存在着不同程度的火灾危险性，不同的化学反应过程的火灾危险性往往不同。

3. 单元操作与生产装置

物料输送、加热、冷却、蒸馏、搅拌、干燥、筛分、粉碎是石油化工生产中主要的单元操作，虽然相对比较固定，但是仍然存在一定的火灾危险性。生产工艺流程危险性较高的主要有常减压装置、重油催化裂化装置、两脱装置（气体脱硫、汽油脱硫醇装置）、催化重整装置、柴油加氢装置、延迟焦化装置、硫黄回收装置、气体分馏装置、MTBE 装置等。

● **必备知识**

一、燃烧

燃烧是可燃物与氧化剂作用发生的放热反应，通常伴有火焰、发光和（或）发烟的现象。燃烧的类型见表 4-1。

表 4-1　燃烧的类型

燃烧的类型	概念解释
闪燃	一定温度下，液体表面上产生的可燃蒸气，遇火源能产生一闪即灭的燃烧现象
着火	可燃物与火源接触，达到某一温度，产生有火焰的燃烧并在火源移去后能持续燃烧的现象
自燃	无外部火花、火焰等火源的作用下，靠受热或自身发热并蓄热所产生自行燃烧的现象
爆炸	由于物质急剧氧化或分解反应产生温度、压力增加或两者同时增加的现象

燃烧必须同时具备三个条件：可燃物、助燃物、点火源（见图 4-1）。

图 4-1　燃烧的三个条件

M4-2　什么是燃烧

凡能与空气、氧气或其他氧化剂发生剧烈氧化反应的物质，都可称为可燃物质。可燃物质种类繁多，按物理状态可分为气态、液态和固态三类。化工生产中使用的原料、生产中的中间体和产品很多都是可燃物质。

凡是具有较强的氧化能力，能与可燃物质发生化学反应并引起燃烧的物质均称为助燃物。化学危险物品分类中的氧化剂类物质均为助燃物。例如氧气、氯气、氟和溴等物质。除此之外，助燃物还包括一些未列入化学危险物品的氧化剂，如正常状态下的空气等。

凡能引起可燃物质燃烧的能源均可称之为点火源。点火源的种类见表 4-2 所示。

表 4-2　点火源的种类

种类	举例
明火	焊接与切割、酒精灯等
火花、电弧	焊接、切割火花、汽车排气喷火、电火花、撞击火花、电弧
炽热物体	电炉、烙铁、熔融金属、白炽灯
化学能	氧化、硝化、分解和聚合等化学反应

二、火灾

在时间和空间上都失去控制的燃烧称为火灾。根据国家标准 GB/T 4968—2008《火灾分类》，将火灾分为六类（见表 4-3）。

表 4-3　火灾分类

火灾分类	燃烧特性	举例
A 类	固体物质火灾	木材、棉、毛、麻、纸张火灾
B 类	液体或可熔化的固体物质火灾	汽油、煤油、柴油、原油、甲醇、乙醇、沥青火灾
C 类	气体火灾	煤气、天然气、甲烷、乙烷、丙烷、氢气火灾
D 类	金属火灾	钾、钠、钛、锆、锂、铝镁合金火灾
E 类	带电火灾，物体带电燃烧的火灾	发电机、电缆、家用电器火灾
F 类	烹饪器具内的烹饪物	动植物油脂火灾

三、爆炸与爆炸极限

爆炸分类见表 4-4。

表 4-4　爆炸分类

分类		原因	特点	举例
爆炸	物理性爆炸	由物理因素如状态、温度、压力、等变化而引起的爆炸	爆炸前后物质的性质和化学成分均不改变	压力容器、气瓶、锅炉等超压发生的爆炸
	化学性爆炸	物质发生激烈的化学反应，使压力急剧上升而引起的爆炸	爆炸前后物质的性质和化学成分发生了本质变化	1. 简单分解爆炸（爆炸所需热量是由爆炸物本身分解产生的，不发生燃烧反应） 2. 复杂分解爆炸（爆炸时伴有燃烧反应，燃烧所需的氧是由本身分解时供给，所有炸药均属此类所需热量是由爆炸物本身分解产生的，不发生燃烧反应） 3. 爆炸性混合物的爆炸（可燃气体、蒸气、薄雾、粉尘或纤维状物质等与空气混合成一定比例遇火源引起的爆炸）
	核爆炸	由物质的原子核在发生"裂变"或"聚变"的连锁反应	爆炸后发出光辐射，形成冲击波	原子弹、氢弹爆炸

爆炸极限是可燃气体（或蒸气、粉尘）在空气中能发生燃烧或爆炸的浓度范围。如一氧化碳的爆炸极限（体积分数）为 12.5%～74.5%，即一氧化碳在空气中的浓度低于 12.5% 或高于 74.5% 都不能燃烧或爆炸。

M4-3　爆炸极限

可燃性混合物的爆炸极限范围越宽、爆炸下限越低和爆炸上限越高时，其爆炸危险性越大。这是因为爆炸极限越宽则出现爆炸条件的机会就多；爆炸下限越低则可燃物稍有泄漏就会形成爆炸条件；爆炸上限越高则有少量空气渗入容器，就能与容器内的可燃物混合形成爆炸条件。应当指出，可燃性混合物的浓度高于爆炸上限时，虽然不会着火和爆炸，但当它从容器或管道里逸出，重新接触空气时却能燃烧，仍有发生着火的危险。

爆炸极限值受各种因素变化的影响，主要有：初始温度、初始压力、惰性介质及杂质、混合物中氧含量、点火源等。

初始温度越高，爆炸范围越大。这是由于其分子内能增大，使爆炸下限降低、爆炸上限增高。

混合物中加入惰性气体，使爆炸极限范围缩小，特别对爆炸上限的影响更大。

混合物含氧量增加，爆炸下限降低，爆炸上限上升。

四、爆炸危险区域的划分及范围

爆炸危险环境包括爆炸性气体环境、爆炸性粉尘环境。

（一）划分

根据爆炸性混合物的频繁程度和持续时间划分为不同级别的危险区域，具体见表 4-5。

表 4-5　爆炸危险环境类别及区域等级

爆炸危险环境类别	区域等级	场所特征
爆炸性气体环境	0 区	爆炸性气体环境连续出现或长时间存在的场所
	1 区	正在运行时，可能出现爆炸性气体环境的场所
	2 区	正常运行时，不可能出现爆炸性气体环境，如果出现也是偶尔发生并且短时间存在的场所
爆炸性粉尘环境	20 区	正常运行过程中可燃性粉尘连续出现或经常出现，其数量足以形成可燃性粉尘与空气混合物，或可能形成无法控制和积厚的粉尘层的场所及容器内部
	21 区	正常运行过程中，可能出现粉尘数量足以形成可燃性粉尘和空气混合物，但未划入 20 区场所。该区域包括：与充入和排放粉尘点直接相邻的场所、出现粉尘层和正常操作情况下可能产生可燃浓度的可燃性粉尘与空气混合的场所
	22 区	在异常条件下，可燃性粉尘偶尔出现并且只是短时间存在、可燃性粉尘偶尔出现堆积或可能存在粉尘层并产生可燃性粉尘与空气混合物的场所。如果不能保证排除可燃性粉尘堆积或粉尘层时，应划分为 21 区

（二）范围

1. 爆炸性气体环境

（1）按释放源的级别划分　具体见表 4-6。

（2）根据通风条件调整区域　根据通风条件调整爆炸危险区域划分，应遵循以下原则：

表 4-6 按释放源的级别划分

区域级别	常见情况
0 区存在连续级释放源	没有用惰性气体覆盖的固定顶盖储罐中的易燃液体的表面
	油水分离器等直接与空间接触的易燃液体的表面
	经常或长期向空间释放易燃气体或易燃液体蒸气的自由排气孔和其他孔口
1 区存在第一级释放源	在正常运行时会释放易燃物质的泵、压缩机和阀门等的密封处
	储存有可燃液体的容器上的排水口处,在正常运行中,当水排掉时,该处可能会向空间中释放可燃物质
	正常运行时,会向空间中释放可燃物质的取样点
	正常运行时,会向空间中释放可燃物质的泄压阀、排气口和其他孔口
2 区存在第二级释放源	正常运行时不能释放易燃物质的泵、压缩机和阀门的密封处
	正常运行时不能释放易燃物质的法兰、连接件和管道接头
	正常运行时不能向空间释放易燃物质的安全阀、排气孔和其他孔口处
	正常运行时不能向空间释放易燃物质的取样点

① 当通风良好时,应降低爆炸危险区域等级 (爆炸危险区域内的通风,其空气流量能使易燃物质很快稀释到爆炸下限值的 25% 以下时,可定为通风良好);当通风不良时应提高爆炸危险区域等级。

② 局部机械通风在降低爆炸性气体混合物浓度方面比自然通风和一般机械通风更为有效时,可采用局部机械通风降低爆炸危险区域等级。

③ 在障碍物、凹坑和死角处,应局部提高爆炸危险区域等级。

(a) 爆炸性火灾居多

(b) 大面积流淌性火灾多

(c) 立体性火灾多

(d) 火势发展速度快

(e) 火情复杂扑救困难

图 4-2 石油化工火灾的特点

④ 利用堤或墙等障碍物，限制比空气重的爆炸性气体混合物的扩散，可缩小爆炸危险区域的范围。

2. 爆炸性粉尘环境

对于爆炸性粉尘环境，其危险区域的范围应按爆炸性粉尘的量、爆炸极限和通风条件确定。

ⅢA 级：可燃性飞絮，如棉花纤维、麻纤维、丝纤维、毛纤维、木质纤维、人造纤维等。

ⅢB 级：非导电性可燃粉尘，如聚乙烯、苯酚树脂、小麦、玉米、砂糖、染料、可可、木质、米糠、硫黄等粉尘。

ⅢC 级：可燃性导电粉尘，石墨、炭黑、焦炭、煤、铁、锌、钛等粉尘。

五、石油化工火灾的特点

石油化工火灾的特点如图 4-2 所示。

● 任务实施

训练内容　对石油化工生产装置火灾危险性进行分析

一、教学准备/工具/仪器

多媒体教学（辅助视频）

图片展示

典型案例

二、操作规范及要求

① 国家标准 GB/T 4968—2008《火灾分类》；

② GB 50058—2014《爆炸危险环境电力装置设计规范》；

③ GB 3836.14—2014《爆炸性环境　第 14 部分：场所分类爆炸性气体环境》；

④ 掌握点火源的主要类型；

⑤ 掌握火灾危险性分类；

⑥ 根据典型案例做出分析。

三、石油化工生产装置火灾危险性分析

石油化工生产中火灾爆炸危险性可以从生产过程中的物料的火灾爆炸危险性和生产装置及工艺过程中的火灾爆炸危险性两个方面进行分析。具体地说，就是生产过程中使用的原料、中间产品、辅助原料（如催化剂）及成品的物理化学性质、火灾爆炸危险程度，生产过程中使用的设备、工艺条件（如温度、压力）、密封种类、安全操作的可靠程度等，综合全面情况进行分析，以便采取相应的防火防爆措施，保证安全生产。

1. 石油化工生产中使用物料的火灾爆炸危险性

石油化工生产中，所用的物料绝大部分都具有火灾爆炸危险性，从防火防爆的角度，这些物质可分为七大类。

① 爆炸性物质，如硝化甘油等。

② 氧化剂，如过氧化钠、亚硝酸钾等。

③ 可燃气体，如苯蒸气等。

④ 自燃性物质，如磺磷等。

⑤ 遇水燃烧物质，如硫的金属化合物等。

⑥ 易燃与可燃液体，如汽油、丁二烯等。

⑦ 易燃与可燃固体，如硝基化合物等。

2. 生产装置及工艺过程中的火灾爆炸危险性

① 装置中储存的物料越多，发生火灾时灭火就越困难，损失也就越大。

② 装置的自动化程度越高，安全设施越完善，防止事故的可能性就越高。

③ 工艺程度越复杂，生产中物料经受的物理化学变化越多，危险性就越大。

④ 工艺条件苛刻，高温、高压、低温、负压，也会增加危险性。

⑤ 操作人员技术不熟练，不遵守工艺规程，事故状态时欠镇静、处理不力，也会造成大事故。

⑥ 装置设计不符合规范，布局不合理，一旦发生事故，还会波及邻近装置。

3. 常减压蒸馏装置的火灾危险性

常减压蒸馏装置是原油加工的第一道工序，是石化企业的"龙头"装置，它为后续的装置提供原料，在石化企业中占有举足轻重的位置。该装置主要包括电脱盐、常压蒸馏、减压蒸馏。其工艺原理是利用原油中各组分沸点的不同，通过加热，使其全部或部分汽化，反复地通过冷凝与汽化，将各种烃类混合物进行分离。装置采用计算机和集散控制系统（DCS）管理，实行中心控制室一体化统一控制。该装置的重点部位有：电脱盐系统、常压系统、减压系统、加热炉、热油泵房等。

常减压主要物料理化性质见表 4-7。

表 4-7　常减压主要物料理化性质

物料	相对密度	闪点/℃	沸点或自燃点/℃	爆炸极限/%
原油	0.78～0.97	−0.667～32.22	350（自）	1.1～6.4
汽油	0.67	−50	40～200（沸）	1.3～6
柴油	0.85	90～120	250～360（沸）	1.5～4.5
煤气	最低点燃能量 0.28MJ		570～750（自）	1.1～16

常减压装置火灾危险性：

① 常压、减压蒸馏从原料到成品以及副产品都属易燃液体、可燃气体，闪点都在 28℃以下，泄漏后遇明火、静电等发生燃烧或爆炸；

② 在生产过程中高温、高压，液体泄漏后能自燃，辐射热很强，蔓延速度快；

③ 装置设备多，塔釜林立，管线阀门、泵、炉相连通。如遇损坏、破裂，易在压力作用下喷出造成大面积火灾，构成立体燃烧，会使框架变形或倒塌，给扑救工作造成困难；

④ 在生产过程中，下水沟、管道井相连通，有时误将易燃、可燃液体、气体排入，遇明火发生爆炸着火，难以确定中心火点，给扑救工作带来极大难度；

⑤ 现代化操作技术使用大量电气设备和电缆，发生电气火灾概率大，火灾隐蔽性大，造成串连性火灾可能性大，给火灾侦察、灭火造成困难，增加火灾扑救难度。

任务二　选择灭火剂

【案例介绍】

[案例1]　某化工厂氰化钠仓库失火。两只氰化钠桶发生爆炸，掀掉桶盖，火焰蹿上房顶，库内大量氰化钠桶和毗连的建筑受到火势威胁，其中建筑物火势需用水控制，而氰化钠遇水剧烈反应。消防官兵果断采取措施，先用干粉扑灭氰化钠桶火焰，把桶转走，再出水枪控制和扑救屋顶火势，只用了8min就将火扑灭。

[案例2]　某生物工程公司一楼百余平方米仓库于夜间发生火灾，消防人员迅速用水将火扑灭，但未料到的是，火刚扑灭就有阵阵毒烟逸出。原来该仓库放置的是氯粉、三氯乙腈等化学物品，水与仓库中的化学药品发生了化学反应，产生的大量二氧化氯等"毒气"冲彻云霄，公安、巡警、120救护车等也迅速赶往现场。民警和消防队员挨家挨户通知上千户熟睡中的居民紧急撤离，因此并未造成人员伤亡。

[案例3]　1986年11月1日，瑞士巴塞尔市圣多日化学仓库发生火灾，消防队员救火时使用了几百万加仑的水，结果灭火用水与约30t农药和其他化工原料混合流入西欧著名的莱茵河，造成大量鱼类和其他水生动植物死亡，严重破坏了生态环境。

M4-4　用错灭火剂的案例

上述案例说明，在火灾扑救中，正确选用灭火剂，能有效地扑灭火灾，对减少损失具有十分重要的意义。不同类型的灭火剂，适用于扑救不同类型的火灾，如果选用不当，不仅不能迅速灭火，甚至容易造成扑救失利，加重火灾损失。近几年来，因灭火剂使用不当而使灭火失利的现象常有发生。灭火剂的品种繁多，了解其性质，掌握其使用条件，对预防和处置火灾意义十分巨大。

【案例分析】

选择灭火剂，应考虑环境因素、毒性、灭火效能、工程造价四个方面。

（1）环境因素　当今绿色环保是我们倡导的主题，灭火剂应以不消耗大气臭氧层为首选原则。采用臭氧耗损潜能值为零的灭火剂。众所周知，哈龙灭火剂因对大气臭氧层有强烈的破坏作用，随之带来的温室效应成为全球性的社会问题，所以20世纪80年代初，各国相继采取措施，积极进行哈龙替代物的研究开发。

（2）毒性　选择无毒性的灭火剂主要从两方面来衡量，一是灭火剂自身的毒性，二是灭火剂在火场温度下热分解产物的毒性。如二氧化碳因浓度太高，在灭火过程中可能使未能从防护区安全撤离的人员发生窒息死亡。灭火后产生的二氧化碳在空气中存在的时间较长，对全球温室效应产生重大影响。

（3）灭火效能　灭火效能高是选择灭火剂的重要因素之一。

（4）工程造价　各种灭火剂的性能和灭火机理都不一样。所以选择灭火剂的同时也就决定了组成灭火系统工程造价的高与低。

● 必备知识

能够有效地在燃烧区破坏燃烧条件，达到抑制燃烧或中止燃烧的物质，称作灭火剂。灭火剂大体可分为两类：物理灭火剂和化学灭火剂。

物理灭火剂不参与燃烧反应，在灭火过程中起到隔绝空气、隔绝可燃物而达到灭火的效果，包括水、泡沫、二氧化碳、氮气、氩气及其他惰性气体。

化学灭火剂在燃烧过程中通过抑制火焰中的自由基连锁反应来抑制燃烧，主要有卤代物灭火剂、干粉灭火剂等多种。

一、灭火的基本原理

由燃烧所必须具备的几个基本条件可以得知，灭火就是破坏燃烧条件使燃烧反应终止的过程。其基本原理归纳为以下四个方面：冷却、窒息、隔离和化学抑制。如图 4-3 所示。

(a) 冷却法　　　　　　　　　　(b) 窒息法

M4-5　灭火的基本原理

(c) 隔离法　　　　　　　　　　(d) 化学抑制

图 4-3　灭火的基本方法

（1）冷却灭火　对一般可燃物来说，能够持续燃烧的条件之一就是它们在火焰或热的作用下达到了各自的着火温度。因此，对一般可燃物火灾，将可燃物冷却到其燃点或闪点以下，燃烧反应就会中止。水的灭火机理主要是冷却作用。

（2）窒息灭火　各种可燃物的燃烧都必须在其最低氧气浓度以上进行，否则燃烧不能持续进行。因此，通过降低燃烧物周围的氧气浓度可以起到灭火的作用。通常使用的二氧化碳、氮气、水蒸气等的灭火机理主要是窒息作用。

（3）隔离灭火　把可燃物与引火源或氧气隔离开来，燃烧反应就会自动终止。火灾中，关闭相关阀门，切断流向着火区的可燃气体和液体的通道；打开相关阀门，使已经发生燃烧的容器或受到火势威胁的容器中的液体可燃物通过管道导至安全区域，都是隔离灭火的措施。

（4）化学抑制灭火　就是使用灭火剂与链式反应的中间体自由基反应，从而使燃烧的链式反应中断使燃烧不能持续进行。常用的干粉灭火剂的主要灭火机理就是化学抑制作用。

二、常用灭火剂及选择

目前，我国常用的灭火剂种类有水、泡沫灭火剂、干粉灭火剂、二氧化碳灭火剂。

常用的灭火剂有五大类十多个品种。使用时只有根据火场燃烧的物质性质、状态、燃烧时间和风向风力等因素，正确选择并保证供给强度，才能发挥灭火剂的效能，避免因盲目使用灭火剂而造成适得其反的结果和更大的损失。

常用的灭火剂的适用范围见表 4-8。

表 4-8　常用灭火剂的适用范围

灭火剂种类	灭火种类				
	木材等一般火灾	可燃液体		带电设备火灾	金属火灾
		非水溶性	水溶性		
直流水	○	×	×	×	×
泡沫灭火剂	○	○	×	×	×
二氧化碳、氮气	△	○	○	○	×
钾盐、钠盐干粉	△	○	○	○	×
碳酸盐干粉	○	○	○	○	×
金属火灾用干粉	×	×	×	×	○

注：○ 适用；△ 一般不用；× 不适用。

● 任务实施

训练内容　选择和使用灭火剂

一、教学准备/工具/仪器

多媒体教学（辅助视频）

图片展示

典型案例

实物

二、操作规范及要求

① GB 17835—2008《水系灭火剂》、GB 4066—2017《干粉灭火剂》、GB 4396—2005《二氧化碳灭火剂》、GB 15308—2006《泡沫灭火剂》；

② 掌握四种典型灭火剂的主要功能；

③ 根据燃烧物选择和使用灭火剂；

④ 根据典型案例做出分析。

三、选择和使用灭火剂

1. 水

水主要应用于扑救 A 类（固体）火灾，在某些条件下，水对 B 类（液体）火灾和 C 类（气体）火灾也有一定程度的控制和灭火作用。水用于灭火时，是通过喷水设备施放到燃烧区或燃烧物表面而实现灭火作用的，在实际应用中，不同的喷水设备施放出的水有不同的形态，而不同形态的水则适用于不同的对象。水流使用形态不同，灭火效果也不同。水应用于灭火时的形态一般分为密集水流、开花水流、喷雾水流和水蒸气。

不能用水或必须用特定形态的水扑救的物质和设备火灾。

① 不能用水扑救遇水发生化学反应的物质的火灾。如钾、钠、钙、镁等轻金属和电石

等物质火灾，绝对禁止用水扑救。用水扑救时会造成爆炸或火场人员中毒。

② 遇水容易被破坏，而失去使用价值的物质与设备的火灾，不能用水扑救。如仪表、精密仪器、档案、图书等。

③ 对熔岩类和快要沸腾的原油火灾，不能用水扑救。因为水会被迅速汽化，形成强大的压力，促使其爆炸或喷溅伤人。

M4-6　水的灭火作用

④ 储有大量硫酸、浓硝酸、盐酸的场所发生火灾时，不能用直流水或开花水扑救，以免引起酸液的发热、飞溅。必要时宜用雾状水扑救。

⑤ 堆积的可燃粉尘火灾，只能用雾状水和开花水扑救。使用直流水扑救，则有可能把粉尘冲起呈悬乳状态，形成爆炸性混合物。

⑥ 不能用直流水扑救高压电气设备火灾，因为水具有一定的导电性能，容易造成扑救人员触电。但保持适当距离，可使用喷雾水扑救。

⑦ 高温设备不宜使用直流水扑救。如裂解炉、高温管线、容器等设备，使用密集水柱易使局部地方快速降温，造成应力变形。

2. 泡沫灭火剂

① 蛋白泡沫灭火剂属于低倍泡沫灭火剂，主要用于扑救一般非水溶性易燃和可燃液体火灾，也可用于一般可燃固体物质的火灾扑救。

使用蛋白泡沫灭火剂施救原油、重油储罐火灾，要注意可能引起的油沫沸溢或喷溅。

② 氟蛋白泡沫灭火剂主要适用扑救各种非水溶性可燃、易燃液体和一些可燃固体火灾。广泛应用于大型储罐、散装仓库、输送中转装置、石化生产装置、油码头及飞机火灾等。

③ 抗溶性泡沫灭火剂主要用于扑救甲醇、乙醇、丙酮、乙酸乙酯等一般水溶性可燃易燃液体火灾。聚合性抗溶泡沫灭火剂主要用于扑救极性和非极性可燃易燃液体火灾。多功能型抗溶泡沫灭火剂适用扑救甲醇、乙醇、乙醚、丙酮类火灾。

④ 高倍数泡沫灭火火剂主要适用于扑救非水溶性可燃、易燃液体火灾和一般固体物质火灾以及仓库、地下室、地下管道、矿井、船舶等有限空间火灾。

⑤ 化学泡沫灭火剂中 YP 型化学泡沫灭火剂和 YPB 型化学泡沫灭火剂主要适用于扑救 A 类和 B 类火灾中的非极性液体火灾。YPD 型化学泡沫灭火剂还适用于扑救极性液体火灾。

3. 二氧化碳灭火剂

二氧化碳灭火剂不导电、不含水分、灭火后很快逸散，不留痕迹，不污损仪器设备。所以它主要适用于扑救封闭空间的火灾扑，适用于扑救 A、B、C 类初期火灾，特别适用于扑救 600V 以下的电气设备、精密仪器、图书、资料档案类火灾。

二氧化碳不能扑救锂、钠、钾、镁、锑、钛、铀等金属及其氢化物火灾，也不能扑救如硝化棉、赛璐珞、火药等本身含氧的化学物质火灾。

4. 干粉灭火剂

干粉灭火剂主要应用于固定式干粉灭火系统、干粉消防车和干粉灭火器。

普通干粉灭火剂主要用于扑救各种非水溶性及水溶性可燃、易燃液体火灾，以及天然气和液化气等可燃气体和一般带电设备的火灾。在扑救非水溶性可燃、易燃液体火灾时，可与氟蛋白泡沫联用，可以防止复燃和取得更好的灭火效果。

多用途干粉灭火剂除有效地扑救易燃、可燃液（气）体和电气设备火灾外，还用于扑救木材、纸张、纤维等 A 类固体可燃物质火灾。

5. 烟雾灭火剂

烟雾灭火剂目前是装在烟雾自动灭火装置内，用于扑救 2000m³ 以下的原油、柴油和渣油油罐，以及 1000m³ 航空煤油储罐的火灾。这种自动灭火装置的特点是灭火速度快、不用水、不用电、投资少。

6. 轻金属火灾灭火剂

原位膨胀石墨灭火剂主要应用于扑救金属钠等碱金属火灾和镁等轻金属火灾。灭火应用时，可盛于薄塑料袋中投入燃烧金属上灭火；也可以放在热金属可能发生泄漏处，预防碱金属或轻金属着火；还可盛于灭火器中在低压下喷射灭火。

7150 灭火剂主要灌装在储压式灭火器中，用于扑救镁、铝、镁铝合金、海绵状钛等轻金属火灾。

任务三　使用灭火器

 【案例介绍】

[案例1]　某织布厂车间一台机器发动机过热起火，同时旁边的变电箱也烧了起来，工作人员赶忙用干粉灭火器灭火。由于喷嘴离火源太近，造成火星四射，引燃了周围的纺纱，造成火势失控，车间 25 台机器损坏 24 台，部分纺纱也被烧毁。原本不大的火势，因为灭火器使用不当，小火没灭掉，反而成了大火。

[案例2]　上海某有限公司发生火灾，起火时厂内员工曾经想用灭火器扑救，但因不会使用只能作罢，因而贻误了救火时机。持续一个多小时的大火使周边道路中行人车辆也因交通管制而受到影响。庆幸的是，当时并非上班时间，楼内为数不多的员工出逃及时，未造成人员伤亡。

M4-7　不会使用
灭火器的后果

[案例3]　某服装加工厂共有近 200 名员工，属消防安全重点单位。经消防人员检查，该厂尚未依法履行消防安全职责，如未定期组织员工开展消防安全培训和演练，导致从业人员几乎不掌握灭火器等消防器材使用方法，缺乏消防常识，消防安全意识极其淡薄。消防部门对此下发了《责令改正通知书》。

面临火灾，谁会正确使用相关的灭火器，谁就掌握灭火的主动权，谁就能把灾情减少到最低程度。因此要使我们面前的消防器材不成为摆设，关键时刻拎得起、喷得出，就必须在提高全员的消防安全意识上狠下功夫，应有的放矢地对各种灭火器的性能、使用方法、操作要领进行有针对性的防火演练，使人人都能成为使用消防器材的"熟练工"。

【案例分析】

灭火器是扑灭火灾的有效器具，常见的有手提式轻水泡沫灭火器、手提式干粉灭火器、手提式二氧化碳灭火器等。

正确使用灭火器的四字口诀："拔、握、瞄、扫"。"拔"，即拔掉插销；"握"，即迅速握住瓶把及橡胶软管；"瞄"，即瞄准火焰根部；"扫"，即扫灭火焰部位。用手握住灭火器的提把，平稳、快捷地提往火场。在距离燃烧物 5m 左右地方，拔出保险销。一手握住开启压把，另一手握住喷射喇叭筒，喷嘴对准火源。喷射时，应采取由近而远、由外而里的方法。

另外，要注意：

① 灭火时，人应站在上风处。

② 不要将灭火器的盖与底对着人体，防止盖、底弹出伤人。

③ 不要与水同时喷射在一起，以免影响灭火效果。

④ 扑灭电器火灾时，应先切断电源，防止人员触电。

⑤ 持喷筒的手应握在胶质喷管处，防止冻伤。

● 必备知识

一、灭火器的型号

我国灭火器的型号是按照《消防产品型号编制方法》的规定编制的。它由类、组、特征代号及主要参数几部分组成。具体见表 4-9。

表 4-9 灭火器型号编制一览表

类	组	特征	代号	代号含义
灭火器,M	水,S	清水,Q	MSQ	清水灭火器
	泡沫,P	手提式,S	MP	手提式泡沫灭火器
		舟车式,Z	MPZ	舟车式泡沫灭火器
		推车式,T	MPT	推车式泡沫灭火器
	二氧化碳,T	手轮式,S	MT	手轮式二氧化碳灭火器
		鸭嘴式,Z	MTZ	鸭嘴式二氧化碳灭火器
		推车式,T	MTT	推车式二氧化碳灭火器
	粉末,F	手提式,S	MF	手提式粉末灭火器
		推车式,T	MFT	推车式粉末灭火器
		背负式,B	MFB	背负式粉末灭火器

例如：推车式二氧化碳灭火器 MTT24

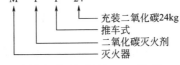

M T T 24
充装二氧化碳24kg
推车式
二氧化碳灭火剂
灭火器

类、组、特征代号用大写汉语拼音字母表示；一般编在型号首位，是灭火器本身的代号。通常用"M"表示。

二、灭火器的结构

灭火器的本体通常为红色，并印有灭火器的名称、型号、灭火级别（灭火类型及能力）、灭火剂以及驱动气体的种类和数量，并以文字和图形说明灭火器的使用方法，如图 4-4 所示。

灭火器是由筒体、器头、喷嘴等部件组成的，借助驱动压力可将所充装的灭火剂喷出，达到灭火的目的。灭火器由于结构简单，操作方面，轻便灵活，使用面广，是扑

图 4-4 常见灭火器

救初起火灾的重要消防器材。

1. 水基型灭火器

水基型灭火器的规格分为三种：3L、6L 和 9L，适用的温度范围为 $-10\sim55℃$、$5\sim55℃$，水基型灭火器成分为：碳氢表面活性剂、氟碳表面活性剂、阻燃剂和助剂。火灾发生时，对着燃烧物喷射后，形成一片细水雾，能够迅速布满火灾现场蒸发大量热量，从而达到降温目的。另外，灭火器内部装有的表面活性剂喷射在燃烧物表面会瞬间形成一层水膜，使可燃物与空气中的氧气隔绝，防止复燃。简单来说就是"降温"与"隔氧"的双重作用。

2. 泡沫灭火器

泡沫灭火器指灭火器内充装的灭火药剂为泡沫灭火剂，又分化学泡沫灭火器和空气泡沫灭火器。化学泡沫灭火器内充装有酸性（硫酸铝）和碱性（碳酸氢钠）两种化学药剂的水溶液。使用时，将两种溶液混合引起化学反应生成灭火泡沫，并在压力的作用下喷射灭火。类型有手提式、舟车式和推车式三种，手提式化学泡沫灭火器如图 4-5 所示。推车式化学泡沫灭火器如图 4-6 所示。

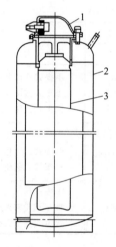

图 4-5　手提式化学泡沫灭火器

1—筒盖；2—筒体；3—瓶胆

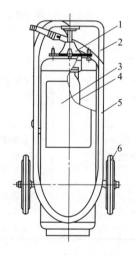

图 4-6　MPT 型推车式化学泡沫灭火器

1—筒盖；2—车架；3—筒体；

4—瓶胆；5—喷射软管；6—车轮

空气泡沫灭火器内部充装 90% 的水和 10% 的空气泡沫灭火剂。依靠二氧化碳气体将泡沫压送至喷射软管，经喷枪作用产生泡沫。按照所装灭火剂种类不同，可分蛋白泡沫灭火器、氟蛋白泡沫灭火器、抗溶性泡沫灭火器和"轻水"泡沫灭火器。虽然它们类型各异，但组成及使用方法大体相似。

3. 干粉灭火器

干粉灭火器以液态二氧化碳或氮气作为动力，将灭火器内干粉灭火药剂喷出而进行灭火。干粉灭火器按充入的干粉药剂分类，有碳酸氢钠干粉灭火器，也称 BC 干粉灭火器；磷酸铵盐干粉灭火器，也称 ABC 干粉灭火器。按加压方式分类有储气瓶式和储压式；按移动方式分类有手提式和推车式。图 4-7 为内置式干粉灭火器，图 4-8 为推车式干粉灭火器。

4. 二氧化碳灭火器

二氧化碳灭火器利用其内部的液态二氧化碳的蒸气压将二氧化碳喷出灭火，有手轮式、

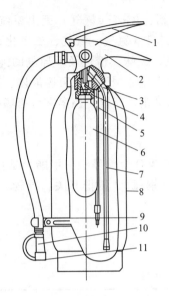

图 4-7　MF 型手提内置式干粉灭火器

1—压把；2—提把；3—刺针；4—密封膜片；5—进气管；

6—二氧化碳钢瓶；7—出粉管；8—筒体；9—喷粉管固定夹箍；

10—喷粉管（带提环）；11—喷嘴

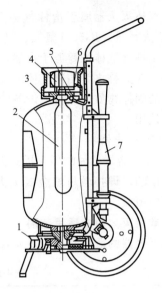

图 4-8　MFT 推车式干粉灭火器

1—出粉管；2—钢瓶；3—护罩；

4—压力表；5—进气压杆；

6—提环；7—喷枪

鸭嘴式二氧化碳灭火器两种（见图 4-9、图 4-10 所示）。

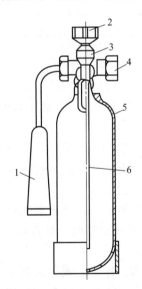

图 4-9　MT 型手轮式二氧化碳灭火器

1—喷筒；2—手轮；3—启闭阀；

4—安全阀；5—钢瓶；6—虹吸管

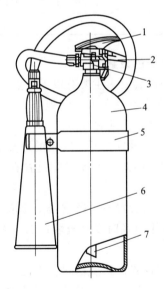

图 4-10　MTZ 型鸭嘴式二氧化碳灭火器

1—压把；2—提把；3—启闭阀；4—钢瓶；

5—长箍；6—喷筒；7—虹吸管

5. 洁净气体灭火器

洁净气体灭火器是一种新型高效的灭火器，具有灭火速度快、电绝缘好、灭火后不污染环境、结构紧凑、质量轻、使用灵活方便，是卤代烷灭火器良好的替代品。

洁净气体灭火器属于惰性气体灭火系统，主要包括：IG01（氩气）灭火系统、IG100（氮气）灭火系统、IG55（氩气、氮气）灭火系统、IG541（氩气、氮气、二氧化碳）灭火系统。由于惰性气体纯粹源于自然，是一种无毒、无色、无味、惰性及不导电的纯"绿色"压缩气体，故又称之为洁净气体灭火系统。洁净气体灭火器适用于扑救可燃液体、可燃气体和可熔化的固体物质以及带电设备的初期火灾，可在图书馆、宾馆、档案室、商场以及各种公共场所使用。

6. 7150灭火器

7150灭火器是一种贮压手提式灭火器。灭火剂主要成分为偏硼酸三甲酯，是扑救D类火灾时使用的，即扑救可燃金属火灾。灭火器由筒身（钢瓶）、压把开关、导管、喷雾头、提把等部件组成。

三、常用灭火器的适用范围

常用灭火器的适用范围见表4-10。

表4-10　常用灭火器的适用范围

火灾类型	适用灭火器
A类火灾	水基型（水雾、泡沫）灭火器、ABC干粉灭火器
B类火灾	水基型（水雾、泡沫）灭火器、BC类或ABC类干粉灭火器、洁净气体灭火器
C类火灾	干粉灭火器、水基型（水雾）灭火器、洁净气体灭火器、二氧化碳灭火器
D类火灾	7150灭火器，也可用干沙、土或铸铁屑粉末代替进行灭火
E类火灾	二氧化碳灭火器、洁净气体灭火器
F类火灾	BC类干粉灭火器、水基型（水雾、泡沫）灭火器

四、灭火器的设置

灭火器的设置要求主要有以下几点。

① 灭火器应设置在明显的地点。灭火器应设置在正常通道上，包括房间的出入口处、走廊、门厅及楼梯等明显地点。

② 灭火器应设置在便于取用的地点。能否方便安全地取到灭火器，在某种程度上决定了灭火的成败。因此，灭火器应设置在没有任何危及人身安全和阻挡碰撞、能方便取用的地点。

③ 灭火器的设置不得影响安全疏散。主要考虑两个因素：一是灭火器的设置是否影响人们在火灾发生时及时安全疏散；二是人们在取用各设置点灭火器时，是否影响疏散通道的畅通。

④ 灭火器设置位置要稳固。手提式灭火器设置在挂钩、托架上或灭火器箱内，其顶部距地面高度应小于1.5m。底部离地面高度不宜小于0.15m。设置在挂钩或托架上的手提式灭火器要竖直向上放置。设置在灭火器箱内的手提式灭火器，可直接放在灭火器箱的底面上，但其箱底面距地面高度不宜小于0.15m。推车式灭火器不要设置在斜坡和地基不结实的地点。

⑤ 灭火器不应设置在潮湿或强腐蚀性的地点或场所。

⑥ 灭火器不应设置在超出其使用温度范围的地点。

⑦ 灭火器的铭牌必须朝外。

● 任务实施

训练内容　正确选择和使用灭火器

一、教学准备/工具/仪器

多媒体教学（辅助视频）

图片展示

典型案例

实物

二、操作规范及要求

① GB 4400—84《手提式化学泡沫灭火器》、GB 4402—1998《手提式干粉灭火器》、GB 4351.1—2005、GB 4351.2—2005、GB 4351.3—2005《手提式灭火器》；

② 熟悉常用灭火设备；

③ 根据燃烧物选择和使用灭火器；

④ 根据典型案例做出分析；

⑤ 正确着装。

三、选择和使用灭火器

（1）初起火灾范围小、火势弱，是用灭火器灭火的最佳时机。使用灭火器应考虑的因素有：

① 灭火器配置场所的火灾种类；

② 灭火器的灭火有效程度；

③ 对保护物品污损程度；

④ 设置点的环境温度；

⑤ 使用灭火器人员的素质；

⑥ 根据不同灭火机理选择不同类型的灭火器；

⑦ 在同一灭火器配置场所应尽量选用操作方法相同的灭火器；

⑧ 在同一灭火器配置场所，应选用灭火剂相容的灭火器。

（2）灭火器选择与使用方法如表 4-11 所示。

表 4-11　灭火器的选择与使用方法

名称	适用范围	手提式使用方法	推车式使用方法
泡沫灭火器	适用于扑救柴油、汽油、煤油、信那水等引起的火灾。也适用于竹、木、棉、纸等引起的初起火灾。不能用来扑救忌水物质的火灾	平稳将灭火器提到火场，用指压紧喷嘴，然后颠倒器身，上下摇晃，松开喷嘴，将泡沫喷射到燃烧物表面	将灭火器推到火场，按逆时针方向转动手轮，开启瓶阀，卧倒器身，上下摇晃几次，抓住喷射管，扳开阀门，将泡沫喷射到燃烧物表面
二氧化碳灭火器	灭火后不留任何痕迹，不导电，无腐蚀性。适用于扑救电气设备、精密仪器、图书、档案、文物等。不能用来扑救碱金属、轻金属的火灾	拔掉保险销或铅封，握紧喷嘴的提把，对准起火点，压紧压把或转动手轮，二氧化碳自行喷出，进行灭火	卸下安全帽，取下喷筒和胶管，逆时针方向转动手轮，二氧化碳自行喷出，进行灭火
干粉灭火器	用于扑救石油产品、涂料、可燃气体、电气设备等火灾	撕掉铅封，拔去保险销，对准火源，一手握住胶管，一手按下压把，干粉自行喷出，进行灭火	先取出喷管，放开胶管，开启钢瓶上的阀门，双手紧握喷管，对准火源，用手压开开关，灭火剂自行喷出，进行灭火

名称	适用范围	手提式使用方法	推车式使用方法
消防栓	使用扑救多种类型的火灾，水是分布最广、使用最方便、补给最容易的灭火剂。不能用于扑救与水能发生化学反应的物质引起的火灾，以及高压电气设备和档案、资料等引起的火灾	将存放消防栓的仓门打开，将水袋取出，平方打开，将阀头接在水袋上，对准火源，双手托起阀头，打开水阀，进行灭火	

手提式干粉灭火器的使用方法如图 4-11 所示。

(a) 取出灭火器

(b) 拔掉保险销

(c) 一手握住压把，
　　一手握住喷管

(d) 对准火苗根部喷射
　　（人站立在上风）

图 4-11　手提式干粉灭火器的使用方法

M4-8　手提式干粉灭火器的使用

任务四　扑救生产装置初起火灾

【案例介绍】

　　[案例1]　四川一化工厂突发大火，厂区近十名工人、百余万元原料设备和成品油受到严重威胁，在消防官兵到达前，化工厂组织员工用厂区消防设施、灭火器材等开展自救，员工运用日常所学消防知识，在避免人员伤亡的同时有效地扼制了火势进一步蔓延，为消防部门最终扑灭大火赢得了时间。

M4-9　火灾初起控制火情

　　[案例2]　某石化企业常减压装置，当班工人在巡检时发现换热区域突然腾起一股青烟，渣油换热器泄漏，并不断向外喷出温度高达 300 多摄氏度、压力为 1.5MPa 的渣油，同空气接触随时可能自燃着火。他们立即组织人员用消防蒸汽对漏油处进行掩护，同时沉着地关闭隔断阀，成功处置了装置的初起火灾。

在火灾发展变化中，火灾初起阶段，燃烧面积小，火势弱，是火灾扑救最有利的阶段，将火灾控制和消灭在初起阶段，就能赢得灭火的主动权，显著减少事故损失，反之就会被动，造成难以收拾的局面。

我们应该了解火灾的发展过程和特点，掌握灭火的基本原则，采取正确扑救方法，在灾难形成之前迅速将火扑灭。

【案例分析】

火场上，火势发展大体经历四个阶段，即初起阶段（起火阶段）、发展阶段（蔓延阶段）、猛烈阶段（扩大阶段）和熄灭阶段。在初起阶段，火灾比较易于扑救和控制，据调查，约有 45％以上的初起火灾是由当事人或义务消防队员扑灭的。

作为石化企业生产一线技术工人，在预防火灾及初期灭火过程中要知道：

① 本公司有几种消防系统及分布情况；

② 各种救火工具的摆放位置；

③ 迅速报火警；

④ 使用灭火器灭火；

⑤ 掌握灭火方法和逃生方法。

● 必备知识

一、灭火的基本原则

1. 先控制，后消灭

（1）建筑物着火　当建筑物一端起火向另一端蔓延时，应从中间控制；建筑物的中间部位着火时，应在两侧控制。同时应以下风方向为主。发生楼层火灾时，应从上面控制，以上层为主，切断火势蔓延方向。

（2）油罐起火　油罐起火后，要采取冷却燃烧油罐的保护措施，以降低其燃烧强度，保护油罐壁，防止油罐破裂扩大火势；同时要注意冷却邻近油罐，防止因温度升高而着火。

（3）管道着火　当管道起火时，要迅速关闭上游阀门，断绝可燃液体或气体的来源；堵塞漏洞，防止气体扩散；同时要保护受火灾威胁的生产装置、设备等。

（4）易燃易爆部位着火　要设法迅速消灭火灾，以排除火势扩大和爆炸的危险；同时要掩护、疏散有爆炸危险的物品，对不能迅速灭火和疏散的物品要采取冷却措施，防止爆炸。

（5）货物堆垛起火　堆垛起火，应控制火势向邻垛蔓延；货区的边缘堆垛起火，应控制火势向货区内部蔓延；中间堆垛起火，应保护周围堆垛，以下风方向为主。

2. 救人重于救灾

救人重于救灾，是指火场如果有人受到火灾威胁，灭火的首要任务就是要把被火围困的人员抢救出来。人未救出前，灭火往往是为打开救人通道或减弱火势对人的威胁程度，从而更好地救人脱险，及时扑灭火灾创造条件。

M4-10　灭火的
基本原则

3. 先重点，后一般

① 人和物比，救人是重点。

② 贵重物资和一般物资相比，保护和抢救贵重物资是重点。

③ 火势蔓延猛烈的方面和其他方面相比，控制火势猛烈的方面是重点。

④ 有爆炸、毒害、倒塌危险的方面和没有这些危险的方面相比，处置有这些危险的方

面是重点。

⑤ 火场的下风方向与上风、侧风方向相比，下风方向是重点。

⑥ 易燃、可燃物品集中区和这类物品较少的区域相比，这类物品集中区域是保护重点。

⑦ 要害部位和其他部位相比，要害部位是火场上的重点。

二、人身起火的扑救方法

在石油化工企业生产环境中，由于工作场所作业客观条件限制，人身着火事故可能因火灾爆炸事故或在火灾扑救过程中引起，也有的由违章操作或意外事故所造成。

① 自救。因外界因素发生人身着火时，一般应采取就地打滚的方法，用身体将着火部位压灭。此时，受害人应保持清醒头脑，切不可跑动，否则风助火势，会造成更严重的后果；衣服局部着火，可采取脱衣、局部裹压的方法灭火。明火扑灭后，应进一步采取措施清理棉毛织品的阴火，防止死灰复燃。

② 化纤织品比棉布织品有更大的火灾危险性，这类织品燃烧速率快，容易粘在皮肤上。扑救化纤织品人身火灾，应注意扑救中或扑灭后，不能轻易撕扯受害人的烧残衣物，否则容易造成皮肤大面积创伤，使裸露的创伤表面加重感染。

③ 易燃可燃液体大面积泄漏引起人身着火，这种情况一般发生突然，燃烧面积大，受害人不能进行自救。此时，在场人员应迅速采取措施灭火。如将受害人拖离现场，用湿衣服、毛毡等物品压盖灭火；或使用灭火器压制火势，转移受害人后，再采取人身灭火方法。使用灭火器灭人身火灾，应特别注意不能将干粉、CO_2 等灭火剂直接对受害人面部喷射，防止造成窒息。也不能用二氧化碳灭火器对人身进行灭火，以免造成冻伤。

④ 火灾扑灭后，应特别注意烧伤患者的保护，对烧伤部位应用绷带或干净的床单进行简单的包扎后，尽快送医院治疗。

● 任务实施

训练内容　生产装置初起火灾的扑救

一、教学准备/工具/仪器

多媒体教学（辅助视频）

图片展示

典型案例

实物

二、操作规范及要求

① GB/T 4968—2008《火灾分类》；

② 掌握灭火的基本原则；

③ 会扑救人身起火，掌握生产装置初起火灾的扑救方法；

④ 根据典型案例做出分析。

三、扑救生产装置初起火灾的基本措施

（1）及时报警

① 一般情况下，发生火灾后应一边组织灭火，一边及时报警。

② 当现场只有一个人时，应一边用通信工具呼救，一边进行处理，必须尽快报警，以便取得帮助。

③ 发现火灾迅速拨打火警电话（图 4-12）。报警时沉着冷静，要讲清详细地址、起火部位、着火物质、火势大小、报警人姓名及电话号码，并派人到路口迎候消防车。

④ 消防队到场后，生产装置负责人或岗位人员，应主动向消防指挥员介绍情况，讲明着火部位、燃烧介质、温度、压力等生产装置的危险状况和已经采取的灭火措施，供专职消防队迅速做出灭火战术决策。

图 4-12　火警电话

（2）调查情况　快速查清着火部位、燃烧物质及物料的来源，具体做到"三查"：

① 查火源——烟雾、发光点、起火位置、起火周边的环境等；

② 查火质——燃烧物的性质（固体物质、化学物质、气体、油料等），有无易燃易爆品，助燃物是什么；

③ 查火势——即查火灾处于燃烧的哪个阶段，5～7min 内为起火阶段，是扑灭火灾的最佳时间；7～15min 内为蔓延阶段；15min 以上为扩大阶段。

（3）根据具体情况，消除爆炸危险　带压设备泄漏着火时，应采取多种方法，及时采取防爆措施。如关闭管道或设备上的阀门，切断物料，冷却设备容器，打开反应器上的放空阀或驱散可燃蒸气或气体等。这是扑救生产装置初起火灾的关键措施。

如油泵房发生火灾后，首先应停止油泵运转，切断泵房电源，关闭闸阀，切断油源；然后覆盖密封泵房周围的下水道，防止油料流淌而扩大燃烧；同时冷却周围的设施和建筑物。

（4）正确使用灭火剂　根据不同的燃烧对象、燃烧状态选用相应的灭火剂，防止由于灭火剂使用不当，与燃烧物质发生化学反应，使火势扩大，甚至发生爆炸。对反应器、釜等设备的火灾除从外部喷射灭火剂外，还可以采取向设备、管道、容器内部输入蒸汽、氮气等灭火措施。

（5）扑灭外围火焰，控制火势发展　扑救生产装置火灾时，一般是首先扑灭外围或附近建筑的燃烧，保护受火势威胁的设备、车间。对重点设备加强保护，防止火势扩大蔓延。然后逐步缩小燃烧范围，最后扑灭火灾。

（6）利用生产装置现有的固定灭火装置冷却、灭火　石油化工生产装置在设计时考虑到火灾危险性的大小，在生产区域设置高架水枪、水炮、水幕、固定喷淋等灭火设备，应根据现场情况利用固定或半固定冷却或灭火装置冷却或灭火。

（7）及时采取必要的工艺灭火措施　对火势较大，关键设备破坏严重，一时难以扑灭的火灾，当班负责人应及时请示，同时组织在岗人员进行火灾扑救。可采取局部停止进料、开阀导罐、紧急放空、紧急停车等工艺紧急措施，为有效扑灭火灾，最大限度降低灾害创造条件。

任务五　防火防爆的安全措施

【案例介绍】

　　某硫酸厂在硫黄仓库内破碎硫黄渣、硫黄块时，使用铁制破碎机破碎硫黄块，运行过程中产生火花，撞击产生的火花能量远远超过硫黄粉的最小点火能量，从而点燃硫黄粉，

引起硫黄粉尘燃烧，且燃烧速率极快，库内被刺激性气体 SO_2 烟雾笼罩，幸好操作人员能果断采取措施及时扑救。此案例虽然没有造成损失，但告诫我们要了解易燃易爆危险场所的防火防爆措施；掌握火源的控制和消除方法，掌握防火防爆的安全措施。

【案例分析】

石油化工生产过程是通过一系列的物理、化学变化完成的，生产原料和产品大多具有易燃易爆、毒害和腐蚀性，生产工艺操纵复杂、连续性强，具有生产危险性大、发生火灾爆炸概率高的特点。因此，防火防爆安全技术对于实现石油化工安全生产、保护职工的安全和健康发挥着重要作用。

防火防爆措施是以技术为主，是借助安全技术来达到劳动保护的目的，同时也要涉及有关劳动保护法规和制度、组织管理措施等方面的问题。

① 直接安全技术措施，即使生产装置本质安全化；

② 间接安全技术措施，如采用安全保护和保险装置等；

③ 提示性安全技术措施，如使用警报信号装置、安全标志等；

④ 特殊安全措施，如限制自由接触的技术设备等；

⑤ 其他安全技术措施，如预防性实验、作业场所的合理布局、个体防护设备等。

● 必备知识

石油化工企业防火防爆的安全措施

1. 火源控制

石油化工生产中，常见的着火源除生产过程本身的燃烧炉火、反应热、电火花等以外，还有维修用火、机械摩擦热、撞击火花、静电放电火花以及违章吸烟等。这些火源是引起易燃易爆物质着火爆炸的常见原因。控制这些火源的使用范围，对于防火防爆是十分重要的。

2. 火灾爆炸危险物的安全处理

① 按物质的物理化学性质采取措施；

② 系统密封及负压操作；

③ 通风置换；

④ 惰性介质保护。

3. 工艺参数的安全控制

石油化工生产中，工艺参数主要是指温度、压力、流量、液位及物料配比等。防止超温、超压和物料泄漏是防止火灾爆炸事故发生的根本措施。

① 温度控制；

② 投料控制；

③ 防止跑冒滴漏；

④ 紧急情况停车处理。

4. 自动控制与安全保险装置

在现代化化工生产中，系统安全保险装置是防止火灾爆炸事故的重要手段之一，能大幅度降低生产的危险度，提高生产的安全系数。安全保险装置按功能可分为以下四类。

（1）报警信号装置　报警信号装置有安全指示灯、器、铃等，当生产中出现危险状态时（如温度、压力、浓度、液位、流速、配比等达到设定危险程度时），自动发出声、光报警信号，提醒操作者，以便及时采取措施，消除隐患。

（2）保险装置　保险装置有安全阀、爆破片、防爆门、放空管等，当生产中出现危险状况时，能自动消除不正常状况，在出现超压危险时能够起跳、破裂或开启而泄压，避免设备破坏。安全阀和爆破片、放空管等保险装置一般安装在锅炉、压力容器及机泵的出口部位。

安全阀亦称单向阀、止逆阀、止回阀。生产中常用于只允许流体按一定的方向流动，阻止在流体压力下降时返回生产流程。有弹簧式安全阀、杠杆式安全阀和静重式安全阀三类（图 4-13～图 4-15）。

M4-11　弹簧式安全阀

图 4-13　弹簧式安全阀

图 4-14　杠杆式安全阀

（3）安全联锁　安全联锁装置有联锁继电器、调节器、自动放空装置。安全联锁对操作顺序有特定的安全要求，是防止误操作的一种安全装置，一般安装在生产中对工艺参数有影响、有危险的部位。例如需要经常打开的带压反应器，开启前必须将器内压力排除，经常频繁操作容易造成疏忽，为此，可将打开孔盖与排除压力的阀门进行联锁，当压力没有排除时，孔盖无法打开。

（4）阻火设备　阻火设备包括安全液封、阻火器、阻火阀门等。

安全液封用于防止可燃气体、易燃液体蒸气逸出着火，起到熄火、阻止火势蔓延的作用。一般用于安装在低于 0.2MPa 的气体管线与生产设备之间，常用的安全液封有敞开式（图 4-16）和封闭式（图 4-17）两种。

图 4-15　静重式安全阀

阻火器内装有金属网（图 4-18）、金属波纹网、砾石（图 4-19）等，当火焰通过狭小孔隙，由于热损失突然增大，致使燃烧不能继续而熄灭。阻火器一般安装在可燃易爆气体、液体蒸气的管线和容器、设备之间或排气管上。

阻火阀门（图 4-20、图 4-21）用于防止火焰沿通风管道或生产管道蔓延。自动阻火阀门一般安装在岗位附近，便于控制。对只允许液体向一定方向流动、防止高压窜入低压及防止回头火时，可采用单向阀。

5. 安全设计

安全生产，首先应当强调防患于未然，把预防放在第一位。石油化工生产装置在开始设计时，就要重点考虑安全，其防火防爆设计应遵守现行国家有关标准、规范和规定。

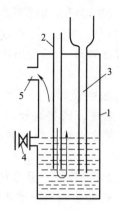

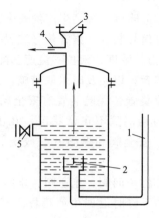

图 4-16　敞开式液封

1—外壳；2—进气管；3—安全管；

4—验水栓；5—气体出口

图 4-17　封闭式液封

1—气体进口；2—单向阀；3—防爆膜；

4—气体出口；5—验水栓

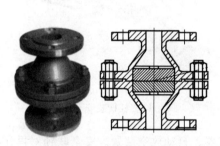

图 4-18　金属网阻火器

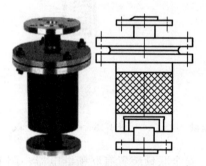

图 4-19　砾石阻火器

M4-12　阻火器

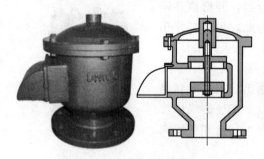

图 4-20　防爆阻火呼吸阀

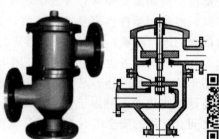

图 4-21　带双接管呼吸阀

M4-13　罐顶
呼吸阀

● 任务实施

训练内容　着火源控制与消除

一、教学准备/工具/仪器

多媒体教学（辅助视频）

图片展示

典型案例

实物

二、操作规范及要求

① GB 50183—2015《石油天然气工程设计防火规范》；

② 掌握火灾、爆炸的基本规律；

③ 掌握火源的控制和消除方法；

④ 根据典型案例做出分析。

三、着火源控制与消除方法

1. 明火的控制

明火的控制措施如表 4-12 所示。

表 4-12　明火的控制措施

类型	安全措施
明火作业	1. 划定厂区的禁火区域,设置安全标志 2. 制定动火制度,严格执行动火施工安全措施和审批手续 3. 禁止在能形成爆炸性混合物的危险场所动火
明火炉灶	1. 禁止在能形成爆炸性混合物的危险场所设置明火炉灶 2. 明火灶与生产工艺装置、储运装置等的防火间距,应符合安全规定间距 3. 禁火区域设置临时明火炉灶,应取得批准

2. 火花电弧的控制与消除

火花电弧的控制与消除措施如表 4-13 所示。

表 4-13　火花电弧的控制与消除措施

类型	安全措施
摩擦撞击火花	1. 散发较空气重的可燃气体、蒸气的甲类生产车间以及有粉尘、纤维爆炸危险的乙类生产车间应采用不发生火花的地面 2. 在能形成爆炸性混合物的危险场所,禁止砂轮打磨等产生火花的工作 3. 在盛有可燃易爆介质的容器、设备管线上插盲板,禁用铁器工具
焊接切割火花	1. 严禁在能形成爆炸性混合物的危险场所进行切割与焊接作业 2. 严格执行动火制度及其施工安全措施和审批手续
电气设备火花	1. 爆炸危险场所应按安全规定选用电气设备 2. 正常情况下不能形成,而仅在不正常情况下才能形成爆炸性混合物的场所临时使用非防爆电气设备,应同样办理动火批准手续
静电放电火花	1. 可燃气体、易燃液体的设备、管道等应进行防静电接地 2. 可燃气体、易燃液体的流速应符合安全规定 3. 氧气的流速应安全规定执行

3. 炽热物体的控制与消除

炽热物体的控制与消除措施如表 4-14 所示。

表 4-14 炽热物体的控制与消除措施

序号	安全措施
1	在能形成爆炸性混合物的危险场所不得携带或从事有烙铁、熔融沥青、金属等炽热物体的施工、检修工作
2	在能形成爆炸性混合物的危险场所动火,要办理动火手续,采取可靠的安全措施,方可进行
3	不允许在化工生产岗位的暖气片上烘烤油污的手套、衣服等可燃物品
4	易燃易爆场所严禁使用和安装电热器具、高热照明器具

"1+X"考证练习

一、使用干粉灭火器灭火

1. 准备要求

材料准备（见表 4-15）

表 4-15 材料准备清单

序号	名称	规格	数量	备注
1	油盘	直径 0.5m、深 200mm 圆盘	1个	先往油盘加入约 90mm 深的水再加入 30mm 深的 70 号汽油
2	干粉灭火器	6kg	若干	
3	点火盆		1个	
4	点火棍		1个	
5	汽油、柴油		若干	
6	灭火布		1个	

2. 操作考核规定及说明

（1）操作程序说明

① 携带灭火器跑至喷射线；

② 操作灭火器向油盘喷射；

③ 携带灭火器冲出终点线。

（2）考核规定说明

① 如操作违章或未按操作程序执行操作，将停止考核。

② 考核采用百分制，考核项目得分按鉴定比重进行折算。

③ 考核方式说明：该项目为实际操作，考核过程按评分标准及操作过程进行评分。

④ 考核技能说明：本项目主要考核学生对干粉灭火器操作的熟练程度。

3. 考核时限

① 准备时间：1min（不计入考核时间）。

② 正式操作时间：50s（从听到"开始"口令至举手示意喊"好"为止）。

③ 提前完成操作不加分，到时停止操作考核。

4. 评价标准及记录表（见表 4-16）

表 4-16　使用干粉灭火器灭火记录表　　　　　考核时间：50s

序号	考核内容	考核要点	分数	评分标准	扣分	得分	备注
1	携带灭火器跑至喷射线	奔跑中拔出保险销跑动中灭火器不能触地	10	未拔出保险销扣10分灭火器触地扣5分			
		灭火器底部不得正对人体	10	灭火器底部对着人体扣10分			
2	操作灭火器向油盘喷射	右手握住开启压把	10	未握住开启压把扣10分			
		左手握住喷枪	10	未握住喷枪扣10分			
		用力捏紧开启压把	8	未捏紧开启压把扣8分			
		对准油盘内壁左右喷射使火焰完全熄灭	10	未对准内壁扣5分未左右喷射扣5分火焰未完全熄灭不计成绩			
		应占据上风或侧上风位置	10	未占据上风或侧上风位置扣10分			
		灭火中应拉下头盔面罩	10	未拉下头盔面罩扣10分			
		戴手套操作	10	未戴手套操作扣10分			
3	携带灭火器冲出终点线	灭火器不能触地	7	灭火器触地扣7分			
		冲出终点线后举手示意喊好	5	未举手示意喊好扣5分			
4	安全文明操作	按国家或企业颁发有关安全规定执行操作		每违反一项规定从总分中扣5分严重违规取消考核			
5	考核时限	在规定时间内完成		到时停止操作考核			
	合计		100				

二、防火防爆的安全设施识别

1. 准备要求

设备准备见表 4-17。

2. 操作考核规定及说明

（1）操作程序

① 根据要求选择阻火器、安全阀、阻火呼吸阀类别，解释各符号含义，并对符号进行综合表述。

② 叙述阻火器、安全阀、阻火呼吸阀主要结构零部件。

③ 叙述阻火器、安全阀、阻火呼吸阀工作原理。

④ 叙述阻火器、安全阀、阻火呼吸阀用途。

⑤ 说明阻火器、安全阀、阻火呼吸阀开关动作情况。

表 4-17　设备准备清单

序号	名称	规格	数量	备注
1	汽车阻火器		1个	
2	砾石阻火器		1个	
3	金属网阻火器		1个	
4	弹簧式安全阀		1个	选用阻火器、安全阀、阻火
5	杠杆式安全阀		1个	呼吸阀种类视现场情况确定
6	静重式安全阀		1个	
7	防爆阻火呼吸阀		1个	
8	带双接管呼吸阀		1个	

⑥ 维护保养和操作注意事项。

（2）考核规定及说明

① 表述清楚、简洁明了。

② 回答问题思路清晰。

③ 考核采用百分制。

（3）考核方式说明　该项目为现场口述，考核过程按评分标准及操作过程进行评分。
重点考查认知、了解、熟悉程度。

3. 考核时限

① 准备时间：1min（不计入考核时间）。

② 一人正式操作时间：4min。

③ 提前完成操作不加分，每超时 10s 从总分中扣 2 分，超时 30s 停止操作考核。

4. 评分记录表（见表 4-18）。

表 4-18　防火防爆设备识别考核记录表　　　考核时间：4min

序号	考核内容	考核要点	分数	评分标准	得分	备注
1	选择设备	1. 识别、选择设备类别 2. 解释设备符号含义，表述正确	40	识别设备类型，错一次扣 5 分 未正确选择阀门扣 40 分 设备符号的义解释错一处扣 2 分 表述设备错误一处扣 2 分，未表述扣10 分		
2	主要结构	叙述设备主要结构	15	设备的主要结构,错漏一处扣 2 分		
3	原理、用途	叙述设备工作原理、用途	20	设备工作原理错误扣 10 分 设备用途错误扣 10 分 开关方向错误各扣 5 分		
4	维护保养	叙述维护保养和操作注意事项	20	维护保养错误一处扣 2 分 操作注意事项错漏一处扣 2 分		
5	文明叙述	穿戴劳保，表述清楚	5	劳保穿戴齐全，未穿戴扣 2 分 回答时口齿清楚，声音洪亮，未做到扣3 分		
6	考核时限	在规定时间内完成		要求在 4min 内完成，每超时 10s 扣 2分，超时 30s 停止操作，未完成步骤不得分		
	合计		100			

三、单选题

1. 在危险化学品分类中，硫化氢属于（　　）。

A. 毒性气体 　　　　B. 爆炸品 　　　　C. 易燃气体 　　　　D. 易燃液体

2. 在危险化学品分类中，乙烯属于（　　）。

A. 毒性气体 　　　　B. 爆炸品 　　　　C. 易燃气体 　　　　D. 易燃液体

3. 某装置在正常运转时，可能会出现爆炸性气体混合物，按照我国有关国家标准规定，应该按爆炸危险区域考虑设计，以下情况中可以划为非爆炸区域的是（　　）。

A. 易燃物质可能出现的最高浓度不超过爆炸下限值的 10%

B. 因为只是可能会出现，属于偶然机会，所以可以不予考虑

C. 露天或敞开式装置，任何地方都可以不作为防爆区

D. 当地主管部门没有强调提出要求

4. 如果想知道所使用的化学品是否易燃，可参考有关的物料安全资料表（俗称 MSDS）内哪一项资料？（　　）

A. 分子量 　　　　B. 蒸汽压力 　　　　C. 闪点 　　　　D. 密度

5. 以下说法错误的是（　　）。

A. 节点的划分没有统一的标准

B. 爆破片、安全阀是常见的保护措施

C. HAZOP 分析仅适用于设计阶段

D. HAZOP 分析是工艺危害分析的重要方法之一

6. 工艺安全管理系统可分为（　　）三个方面。

A. 技术方面、设备方面、人员方面

B. 技术方面、设备方面、环境方面

C. 设备方面、人员方面、环境方面

D. 技术方面、环境方面、人员方面

7. 工艺安全的侧重点是（　　）。

A. 工艺系统或设施本身 　　　　　　B. 安全措施

C. 可能原因 　　　　　　　　　　　D. 后果

8. 作业步骤"开车"，操作行为"打开浸取罐甲醇进料口阀门"，偏差"没有打开浸取罐甲醇进料口阀门"，风险"导致甲醇泵启动后憋压损坏，密封垫破裂，出现甲醇泄漏，遇见明火或静电火花易出现火灾爆炸，造成人员伤亡"，导致偏差出现的因素是（　　）。

A. 管道未连接静电导出装置或导出装置失效

B. 开泵时，油气混合物瞬间冲击过大，导致密封圈泄漏

C. 操作人员之间沟通不到位

D. 阀门开度过大

9. 下列属于工艺设备的危险有害因素的是（　　）。

A. 紧急集合点位于工艺区下风向 　　　　B. 反应釜未设置压力报警装置

C. 设备耐火等级与建筑不符 　　　　　　D. 控制室与工艺区靠太近

10. 在初始事件和失事点之后，用于降低或缓和后果事件的影响，例如：消防水喷淋系统、泡沫灭火系统，都属于（　　）。

A. 预防性保护措施 　　　　　　　　B. 减缓性保护措施

C. 限制和控制措施　　　　　　　　D. 应急性保护措施

归纳总结

根据燃烧的三要素，燃烧爆炸的发生三个条件必须同时具备、相互作用、缺一不可。所以最理想的原则是把这三个要素同时消灭控制，但不经济，有时也不可能。火源很难控制，特别是一些静电火花。

一旦发生火灾，灭火剂和灭火器是必不可少的，它可以通过冷却、窒息、隔离及化学抑制达到破坏燃烧条件、终止燃烧的目的。灭火剂的类型有多种，有水、泡沫、干粉、二氧化碳等。灭火器按其移动方式可分为手提式和推车式；按驱动灭火剂的动力来源可分为储气瓶式、储压式、化学反应式；按所充装的灭火剂则又可分为泡沫、干粉、卤代烷、二氧化碳、酸碱、清水等，可以扑救各种不同类型的火灾。

要防止火灾爆炸事故，就应根据物质燃烧和爆炸原理，采取各种有效安全技术措施，比如可燃性粉尘处于堆积状态或处于在容器中密集收存的状态时，是不会爆炸的。

根据火灾发展过程的特点，应采取如下基本技术措施：

① 以不燃溶剂代替可燃溶剂；

② 密闭和负压操纵；

③ 透风除尘；

④ 惰性气体保护；

⑤ 采用耐火建筑；

⑥ 严格控制火源；

⑦ 阻止火焰的蔓延；

⑧ 抑止火灾可能发展的规模。

根据爆炸过程的特点，防爆主要应采取以下措施：

① 防止爆炸性混合物的形成；

② 严格控制点火能源；

③ 及时泄出燃爆开始时的压力；

④ 切断爆炸传播途径；

⑤ 减弱爆炸压力和冲击波对人员、设备和建筑物的破坏。

巩固与提高

一、填空题

1. 化学品的燃烧需要三要素：（　　）、（　　）和（　　）。缺少其中任何一个，燃烧便不能发生。

2. 通常，一般可燃物质在含氧量低于 14% 的空气中不能燃烧。目前大量的灭火剂以及灭火方法都是利用隔绝空气或降低空气中氧气含量的方法实现（　　）。

3. 爆炸是指一个物系从一种状态转化为另一种状态，并在瞬间以机械功的形式放出大量能量的过程。爆炸分（　　）爆炸和（　　）爆炸。

4. 通常的爆炸极限是在常温、常压的标准条件下测定出来的，它随温度、压力的变化而变化。爆炸极限的范围越宽，爆炸下限越低，爆炸危险性（　　）。

5. 固体物质形成持续燃烧的最低温度被称为（　　　），它是评价固体物质危险性的重要特征参数之一。

6. 液态危险化学品的火灾爆炸危险主要来自常温下极易着火燃烧的液态物质，即易燃液体。这类物质大都是有机化合物，其中很多属于石油化工产品。我国规定，凡是闪点低于（　　　）的都属于易燃液体。

7. 易燃液体的（　　　）越低，火灾危险性就越大；比重（相对密度）越小，沸点越低，其蒸发速度越快，火灾危险性就越大。

8. 扑救毒害性、腐蚀性或燃烧产物毒害性较强的易燃液体火灾，扑救人员必须（　　　），采取防护措施。

9. 在灭火器型号中灭火剂的代号：（　　　）代表泡沫灭火剂；F 代表（　　　）灭火剂；T 代表（　　　）灭火剂。

10. 火灾按着火可燃物类别，一般分为五类：（　　　）火灾；（　　　）火灾；（　　　）火灾；（　　　）和金属火灾。

11. 广泛应用的灭火剂主要有（　　　）、（　　　）、（　　　）、（　　　）、卤代烷及特种灭火剂。

12. 防火防爆的基本措施主要有（　　　），工艺过程的安全控制和（　　　）。

13. 生产的火灾危险性分为以下五类，请填全下表。

类别	特　征
甲	1. 闪点<（　　　）的易燃液体 2. 爆炸下限<（　　　）的可燃气体 3. 常温下能自行分解或在空气中氧化即能导致迅速自燃或爆炸的物质 4. 常温下受到水或空气中水蒸气的作用，能产生可燃气体并能引起燃烧或爆炸的物质 5. 遇酸、受热、撞击、摩擦以及遇有机物或硫黄等易燃无机物，极易引起燃烧或爆炸的物质 6. 受到撞击摩擦或与氧化剂有机物接触时能引起燃烧或爆炸的物质 7. 在压力容器内物质本身温度超过自燃点的生产
乙	1. （　　　）≤闪点<（　　　） 2. 爆炸下限≤10％的可燃气体 3. 助燃气体和不属于甲类的（　　　） 4. 不属于甲类的化学易燃危险固体 5. 排出浮游状态的可燃纤维或粉尘，并能与空气形成爆炸性混合物
丙	1. 闪点≥60℃的可燃液体 2. 可燃（　　　）
丁	具有下列情况的生产 1. 对非燃烧物质进行加工，并在高热或熔化状态下经常产生（　　　）热、火花、火焰的生产 2. 利用气体、液体、固体作为燃料或将气体、液体进行燃烧作其他用的各种生产 3. 常温下使用或加工难燃烧物质的生产
戊	（　　　）使用或加工非燃烧物质的生产

二、选择题

1. 使用二氧化碳灭火器时，人应站在（　　　）。

A. 上风位　　　　　　　　B. 下风位　　　　　　　　C. 无一定位置

2. 使用水剂灭火器时，应射向火源哪个位置才能有效将火扑灭？（　　）

A. 火源底部　　　　　　　B. 火源中间　　　　　　　C. 火源顶部

3. 下列哪种灭火器不适用于扑灭电器火灾？（　　）

A. 二氧化碳灭火器　　　　B. 干粉剂灭火剂　　　　　C. 泡沫灭火器

4. 如果因电器引起火灾，在许可的情况下，你首先必须（　　）。

A. 找寻适合的灭火器扑救　　B. 将有开关的电源关掉　　C. 大声呼叫

5. 爆炸现象的最主要特征是（　　）。

A. 温度升高　　　　　　　B. 压力急剧升高　　　　　C. 周围介质振动

三、判断题

1. 火灾通常指违背人们的意志，在时间和空间上失去控制的燃烧所造成的灾害。
（　　）

2. 粉尘对人体有很大的危害，但不会发生火灾和爆炸。（　　）

3. 火灾发生后，如果逃生之路已被切断，应退回室内、关闭通往燃烧房间的门窗，并向门窗上泼水减缓火势发展，同时打开未受烟火威胁的窗户，发出求救信号。（　　）

4. 发生火灾时，基本的正确应变措施是：发出警报，疏散，在安全情况下设法扑救。
（　　）

5. 火灾致命的最主要原因是人被人践踏。（　　）

6. 车间抹过油的废布废棉丝不能随意丢放，应放在废纸箱内。（　　）

7. 所有灭火器必须锁在固定物体上。（　　）

8. 为防止易燃气体积聚而发生爆炸和火灾，储存和使用易燃液体的区域要有良好的空气流通。（　　）

9. 为防止发生火灾，在厂内显眼的地方要设有严禁逗留标志。（　　）

四、简答题

1. 什么叫闪点？闪点与火灾危险性有什么关系？

2. 什么叫爆炸极限、爆炸范围？爆炸极限和爆炸范围与爆炸危险性有什么关系？

3. 什么叫自燃点？自燃点在防火中有何意义？

4. 石油化工火灾的特点是什么？

5. 灭火基本原理是什么？

6. 灭火剂的作用有哪些？

7. 哪些火灾不能用水扑救？（答出五类）

8. 生产装置初起火灾如何扑救？

五、综合分析题

某化工厂在生产对硝基苯甲酸过程中发生爆燃火灾事故，当场烧死2人，重伤5人，数日后又有2名伤员因抢救无效死亡。

当日下午3点左右，当班生产副厂长王某组织8名工人接班工作，接班后氧化釜继续通氧氧化，当时釜内工作压力0.75MPa，温度160℃。不久，工人发现氧化釜搅拌器传动轴密封填料处发生泄漏，当班班长文某在观察泄漏情况时，被泄漏出的物料溅到了眼睛，文某就离开现场去冲洗眼睛。之后工人刘某、李某在副厂长王某的指派下，用扳手直接去紧搅拌轴密封填料的压盖螺栓来处理泄漏问题，当工人刘某、李某对螺母上紧了几圈后，物料继续泄漏，且螺杆也跟着转动，无法旋紧，经副厂长王某同意，工人刘某将手中的2只扳手交给在现场的工人陈某，自己去修理间取管钳，当刘某离开操作平台约45s左右，操作平台上发生爆燃，接着整个生产车间起火。当班工人除文某、刘某离开生产车间之外，其余7人全部陷入火中，副厂长王某、工人李某当场烧死，陈某、星某在医院抢救过程中死亡，3人重伤。

1. 单项选择题

(1) 这起事故中，可以肯定泄漏物（　　）。

A. 产生了射流

B. 与空气形成爆炸性混合气体

C. 与压盖螺栓摩擦产生了静电

D. 与空气混合后发生激烈氧化而燃烧

(2) 这起事故中，可以肯定工人陈某用扳手紧压盖螺栓时（　　）。

A. 产生了静电　　　　B. 拧错了方向　　　　C. 速度太快　　　　D. 产生了火花

2. 多项选择题

(3) 由上述可以看出，操作工人（　　）。

A. 没有劳动保护

B. 不懂得安全操作规程

C. 根本不认识化工生产的危险特点

D. 不知道本企业生产的操作要求，尤其对如何处理生产中出现的异常情况更是不懂

(4) 这起事故中，生产副厂长王某（　　）。

A. 应负有直接责任　　B. 违章指挥　　　　C. 处理不当　　　　D. 没有责任

3. 简答题

(5) 根据上述材料，分析事故的直接原因。

六、阅读资料

2005年11月13日，吉林石化公司双苯厂苯胺二车间化工二班一操作工替休假的硝基苯精馏岗位内操顶岗操作。该岗位工作内容是根据硝基苯精馏塔T102塔釜液组成分析结果，进行重组分的排残液操作。10时10分，该操作工进行排残液操作，在进行该项操作前，错误地停止了硝基苯初馏塔T101进料，但没有按照规程要求关闭硝基苯进料预热器E102加热蒸汽阀，导致硝基苯初馏塔进料温度升高，在15min时间内温度超过150℃量程上限，超温过程一直持续到11时35分。

在11时35分左右，该操作工回到控制室发现超温，关闭了硝基苯进料预热器蒸汽阀，硝基苯初馏塔进料温度开始下降，13时25分降至130.4℃。

13时21分，该操作工在T101进料时，再一次操作错误，没有按照"先冷后热"的原则进行操作，而是先开启进料预热器的加热蒸汽阀，7min后，进料预热器温度再次超过150℃量程上限。13时34分启动了硝基苯初馏塔进料泵向进料预热器输送粗硝基苯，当温度较低的26℃粗硝基苯进入超温的进料预热器后，由于温差较大，加之物料急剧气化，造成预热器及进料管线法兰松动，导致系统密封不严，空气被吸入到系统内，与T101塔内可燃气体形成爆炸性气体混合物，硝基苯中的硝基酚钠盐受震动首先发生爆炸，继而引发硝基苯初馏塔和硝基苯精馏塔相继发生爆炸，而后引发装置火灾和后续爆炸。

　　本次事故造成 8 人死亡、1 人重伤、59 人轻伤。在事故发生时，在现场作业和巡检的 6 名员工当场死亡；与双苯厂一墙之隔的吉林市吉丰农药有限公司一名员工在本单位厂房内作业时受爆炸冲击受伤，经抢救无效死亡；吉化集团通信公司一名员工在距双苯厂 1000m 以外的吉林市热电厂附近的徐州路上骑摩托车时被爆炸碎片击成重伤，经抢救无效于 12 月 1 日死亡。在受伤人员中有 23 名双苯厂员工，其他为企业外人员。

　　本次爆炸直接涉及的设备有硝基苯初馏塔 T101、硝基苯精馏塔 T102、粗硝基苯罐 2 个、硝酸罐 2 个、苯胺水罐、精硝基苯罐、空气罐、氮气罐、氢气缓冲罐、苯胺水捕集器 2 个、管架和原料罐区精硝基苯罐、苯罐 2 个，爆炸事故造成周边的企业和居民住宅门窗一定程度的破坏并引发松花江水污染事件。此次爆炸直接经济损失为 6908.28 万元，其中财产损失合计 5082.71 万元，人身伤亡后所支出的费用合计 283.76 万元，善后处理费用（含赔偿费用）合计 1541.81 万元。

项目五
防止现场触电伤害

任务一　安全用电

【案例介绍】

[案例1]　某化工厂异丙苯车间烃化工段后处理岗位 5 名工人，负责清洗烃化工段主框架 3 楼平台回收苯塔的第一冷凝器，须使用水压喷雾器，泵的电源通过临时电源拖线板提供。为此，车间安全员安排 1 名工人请值班电工拆装电器。但是这名工人领了一支新插头，自己进行更换。结果把地线接于相线接头上，使相线与地线错位，造成泵的外壳带电，致使 1 名工人触电，经抢救无效死亡。

M5-1　触电案例

[案例2]　2000 年 11 月 4 日上午，安徽省某化肥厂合成氨车间碳化工段的氨水泵房 1# 碳化泵电机故障。当班工人按照工段长安排，通知值班电工切断电源，拆除电线，并把电机抬到电机维修班抢修。16 时 30 分左右，电机修好运回泵房。维修组组长找来铁锤、扳手、垫铁，准备磨平基础，安放电机。当他正要在基础前蹲下作业时，一道弧光将他击倒。同伴见状，急忙将他拖出现场，送往医院治疗。检查结果显示左手臂、左大腿部皮肤被电弧烧伤，深及Ⅱ度。

[案例3]　2008 年 12 月 29 日下午 14 时 34 分，正在当班的安庆石化炼油一部催化裂解装置运行一班操作人员正准备对装置进行设备维护和巡回检查，突然，主控制室的灯光眨了一下"眼"，"不好，晃电"，现场几乎所有的操作人员不约而同地惊呼一声。大家立刻冲到操作台前，逐个排查装置运行状况，快速将备用泵启动起来。与此同时，气压机转速急速下降，汽轮机入口中压蒸汽、出口蒸汽压力、净化风系统压力也开始下降并报警。领导和相关技术人员闻讯后，纷纷赶到裂解操作室，指导和协助操作人员处理这一突发事件。15 时 15 分情况得到控制，中压蒸汽压力和净化风、非净化风压力开始止跌回升，装置终于化险为夷。

　　电本身看不见、摸不着，具有潜在的危险性，不遵守安全操作规程，会造成意想不到的电气故障，导致人身触电、电气设备损坏，甚至引起重大事故。

【案例分析】

　　操作工使用电器时存在以下几种倾向：一是表现出胆怯紧张，不敢触及电器，怕触电；

二是胆大乱动无知，不计后果；三是出现电气问题及发生触电现象，束手无策。

触电事故没有预兆，往往不是单一的原因，有组织管理方面的因素，也有工程技术方面的因素；有不安全行为方面的因素，也有不安全状态方面的因素。由于生产组织形式、生产方式和用电状态的变化，生产操作者应经常进行有关用电安全常识教育，企业要建立相关的制度，防止发生事故。

保证安全用电的基本条件是：

① 严格的电气安全管理制度；

② 完整的电气作业安全措施；

③ 细致的电气安全操作规程；

④ 用电人员素质的培养及提高；

⑤ 确保电气设备、元件、材料产品质量；

⑥ 确保电气工程的设计质量和安装质量；

⑦ 加强防止自然灾害侵袭的能力及措施；

⑧ 普及安全用电常识。

● 必备知识

一、石油、化工企业用电特点

① 生产工艺的特殊性对供电的可靠性、连续性要求非常高，电力系统稍有不慎就可能引发生产装置很严重的安全事故、很大的环境破坏、巨大的经济损失，进而有可能成为诱发社会不安定因素。

② 电力网结构复杂，变配电站多而且分布很散，高压输电线路纵横交错，厂区内电缆系统庞大。

③ 大型炼化企业总的用电负荷比较大，一般超过 80MW，内部电网包括输电、发电、变电、配电、用电五个环节。

④ 负荷相对平稳及三相电相对平稳。

⑤ 负荷以异步电动机为主。

⑥ 大型电动机启动次数很少，但启动时间却较长。

⑦ 具有企业自备热电厂，双电源双运行供配电方式。

二、保证安全用电的基础要素

1. 电气绝缘

电气绝缘就是使用不导电的物质将带电体隔离或包裹起来，以对触电起保护作用的一种安全措施。保持配电线路和电气设备的绝缘良好，是保证人身安全和电气设备正常运行的最基本要素。绝缘通常可分为气体绝缘、液体绝缘和固体绝缘三类。在实际应用中，固体绝缘仍是最为广泛使用，且最为可靠的一种绝缘物质。表 5-1 列举了常用安全用电工具。

表 5-1　常用安全用电工具

分类			举例
安全用电工具	绝缘安全	基本安全用具	如高压绝缘棒、高压验电器、绝缘夹钳等
		辅助安全用具	如绝缘手套、绝缘靴(鞋)、绝缘垫、绝缘台等
	一般安全用具		携带型接地线、防护眼镜、临时遮栏、安全帽、安全带、标志牌，以及梯子、脚扣、脚踏板等登高工具

2. 屏护和安全距离

屏护包括屏蔽和障碍，是指能防止人体有意、无意触及或过分接近带电体的遮栏、护罩、护盖、箱匣等装置，是将带电部位与外界隔离，防止人体误入带电空间的简单、有效的安全装置。例如：开关盒、母线护网、高压设备的围栏、变配电设备的遮栏等。

安全距离是指人体、物体等接近带电体而不发生危险的安全可靠距离。如各种线路的安全间距，变、配电设备的安全间距，各种用电设备的安全间距，检修、维护时的安全间距。表 5-2 表示的是电气工作人员工作中正常活动范围与带电设备的安全距离。

表 5-2　电气工作人员工作中正常活动范围与带电设备的安全距离

电压	10kV 及以下	20～35kV	44kV	60～110kV	154kV	220kV
距离	0.35m	0.60m	0.90m	1.50m	2.00m	3.00m

3. 安全载流量

在规定条件下，导体能够连续承载而不致使其稳定温度超过规定值的最大电流。载流量与导体的布置方式，环境温度，绝缘材料等有关。导体的发热若超过允许值，导致绝缘将损坏，甚至引起漏电和发生火灾。因此，根据导体的安全载流量确定导体截面和选择设备是十分重要的。

图 5-1　用电安全标志举例

4. 标志

明显、准确、统一的标志是保证用电安全的重要因素。标志一般有颜色标志、标示牌标志和型号标志等。颜色标志表示不同性质、不同用途的导线；标示牌标志一般作为危险场所的标志（如图 5-1 所示）；型号标志作为设备特殊结构的标志。

依照国标《住宅装饰装修工程施工规范》（GB 50327—2001），在配线时，相线与零线的颜色应不同；同一住宅相线（L）颜色应统一，零线（N）宜用蓝色，保护线（PE）必须用黄绿双色线。电路导线颜色见表 5-3。

M5-2　导线颜色

表 5-3　电路导线颜色

电路	A 相	B 相	C 相	零线或中性线(N)	安全用的接地线(PE)
颜色	黄色	绿色	红色	淡蓝色	黄和绿双色

三、安全电压

在各种不同环境和条件下，人体接触有一定电压的带电体后，其各部分组织（如皮肤、心脏、呼吸器官、神经系统等）不受到任何伤害，该电压称为安全电压。国标 GB/T

3805—2008 按国际惯例将其定义为：特低电压（ELV）限值，并用表 5-4 作全面精确标识。

表 5-4 正常和故障状态下稳定电压的限制

环境状况	电压限值/V					
	正常（无故障）		单故障		双故障	
	交流	直流	交流	直流	交流	直流
皮肤阻抗和对地电阻均忽略不计（如人体浸没水中）	0	0	0	0	16	35
皮肤阻抗和对地电阻降低（如潮湿条件）	16	35	33	70	不适用	
皮肤阻抗和对地电阻均不降低（如干燥条件）	33①	70②	55①	140②	不适用	
特殊状况（如电焊、电镀）	特殊应用					

① 对接触面积小于 1cm² 的不可握紧部件，电压限值分别为 66V，80V；

② 对电池充电，电压限值分别为 75V，150V。

在需要电击防护的地方，采用不高于《特低电压（ELV）限值》GB/T 3805—2008 中规定的不同环境下正常和故障状态时的电压限值（见表 5-4），则不会对人体构成危险。

在地面正常环境下，成年人人体的电阻为 $1\sim2k\Omega$，发生意外时通过人体的电流按安全电流 30mA 计算，则相应的对人体器官不构成伤害的电压限制为：无故障时交流电为 33V、直流电为 70V；单故障时交流电为 55V、直流电为 140V。

在潮湿环境下人体电阻大为降低，约为 650Ω，无故障正常状态下的电压限值为：交流电 16V、直流电 35V。

四、连锁保护与漏电保护器

图 5-2 漏电保护开关

连锁保护是为了防止误操作、误入带电间隔等造成触电事故而设置的安全连锁保护装置。

漏电保护器又称漏电断路器、漏电开关，主要是在设备发生漏电故障时以及有致命危险时的触电进行人身保护。具有过载和短路保护功能，可用来保护线路或电动机的过载和短路，亦可在正常情况下作为线路的不频繁转换启动之用。电网有接地时，漏电保护器能正常工作。

按其保护功能和用途可分为漏电保护继电器、漏电保护开关和漏电保护插座三种。图 5-2 所示为漏电保护开关。

五、接地与接地装置

接地是在系统、装置或设备的给定点与大地之间做电连接，就是把设备的某一部分通过接地装置同大地紧密连接起来。接地是最古老的电气安全措施。到目前为止，接地仍然是应用最广泛的电气安全措施之一。

1. 电气接地的作用

接地的作用主要是防止人身遭受电击、设备和线路遭受损坏、预防火灾和防止雷击、防止静电损害和保障电力系统正常运行。

2. 接地的类型

常用的有保护接地、工作接地、重复接地、防雷接地、屏蔽接地、防静电接地等。

为了保障人身安全，防止触电事故，将电气设备外露可导电部分如金属外壳、金属构架等，通过接地装置与大地可靠地连接起来，称为保护接地，如图 5-3、图 5-4 所示。

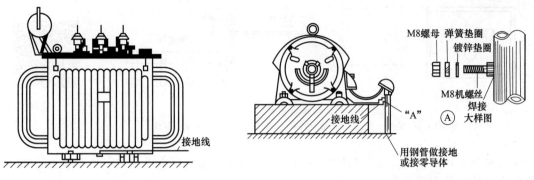

图 5-3　变压器外壳接地　　　　　　　　图 5-4　电动机接地

　　为了保证电气设备的正常工作，将电路中的某一点（例如变压器的中性点）通过接地装置与大地可靠地连接起来，称为工作接地。在中性线上的一点或多点，通过接地装置与大地再次可靠地连接，称为重复接地，如图 5-5 所示。

　　我国低压配电系统的接地方式，一般分为 TT、TN、IT 系统。字母的含义是：首字母，表示电源中性点与大地的关系，其中，T 表示中性点直接接地，I 表示中性点不接地或者通过阻抗接地；第二个字母表示电气设备外壳可导电部分与大地的关系，其中，T 表示用电设备单独直接接地且与电源接地点无连接，N 表示直接与电源系统接地或者与该点引出的导体连接。

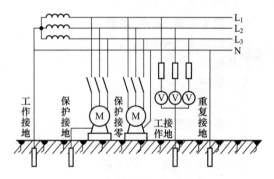

图 5-5　保护接地、工作接地、
重复接地示意图

　　TN 系统又分为 TN-C、TN-S、TN-C-S。这里的 C：保护线和中性线合一；S：保护线（PE 线）和中性线（N 线）完全分开；C-S：部分合一，部分分开。图 5-6 为 TN-S 供电系统。

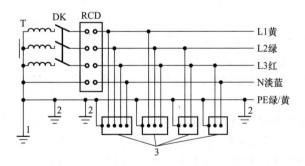

图 5-6　TN-S 供电系统

1—工作接地；2—PE 线重复接地；3—电气设备；L1、L2、L3—相线；T—变压器
DK—总开关；RCD—漏电保护器；N—工作零线；PE—保护零线

3. 接地装置

接地装置由接地体和接地线两部分组成，如图 5-7 所示。接地体是埋入大地中并和大地

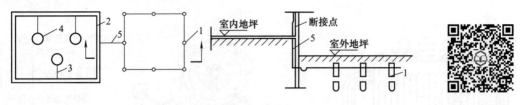

图 5-7　接地装置示意图　　　　　　　　　M5-3　接地装置

1—接地体；2—接地干线；3—接地支线；4—电气设备；5—接地引下线

直接接触的导体组，它分为自然接地体和人工接地体。电气设备或装置的接地端与接地体相连的金属导线称为接地线。

● 任务实施

训练内容　操作工现场用电安全，电动机常见故障的判断

一、教学准备/工具/仪器

多媒体教学（辅助视频）

图片展示

典型案例

实物

二、操作规范及要求

① 国家标准 GB 50058—2014《爆炸危险环境电力装置设计规范》；

② 电动机常见故障的判断；

③ 根据典型案例做出分析。

三、操作员用电安全

石油、化工生产涉及的点多、链长、面广、生产工艺连续性强，自动化程度高，装置之间关联程度复杂，涉及的专业和设备种类繁多，要求一线操作员熟悉装置电气设备运行原理，会常规用电操作。

① 上岗前按规定穿戴好个人防护用品，会看安全用电标志，不准擅自移动电气安全标志、围栏等安全设施。任何电气设备或电路在无法证明无电前，必须以有电对待。

② 会操作电源总开关，在紧急情况下关断总电源。设备的启动和停止，必须保证在空负荷的情况下进行。严禁带负荷启动设备。设备控制开关（或按钮）开启或停止时，必须先确定开关的具体位置，人要站在侧面，动作要快，防止火花、电弧伤人，禁止不熟悉的人进行此操作。

③ 操作员要定时检查电气设备的运行情况，有无电磁元件接触不良而产生的异常噪声，如果发现应及时报告，联系电工处理，发现严重故障时，立即切断电源，再联系电工处理。

④ 检查电气有无异味，温度是否正常。电气元件温度过高会使绝缘材料发出焦糊或其他气味。当发生电气火灾时应立即切断电源，用干沙灭火，或用二氧化碳、干粉灭火器灭火，严禁用可能有导电危险的灭火剂灭火。发现有人触电要设法及时关断电源；或者用干燥的木棍等绝缘物将触电者与带电的电器分开，不能直接徒手救人。

⑤ 对电气接地或接零的设备要经常检查，接地或接零的导线不应有任何断开的地方，保证连接牢固。

⑥ 不得随意打开控制箱、控制柜的门；禁止在其把手、顶盖、箱内挂、放杂物。

⑦ 在雷雨天，不要进入高压电杆、铁塔、避雷针的接地导线周围 20m 内，以免雷击时发生跨步电压触电。

⑧ 凡移动式照明、潮湿和易触及带电场所的照明，必须采用 36V 以下的照明灯。使用手持式或移动式电动工具应采取防爆措施。临时电源线临近高压输电线路时，应与高压输电线路保持足够的安全距离。

⑨ 防尘、扫尘。除尘工作看起来微不足道，其实它的作用很大，很多故障都是与积尘有关。不能用湿手触摸电器，不用湿布擦拭电器。

四、电动机常见故障的判断

在石油、化工企业生产中，电动机基本上是各种介质传输的核心动力，电动机在运行中由于各种原因会出现故障，轻者可能引起电机过热或损坏，重者将导致装置停工。因此，需要操作员掌握一些电动机常见故障的判断方法。

1. 电动机接通电源，电动机不转但有嗡嗡声音

① 电源缺相；

② 电动机过载；

③ 机械卡住。

2. 电动机启动后发热超过温升标准或冒烟

① 电源电压低；

② 电动机运转环境的影响，如散热条件不好等原因；

③ 电动机过载或单相运行。

3. 电动机外壳带电

① 电动机引出线或接线盒接头绝缘损坏；

② 绕组绝缘损伤接地；

③ 电动机外壳没有可靠接地；

④ 电动机内部进水，受潮。

4. 电动机运行时声音异常

① 轴承损坏；

② 定转子相碰（扫堂）；

③ 风扇碰端罩。

5. 电动机振动

① 地脚螺栓松动；

② 转轴弯曲；

③ 联轴器不平衡。

任务二　预防电气火灾及爆炸

【案例介绍】

[案例1]　2013 年 5 月 31 日，中国储备粮管理总公司黑龙江分公司林甸直属库发生

火灾事故，造成 80 个粮囤、搅堆过火，直接经济损失 307.9 万元。经调查，事故直接原因是：粮库作业过程中，带式输送机在振动状态下电源导线与配电箱箱体孔洞边缘产生摩擦，导致电源导线绝缘皮破损漏电并打火，引燃可燃物苇栅和麻袋，造成火灾。

[案例 2]　2013 年 6 月 3 日 6 时 10 分许，位于吉林省长春市德惠市的吉林宝源丰禽业有限公司主厂房一车间女更衣室西面和毗连的二车间配电室的上部电气线路短路，引燃周围可燃物。当火势蔓延到氨设备和氨管道区域，燃烧产生的高温导致氨设备和氨管道发生物理爆炸，大量氨气泄漏，介入了燃烧。主厂房发生特别重大火灾爆炸事故，共造成 121 人死亡、76 人受伤，17234m² 主厂房及主厂房内生产设备被损毁，直接经济损失 1.82 亿元。

M5-4　电气
火灾案例

电气的过载、短路、漏电、电弧、电火花故障，会引起设备烧毁、火灾爆炸、人员触电伤亡事故的发生。另外，配电线路、开关、熔断器、插销座、电热设备、照明灯具、电动机等均有可能引起电伤害，成为火灾的点燃源。而石化企业物品本身就具有易燃易爆物的特点，如遇到上述电气故障，会产生更严重的危害，因此作为一线操作人员，必须要了解电气火灾的主要原因，掌握电气火灾的防护措施，并能进行初期电气火灾的扑救。

【案例分析】

电能通过电气设备及线路转化成热能，并成为火源所引发的火灾，统称为电气火灾。一场火灾得以发生，火源、可燃物、助燃剂（氧化剂）是必不可少的条件，其中火源是最根本的条件。电气火灾的火源主要有两种形式，一种是电火花与电弧，另一种是电气设备或线路上产生的危险高温。

针对电气装置起火的原因，预防电气火灾必须注意以下几点。

① 电气装置要保证符合规定的绝缘强度。
② 限制导线的载流量，不得超载。
③ 严格按安装标准装设电气装置，要确保质量合格。
④ 经常要监视负荷，不能超载。
⑤ 防止由于机械损伤破坏绝缘，以及接线错误等原因造成设备短路。
⑥ 导线和其他导体的接触点必须牢靠，防止氧化。
⑦ 生产过程中产生静电时，要设法消除。

● 必备知识

一、电气火灾以及爆炸发生的基本原因

1. 外部自然环境

石油、化工、涂料等生产企业，存在着许多易燃易爆化学品，这都为火灾和爆炸的发生提供了有利条件。为了消除电气火灾和爆炸的发生，除对企业生产装置制定完善的工艺控制规程，设置可靠的机械电气联锁，不断提高生产自动化水平之外，还要尽量使员工不在或少在危险场所内进行生产活动。

2. 电气设备自身

电气设备在运行中过热的原因主要有以下几点：

（1）短路　电气短路是指在正常电路中电势不等的两点直接或间接接触。电流为正常运行时的几十倍乃至上百倍，使得温度在瞬间急剧升高，大大超过设备的允许温升。

M5-5　电气火灾的主要原因

（2）过载　电气线路或电气设备所带负荷超过额定值或者持续使用时间过长，不但会缩短其使用寿命，还会影响整个供电系统的稳定性，可能引起线路发热，从而发生火灾。

（3）接触不良　接触不良主要发生在导体的连接处，例如导线的接头处有杂物、松动；端子排和导线压接不紧密；接触器、开关、断路器的触头表面粗糙有毛刺，没有足够的接触压力；不同材质的导体连接时过渡不好。电气设备在长时间运行过程中，电气元件与导线连接处可能因振动、过热作用发生松动、氧化而导致接触不良。运行过程中发生的接触不良占比很大。

（4）散热不好　电气设备在设计和安装时都会考虑一定的散热和通风措施。例如变压器的油冷却系统、电机的伞叶，如果这些设施受到破坏，就会造成设备过热。

（5）接地及漏电　接地电流和集中在某一点的漏电电流，可引起局部发热，产生危险温度。

（6）机械故障　电动机、接触器被卡住，电流增加数倍，可产生危险温度。

3. 电弧和电火花

电火花是在线路接通或断开的瞬间由于绝缘介质被击穿而产生的打火现象，大量的电火花汇集在一起就形成了电弧。电弧和电火花是一种常见的自然现象，静电放电、雷电和电气设备在正常工作或发生故障时都会产生电火花。

二、防止电气火灾和爆炸的安全措施

1. 自然环境方面

① 保持良好的通风和加速空气流通与交换，能有效地排除现场可燃易爆的气体、蒸汽、粉尘和纤维，或把它们的浓度降低到不致引起火灾和爆炸的限度之内。这样还有利于降低环境温度，这对可燃易爆物质的生产、贮存、使用及对电气装置的正常运行都是十分重要的。

② 加强密封，减少可燃易爆物质的来源。可燃易爆物质的生产设备、贮存容器、管道接头和阀门等均应严密封闭并经常巡视检测，以防可燃易爆物质发生跑、冒、滴、漏等现象。

2. 电气设备方面

在设计、安装电气装置时，应严格按照防火规程的要求来选择、布置和安装。对运行中能够产生火花、电弧和高温危险的电气设备和装置，不应放置在易燃易爆的危险场所。在易燃易爆场所安装的电气设备和装置应该采用密封的防爆电器，采用本质安全电路。另外，在易燃易爆场所应尽量避免使用携带式电气设备。

（1）防爆电器　顾名思义就是在含有爆炸性危险气体混合物的场合中能够防止爆炸事故发生的电器。

我国的防爆电器基本上分为两大类：一类称之为矿用防爆电器，主要应用于煤矿、矿山具有瓦斯等爆炸性气体突出的场所；另一类称之为工厂用防爆电器，主要应用于除矿山、煤矿之外的所有场所。如：石油、化工、轻纺，医药、军工等企业，其中包括气体防爆和粉尘防爆电器。

我国的防爆电器产品根据国家标准共分隔爆型（Ex d）、增安型（Ex e）、本质安全型

（Ex ia、Ex ib）、正压型（Ex p）、油浸型（Ex o）、充砂型（Ex q）、浇封型（Ex m）、n 型（Ex n）、特殊型（Ex s）、粉尘防爆型（DIP A、DIP B）等。

在爆炸性环境内，电气设备应根据下列因素进行选择：

① 爆炸危险区域的分区；

② 可燃性物质和可燃性粉尘的分级；

③ 可燃性物质的引燃温度；

④ 可燃性粉尘云、可燃性粉尘层的最低引燃温度。

在石油、化工行业中，防爆电气设备种类比较多，在不同场所中的应用类型也不同。其中防爆电气类主要有以下装置：配电装置、插接装置、控制装置、讯响装置等。防爆电动机类有：电动机、排风机、电风扇以及轴流风机等。防爆灯具类主要包含照明灯具、指示灯以及信号灯等。防爆仪表类，主要包含变送仪表、执行仪表、控制显示以及测量仪表、成分分析仪表、报警器以及火灾探测等。此外，还有很多分线盒、线管等附件。

（2）电气设备外壳防护　电气设备外壳的结构和形式决定了设备的防护等级。借助外壳防护的电气设备（额定电压≤72.5kV）的外壳，对下述内容有防护能力：

① 对人体触及外壳内的危险部件的防护；

② 对固件异物进入外壳内设备的防护；

③ 对水进入外壳内对设备造成有害影响的防护。

外壳防护等级（IP 代码）含义，见表 5-5。

表 5-5　IP 代码的配置表

IP 代码	IP	2	3	C	H
定义	代码字母	第 1 位特征数字（数字 0～6 或字母）	第 2 位特征数字（数字 0～9 或字母）	附加字母（字母 A,B,C,D）	补充字母（字母 H,M,S,W）
含义说明	表示外壳的防护等级	对设备防护的含义:防止固体异物进入。对人员防护的含义:防止接近危险部件。数字越大,表示其防护等级越高	对设备防护的含义:防止进水造成有害影响,数字越大,表示其防护等级越高	对人员防护的含义:防止接近危险部件	对设备防护的含义:专门补充的信息

例如，户外使用的防爆灯具外壳防护等级至少达到 IP43 以上，防爆电机防护等级最低为 IP55。

3. 接地方面

爆炸危险场所的接地（或接零）应高于一般场所的要求，接地线不得使用铝线，所有接地线应接成连续的整体。爆炸危险场所必须具有完善的防雷防静电措施。

● **任务实施**

训练内容　初期电气火灾的扑救

一、教学准备/工具/仪器

多媒体教学（辅助视频）

图片展示

典型案例

实物

二、操作规范及要求

① GB 14287.1-3—2005《电气火灾》；

② 进行初期电气火灾的扑救；

③ 根据典型案例做出分析。

三、电气火灾扑救方法

电气火灾发生时，设备可能带电，扑救时要注意防止扑救人员触电。若是充油设备发生火灾还可能发生喷油或爆炸，造成火势蔓延。因此在进行电气灭火时，及时确定警戒区域，应根据具体情况采取必要的安全措施。

1. 灭火原则：先断电后灭火

① 室外高压输电线起火，要及时与供电部门联系切断电源；室内电设备起火，应尽快拉下总开关。切断电源停电时，应按规程所规定的程序进行操作，严防带负荷拉隔离开关。在火场内的开关，由于烟熏火烤，其绝缘水平可能降低，因此，操作时应戴绝缘手套，穿绝缘靴，使用相应电压等级的绝缘工具。

② 切断带电导线时，切断点应选择在电源侧的支持物附近，以防导线断落后触及人体或相互形成短路。切断低压多股绞线时，应使用有绝缘手柄的工具分相剪断。非同相的相线、零线应分别在不同部位剪断，以防在钳口处发生短路。

③ 断电范围尽量不要扩大，夜间救火还要考虑断电后临时照明。

④ 切断电源后的电气火灾，视情况可按一般性电气火灾扑救。

2. 不能切断电源时灭火

发生电气火灾，一般首先应设法断电。如果情况十分危急或无断电条件，就只好带电灭火。为防止人身触电，带电灭火时应注意按相关的安全规程操作。

① 启动灭火装置。带电灭火时，如果燃烧区安装有灭火装置，应先启动装置，争取第一时间灭火，如蒸汽灭火装置和水喷雾灭火装置。

② 带电灭火时应使用不导电的灭火剂，例如二氧化碳、干粉灭火剂。不得使用泡沫灭火剂和喷射水流类导电灭火剂。

③ 扑救人员及所使用的导电消防器材与带电部分应保持足够的安全距离。

④ 高压电气设备或线路发生火灾时，如在室内，扑救人员不得进入距故障点 4m 以内范围；如在室外，扑救人员不得接近距故障点 8m 以内范围。如进入上述范围，必须穿绝缘靴，需接触设备外壳或构架时应戴绝缘手套。

⑤ 对架空线路或空中电气设备进行灭火时，人体位置与带电体之间的仰角不应大于45°，并应站在线路外侧，以防导线断落后触及人体。

⑥ 用水带电灭火时，不宜用直流水枪，以免水柱泄漏电流过大造成人员触电。允许使用喷雾水枪带电灭火，在水的压力足够大时，喷出的水柱充分雾化，可大大减少水的泄漏电流。为保证泄漏电流小于感知电流，水枪喷嘴与带电体必须有足够距离，一般在 110kV 电压以下应保持 3m 以上距离，同时，要求操作人员穿绝缘靴，戴绝缘手套，水枪金属嘴应可靠接地。

3. 充油设备灭火

变压器、油断路器等充油设备，外部着火可用不导电灭火剂带电灭火，如火势较大或内部故障起火则必须切断电源后再扑救。断电后，可以用水灭火。若油箱爆裂，油料外泄，可用泡沫灭火剂或带沙扑灭地面上或贮油池内的燃油火焰，注意防止燃油蔓延。

4.旋转设备起火

发电机和电动机等旋转电气设备起火时，为了防止轴和轴承变形，可令其慢慢转动，用喷雾水灭火，并使其均匀冷却；也可以用二氧化碳或蒸汽灭火。但不宜用干粉、沙子或泥土灭火，以免损伤电气设备的绝缘性能。

任务三 触 电 急 救

【案例介绍】

[案例1] 某楼房已建起5层，其正面斜上方2m多高处就是一根10kV高压电线。工人们正在房上施工。向楼上吊运一根15m长的钢筋时，1名工人和张某的妻子程某在4楼扶着。不料钢筋一头突然触到上方高压线，工人和程某当即被电流吸住浑身发颤。房主张某闻讯后赶紧从5楼跑下来。他看到妻子被电击，慌乱中直接用手去拉妻子，不料他自己也触电脱身不得。一时间3个人在楼顶串成恐怖的一串。楼下其他工人赶紧跑向附近去拉电闸。几分钟后电闸终于被拉下，楼上3人顿时倒下。张某和那名工人已经身亡，重伤的程某被送往医院抢救。

[案例2] 某厂维修工段工人到除尘泵房防洪抢险。泵房内积水已有膝盖深。为了排水，用铲车铲来两车热渣子把门口堵住，然后往外抽水。安装好潜水泵刚一送电，就将在水中拖草袋的工人电倒，水中另外几名工人也都触电，挣扎着从水中逃出来。在场人员已意识到潜水泵出了问题，马上拉闸，把其中触电较重已昏迷的岳某抬到值班室的桌子上，立即人工体外心脏按压抢救。抢救过程中，听见岳某嗓子里有痰流动的声音，马上人工吸痰。经人工体外心脏按压抢救，岳某终于喘过气来，脱离死亡危险。

M5-6 监控拍下的触电抢救过程

触电事故的发生具有很大的偶然性和突发性，令人猝不及防，死亡率很高。但如果了解触电的种类、触电方式；掌握电流对人体的伤害，会正确使用救护方法，即使发生触电事故，仍可最大限度地减轻伤害，不至于惊慌失措、束手无策，延误急救时机。

【案例分析】

统计数据表明，就人员而言，一般中、青年人触电事故多。就设备而言，手持电动工具、临时性设备触电事故多。常见的触电原因：

(1) 违章冒险 如在严禁带电操作的情况下操作，在无必要保护措施的条件下带电作业。

(2) 缺乏电气知识 如在防爆区使用一般的电气设备，当电气设备开关时产生火花，导致爆炸；又如发现有人触电时，不能及时切断电源或用绝缘物使触电者脱离电器电源，而是用手去拉触电者。

(3) 输电线或用电设备的绝缘损坏 当人体无意接触因绝缘损坏的通电导线或带电金属时，会引起触电。

　　为了达到安全用电的目的，必须采用可靠的技术措施，防止触电事故发生。绝缘、安全间距、漏电保护、安全电压、遮栏及阻挡物等都是防止直接触电的防护措施。保护接地、保护接零是间接触电防护措施中最基本的措施。

● 必备知识

一、触电的种类及方式

　　触电的种类和触电方式见表 5-6、图 5-8～图 5-11。

表 5-6　触电事故种类

分类依据	类型	含　义
按人体受害的程度不同	电伤	电流的热效应、化学效应、机械效应以及电流本身作用下造成的人体外伤。常见的有灼伤、烙伤和皮肤金属化等现象
	电击	电流通过人体时所造成的内伤。它可以使肌肉抽搐,内部组织损伤,造成发热发麻,神经麻痹等。严重时将引起昏迷、窒息,甚至心脏停止跳动而死亡。通常说的触电就是电击
引起触电事故的类型	单相触电	<p style="text-align:center">(a) 中性点直接接地　　　　(b) 中性点不直接接地</p><p style="text-align:center">图 5-8　单相触电</p>单相触电是指人体在地面或其他接地导体上,人体某一部分触及一相带电体的触电事故
	两相触电	<p style="text-align:center">图 5-9　两相触电</p>是指人体两处同时触及两相带电体的触电事故

分类依据	类型	含　义
引起触电事故的类型	跨步电压触电	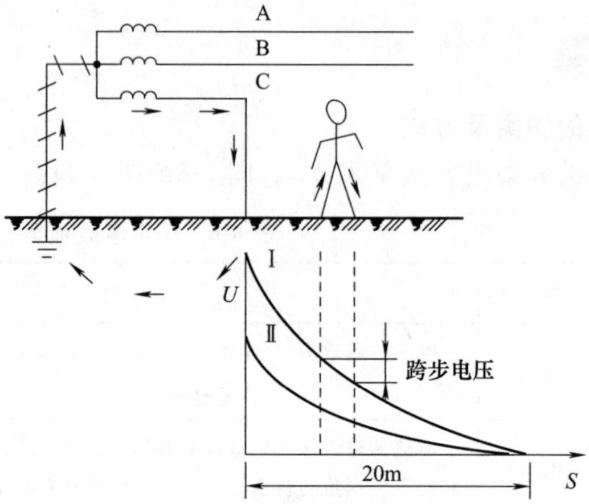 图 5-10　跨步电压触电 当带电体接地有电流流入地下时电流在接地点周围土壤中产生电压降,人在接地点周围,两脚之间出现电压即跨步电压,因此引起的触电事故叫跨步电压触电
	接触电压触电	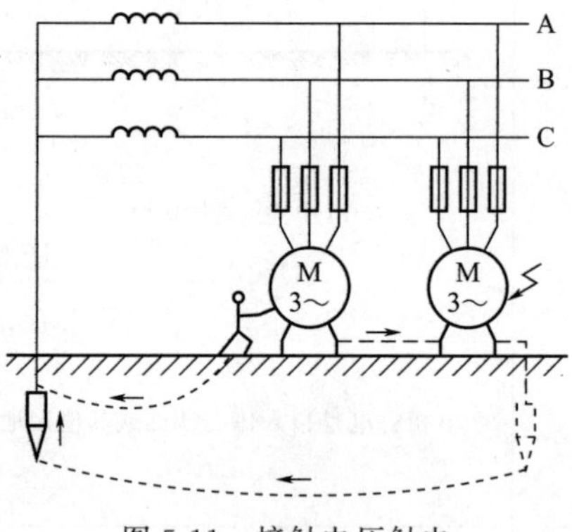 图 5-11　接触电压触电 电气设备由于绝缘损坏或其他原因造成接地故障时,如人体两个部分(手和脚)同时接触设备外壳和地面时,人体两部分会处于不同的电位,其电位差即为接触电压。由接触电压造成的触电事故称为接触电压触电
	感应电压触电	当人触及带有感应电压的设备和线路时所造成的触电事故
	剩余电荷触电	当人体触及带有剩余电荷的设备时,对人体放电造成的触电事故

二、影响电流对人体危害程度的主要因素

电流对人体伤害的严重程度与通过人体电流的大小、频率、持续时间、通过人体的路径及人体电阻的大小等多种因素有关。

M5-7 电击与电伤

1. 电流大小

通过人体的电流越大，人体的生理反应就越明显，感应越强烈，引起心室颤动所需的时间越短，致命的危险越大。对于工频交流电，按照通过人体电流的大小和人体所呈现的不同状态，电流大致分为下列三种。

（1）感觉电流 是指引起人体感觉的最小电流。实验表明，成年男性的平均感觉电流约为 1.1mA，成年女性为 0.7mA。感觉电流不会对人体造成伤害，但电流增大时，人体反应变得强烈，可能造成坠落等间接事故。

（2）摆脱电流 是指人体触电后能自主摆脱电源的最大电流。实验表明，成年男性的平均摆脱电流约为 16mA，成年女性的约为 10mA。

（3）致命电流 是指在较短的时间内危及生命的最小电流。实验表明，当通过人体的电流达到 50mA 以上时，心脏会停止跳动，可能导致死亡。不同电流对人体的影响见表 5-7。

表 5-7 不同电流对人体的影响

电流/mA	交流电（50Hz）	直流电
0.6～1.5	开始有感觉,手指有麻感	无感觉
2～3	手指有强烈麻刺,颤抖	无感觉
5～7	手指痉挛	感觉痒、刺痛、灼热
8～10	手指剧痛,勉强可以摆脱带电体	热感强烈
20～25	手迅速麻痹,不能摆脱带电体,剧痛,呼吸困难	手部轻微痉挛
50～80	呼吸麻痹,心室开始颤动	手部痉挛,呼吸困难
90～100	呼吸麻痹,持续3s或更长时间则心脏停搏、心室颤动	呼吸麻痹
300 及以上	作用时间 0.1s 以上,呼吸和心脏停搏,机体组织遭到电流的热破坏	

2. 电流频率

一般认为 40～60Hz 的交流电对人体最危险。随着频率的增高，危险性将降低。高频电流不仅不伤害人体，还能治病。

3. 通电时间

通电时间越长，电流使人体发热和人体组织的电解液成分增加，导致人体电阻降低，反过来又使通过人体的电流增加，触电的危险亦随之增加。

4. 电流路径

电流通过头部可使人昏迷；通过脊髓可能导致瘫痪；通过心脏造成心跳停止，血液循环中断；通过呼吸系统会造成窒息。因此，从左手到胸部是最危险的电流路径，从一只手到另一只手、从手到脚也是很危险的电流路径，从一只脚到另一只脚是危险性较小的电流路径。

三、触电抢救的八字原则

① 迅速：施救者要迅速将触电者移到安全的地方进行施救。

② 就地：要争取时间，在现场（安全地方）就地抢救触电者。

③ 准确：抢救的方法和施救的动作要正确。

④ 坚持：急救必须坚持到底，直至医务人员判定触电者已经死亡，才能停止抢救。

● 任务实施

训练内容　触电急救

一、教学准备/工具/仪器

多媒体教学（辅助视频）

图片展示

典型案例

实物

二、操作规范及要求

① GB 50194—2014《建设工程施工现场供用电安全规范》；

② 掌握电流对人体的伤害规律；

③ 根据典型案例做出分析；

④ 会触电急救方法。

三、触电急救操作要点

触电急救的要点是动作迅速，救护得法，切不可惊慌失措、束手无策。

1. 首先要尽快地使触电者脱离电源

人触电以后，可能由于痉挛或失去知觉等原因而紧抓带电体，不能自行摆脱电源。这时，使触电者尽快脱离电源是救活触电者的首要因素。

（1）低压触电事故　对于低压触电事故，可采用"拉""切""挑""拽""垫"的方法使触电者脱离电源，如图 5-12 所示。

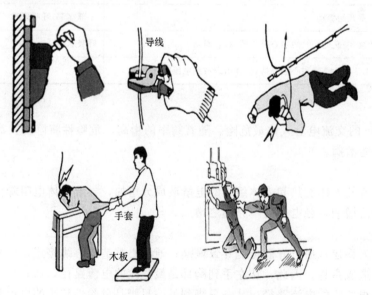

图 5-12　使触电者脱离电源的常见方法

M5-8　触电急救方法

① 拉：即附近有电源开关或插座时，应立即拉下开关或拔掉电源插头。

②　切：即若一时找不到断开电源的开关时，应迅速用绝缘的钢丝钳或断线钳剪断电线，以断开电源。

③　挑：即对于由导线绝缘损坏造成的触电，急救人员可用绝缘工具或干燥的木棍等将电线挑开。

④　拽：即抢救者可戴上绝缘手套或在手上包缠干燥的衣服等绝缘物品拖拽触电者；也可站在干燥的木板、橡胶垫等绝缘物品上，用一只手将触电者拖拽开。

⑤　垫：即设法把干木板塞到触电者身下，使其与地面隔离，救护人员也应站在干燥的木板或绝缘垫上。

（2）高压触电事故　对于高压触电事故，可以采用下列方法使触电者脱离电源：

①　立即通知有关部门停电。

②　戴上绝缘手套，穿上绝缘靴，用相应电压等级的绝缘工具断开开关。

③　抛掷裸金属线使线路短路接地，迫使保护装置动作，断开电源。注意在抛掷金属线前，应将金属线的一端可靠地接地，然后抛掷另一端。

（3）脱离电源的注意事项

①　救护人员不可以直接用手或其他金属及潮湿的物件作为救护工具，而必须采用适当的绝缘工具且单手操作，以防止自身触电。

②　防止触电者脱离电源后，可能造成的摔伤。

③　如果触电事故发生在夜间，应当迅速解决临时照明问题，以利于抢救，并避免扩大事故。

2. 就地急救处理

当触电者脱离电源后，必须在现场就地抢救，立即就近移至干燥通风场所，再根据不同情况对症救护，同时拨打120急救电话。只有当现场对安全有威胁时，才能把触电者抬到其他安全地方进行抢救，但不能把触电者长途送往医院再进行抢救。

①　未失去知觉。如果触电者伤势不重，神志清醒，但有些心慌、四肢发麻全身无力，或者触电者曾一度昏迷但已经清醒过来，这时应使触电者安静休息，不要走动，严密观察并请医生前来诊治或送往医院。

②　如果触电者已失去知觉，但心脏跳动和呼吸还存在。应使触电者舒适、安静地平卧，周围不要围人，使空气流通，解开衣服以利呼吸。如天气寒冷，要注意保温，防止感冒或冻伤。同时，要速请医生救治或送往医院。

③　触电者"假死"。所谓假死，即触电者丧失知觉，面色苍白，瞳孔放大，脉搏和呼吸停止。由于触电时心跳和呼吸是突然停止的，虽然中断了供血供氧，但人体的某些器官还存在微弱活动，有些组织的细胞新陈代谢还在进行，加之体内重要器官并未损伤，只要及时进行抢救，触电者极有被救活的可能。

抢救触电者的心脏复苏法，就是支持生命的三项基本措施，即通畅气道、人工呼吸、胸外按压，并连续循环操作，直至120及医护人员赶到。

任务四　消除静电

【案例介绍】

[案例1]　某石化厂机修车间一名女工提着一个带有塑料柄挂钩的方形铁桶，到炼油

催化粗汽油阀取样口下，放一些汽油作溶剂。该女工将铁桶挂到取样阀门上，打开手阀放油不久，油桶突然着火。现场一技术员见状，迅速打开旁边的事故消防蒸汽软管，该女职工在消防蒸汽的掩护下，很快关掉了取样阀门，并和该技术人员一起用干粉灭火器和消防毛毡将火扑灭。

[案例2]　在江苏某厂浆料车间，工人用真空泵吸乙酸乙烯到反应釜，桶中约剩下30kg时，突然发生了爆炸，工人自行扑灭了大火，1名工人被烧伤。经现场查看，未发现任何曾发生事故的痕迹，电器开关、照明灯具都是全新的防爆电器。吸料的塑料管悬在半空，管子上及附近无接地装置，还有一只底部被炸裂的铁桶。

M5-9　可怕的静电

[案例3]　某企业采样人员携带1个样品瓶、1个铜质采样壶、1个采样筐（铁丝筐），在一化工轻油罐和罐顶进行采样作业。当采集完罐下部和上部样品，将第二壶样品向样品瓶中倒完油时，采样绳挂扯了采样筐并碰到了样品瓶，样品瓶内少量油品洒落到罐顶，为防止样品瓶翻倒，采样人员下意识去扶样品瓶，几乎同时，洒出的油品及采样绳上吸附的油品发生着火，采样人员立即将罐顶采样口盖盖上，把已着火的采样壶和采样绳移至走梯口处，在罐顶呼喊罐下不远处供应部的人员报警，采样绳及油口燃尽后熄灭。

　　我国石油化工近年来发展得较快，伴随而来的静电事故也屡屡发生。石油化工企业存在有可燃气体（蒸气）爆炸性混合物的危险场所，有些危险物质易产生和积聚静电荷，当静电电位达到一定的程度，并具备放电条件，且产生的放电火花能量大于该危险物质的最小点燃能量时，即可引发爆炸和着火事故。因此，了解液体静电的危害，消除静电，对石化企业安全生产是十分重要的。

【案例分析】

　　据有关资料统计，因静电引起的火灾和爆炸事故，在石油化工生产与销售行业以及制药、橡胶和粉末加工业居多。不难看出，由于石化企业存在大量液态碳氢化合物，易于产生可（易）燃气体或蒸气；其点燃能量很低，一般都在0.3mJ以下；又多以输送、过滤、储运、冲击、搅拌、调和、喷射和涂层等为主要的生产工艺过程。由于此类液体（有的还常常夹带着固体或液体杂质）在管道中高速流动，会与管壁大面积摩擦或者与容器壁及其他介质摩擦，从而导致静电的产生。有资料表明，在生产和操作过程中产生的静电可以达到几伏到几万伏，当静电电压在3000V以上时，若存在放电条件，则静电放电火花所具有的能量，足以点燃汽油、乙醚等蒸气与空气的混合物，进而导致爆炸或燃烧。

　　静电放电的常见方式主要有电晕放电、刷形放电和火花放电等3种形式，而对容器内烃类油品的放电主要为电晕放电和火花放电等两种方式。

　　值得注意的是，静电事故原因虽不复杂，但具有极大的隐蔽性，在管理上给企业带来了巨大的压力。许多事故的发生，主要原因是缺乏对石油静电知识的基本了解，以致对操作和管理不够科学，直接威胁企业的经济效益和安全生产。

必备知识

一、静电产生的原因

1. 静电的起电方式

（1）接触-分离起电　两种物质紧密接触再分离时，即可能产生静电。

（2）破断起电 不论材料破断前其内电荷分布是否均匀，破断后均可能在宏观范围内导致正、负电荷的分离，即产生静电，这种起电称为破断起电。

（3）感应起电 图5-13所示为一种典型的感应起电过程。当B导体与接地体C相连时，在带电体A的感应下，端部出现正电荷，但B导体对地电位仍然为零；当B导体离开接地体C时，虽然中间不放电，但B导体成为带电体。

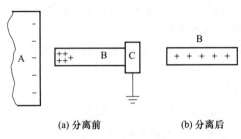

(a) 分离前　　　　　　(b) 分离后

图 5-13 感应起电

（4）电荷迁移 当一个带电体与一个非带电体接触时，电荷将重新分配，即发生电荷迁移而使非带电体带电。

除上述几种主要的起电方式外，电解、压电、热电等效应也能产生双电层或起电。

2. 人体静电

人在活动过程中，人的衣服、鞋以及所携带的用具与其他材料摩擦或接触-分离时，均可能产生静电。

液体或粉体从人拿着的容器中倒出或流出时，带走一种极性的电荷，而人体上将留下另一种极性的电荷。

人体静电与衣服料质、操作速度、地面和鞋底电阻、相对湿度、人体对地电容等因素有关。

因为人体活动范围较大，而人体静电又容易被人们忽视，所以，由人体静电引起的放电往往是酿成静电灾害的重要原因之一。

3. 工业中产生静电的工序

工业中可能产生静电的工序见表5-8。

表 5-8　工业中可能产生静电的工序

形态	工　序
固体或粉体	摩擦、混合、搅拌、洗涤、粉碎、切断、研磨、筛选、切削、振动、涂布、过滤、剥离、捕集、液压、倒换、输送、绕卷、开卷、投入、包装、印刷
液体	输送、注入、充填、倒换、滴流、过滤、搅拌、吸出、洗涤、取样、飞溅、喷射、摇晃、混入杂质、混入水珠
气体	喷出、泄漏、喷涂、排放、高压洗涤、管内输送

二、静电的影响因素

1. 材质和杂质的影响

对于固体材料，电阻率为 $1 \times 10^7 \Omega \cdot m$ 以下者，由于泄漏较强而不容易积累静电；电阻率为 $1 \times 10^9 \Omega \cdot m$ 以上者，容易积累静电，造成危害。对于液体，在一定范围内，静电随着电阻率的增加而增加；超过某一范围以后，随着电阻率的增加，液体静电反而下降。实验证明，电阻率为 $1 \times 10^{10} \Omega \cdot m$ 左右的液体最容易产生静电；电阻率为 $1 \times 10^8 \Omega \cdot m$ 以下的液体，由于泄漏较强而不容易积累静电；电阻率为 $1 \times 10^{13} \Omega \cdot m$ 以上的液体，由于其分子极性很弱而不容易产生静电。石油、重油的电阻率为 $1 \times 10^{10} \Omega \cdot m$ 以下，静电危险性较小。石油制品和苯的电阻率多在为 $1 \times 10^{10} \sim 1 \times 10^{11} \Omega \cdot m$ 之间，静电危险性较大。

生产中常见的乙烯、丙烷、丁烷、原油、汽油、轻油、苯、甲苯、二甲苯、硫酸、橡胶、赛璐珞和塑料等都比较容易产生和积累静电。

一般情况下，杂质有增加静电的趋势；但如杂质能降低原有材料的电阻率，则加入杂质有利于静电的泄漏。

2. 工艺设备和工艺参数的影响

接触面积越大，产生静电越多。管道内壁越粗糙，冲击和分离的机会也越多，流动电流就越大。对于粉体，颗粒越小者，产生静电越多。接触压力越大或摩擦越强烈，会增加电荷的分离，以致产生较多的静电。接触分离速度越高，产生静电越多。

设备的几何形状也对静电有影响。下列工艺过程比较容易产生和积累静电：

① 固体物质大面积的摩擦，如纸张与银轴摩擦、橡胶或塑料碾制、传动带与带轮或辊轴摩擦等；固体物质在压力下接触而后分离，如塑料压制、上光等，固体物质在挤出、过滤时与管道、过滤器等发生摩擦，如塑料的挤出、赛璐珞的过滤等。

② 固体物质的粉碎、研磨过程，粉体物料的筛分、过滤、输送、干燥过程，悬浮粉尘的高速运动等。

③ 在混合器中搅拌各种高电阻率物质，如纺织品的涂胶过程等。

④ 高电阻率液体在管道中流动且流速超过 $1m/s$ 时，液体喷出管口时，液体注入容器发生冲击、冲刷和飞溅时等。

⑤ 液化气体、压缩气体或高压蒸汽在管道中流动和由管口喷出时，如从气瓶放出压缩气体、喷漆等。

⑥ 穿化纤布料衣服、穿高绝缘（底）鞋的人员在操作、行走、起立时等。

3. 环境条件和时间的影响

材料表面电阻率随空气湿度增加而降低，相对湿度越高，材料表面电荷密度越低。但当相对湿度在 40% 以下时，材料表面静电电荷密度几乎不受相对湿度的影响而保持为某一最大值。由于空气湿度受环境温度的影响，环境温度的变化可能加剧静电的产生。

导电性地面在很多情况下能加强静电的泄漏，减少静电的积累。油料在管道内流动时电压也不很高，但当注入油罐，特别是注入大容积油罐时，油面中部因电容较小而电压较高。又如，粉体经管道输送时，在管道中间胀大处和出口处，由于电容减小，静电电压升高，容易由较大火花引起爆炸事故。

三、静电的主要特点

静电主要有三大特点：一是电压高；二是静电感应突出；三是尖端放电现象严重。

四、静电的主要危害

工艺过程中产生的静电可能引起爆炸和火灾，也可能给人以电击，还可能妨碍生产。其中，爆炸或火灾是最大的危害和危险。

1. 爆炸和火灾

静电能量虽然不大，但电压高则易放电出现电火花，该火花在有爆炸性气体、爆炸性粉尘或可燃性物质且浓度达到爆炸或燃烧极限时，可能发生爆炸和火灾。

静电在一定条件下引起爆炸和火灾，其充分和必要条件是：

① 周围空间必须有可燃性物质存在；

② 具有产生和积累静电的条件，包括物体本身和周围环境有产生和积累静电的条件；

③ 静电积累到足够高的电压后，发生局部放电，产生静电火花；

④ 静电火花能量大于或等于可燃物的最小点火能量。

2. 静电电击

当人体接近静电体或带静电的人体接近接地体时，都可能遭到电击，但由于静电能量很小，电击本身对人体不致造成重大伤害，然而很容易造成坠落等二次伤害事故。

3. 妨碍生产

有些生产工艺过程，静电会妨碍生产或降低产品质量。如纺织、粉体加工、塑料、橡胶、印刷、胶片等行业，以及电子控制元件、自动化仪表由于静电而误动作，使其控制的生产线程序混乱，导致产品不合格。

● 任务实施

训练内容　消除静电危害的方法

一、教学准备/工具/仪器

多媒体教学（辅助视频）

图片展示

典型案例

实物

二、操作规范及要求

① GB 12158—2006《防止静电事故通用导则》国家标准；

② GB 50235—2010《工业金属管道工程施工规范》国家标准；

③ 掌握预防静电危害的基本措施；

④ 根据典型案例做出分析；

⑤ 熟悉消除静电方法。

三、消除静电危害的方法

消除静电的主要途径有两个。一是创造条件加速静电泄漏或中和。静电泄漏指静电电荷沿材料内部和表面缓慢泄漏。泄漏包括接地、增湿、加抗静电剂、涂导电涂料等方法。静电中和是将分子进行电离，产生消除静电所必要的离子，其中与带电物体极性相反的离子向带电物体移动，并和带电物体的电荷进行中和，从而达到消除静电的目的。运用感应静电消除器、高压静电消除器、放射线静电消除器及离子流静电消除器等均属中和法。二是控制工艺过程，限制静电产生，包括材料选择、工艺设计、设备结构及操作管理等方面所采取的措施。

静电在石油化工中最为严重的危险是引起爆炸和火灾。因此，静电安全防护主要是对爆炸和火灾的防护。当然，一些防护措施对于防护静电电击和消除影响生产的危害也是同样有效的。

1. 环境危险程度的控制

静电引起爆炸和火灾的条件之一是有爆炸性混合物存在。为了防止

M5-10　静电防治

静电的危害，可采取以下所在环境爆炸和火灾危险性的控制措施。

（1）取代易燃介质　在不影响工艺过程、产品质量和经济许可的情况下，尽量用不可燃介质代替易燃介质。

（2）降低爆炸性混合物的浓度　在爆炸和火灾危险环境，采用通风装置或抽气装置及时排出爆炸性混合物，使混合物的浓度不超过爆炸下限。

（3）减少氧化剂含量　这种方法实质上是充填氮、二氧化碳或其他不活泼的气体，使爆炸性混合物中氧的含量不超过 8%，就不会引起燃烧。

2. 工艺控制

在工艺流程、设备结构、材料选择和操作管理等方面采取措施，以达到限制静电产生或控制静电积累的目的，是消除静电危害的重要方法之一。具体方法如下：

（1）限制输送速度　降低液体输送中的摩擦速度或液体物料在管道中的流速等工作参数，可限制静电的产生。

（2）加快静电电荷的逸散　在产生静电的任何工艺过程中，总是包含着产生和逸散两个区域。逸散就是指电荷自带电体上泄漏消散。

① 缓冲器。它是在输送液体物料时，利用流速减慢时静电消散显著的特点，使带电的液体通过管道进入储罐之前，先进入缓冲器内"缓冲"一段时间，这样就可使大部分电荷在这段时间里逸散，从而大大减少了进入储罐的电荷。

② 静置时间。经输油管注入储罐的液体带入一定的静电荷，由于同性相斥，液体内的电荷将向器壁、液面集中并泄入大地，此过程需一定时间，所以石油产品送入储罐后，应静置一段时间后才能进行检尺、采样等工作。静置时间应符合相关规定。

③ 降低爆炸性混合物浓度。它可消除或减轻爆炸性混合物；也可以在危险场所充填惰性气体，如二氧化碳和氮气等，隔绝空气或稀释爆炸性混合物，以达到防火防爆的目的。

④ 消除杂质。油罐或管道内混有杂质时，有类似粉体起电的作用，静电的产生量将增大。油品采用空气调和也是很不安全的。石油产品在生产输送中要避免水、空气及其他杂质与油品之间以及不同油品之间相互混合。

在粉体输送过程中，防止尘垢、杂物落入料斗，料斗要有斜面以减少冲击。因为各种杂质的沉降速度不一致，会形成二次分离，产生带电尘雾，在悬浮的粒子中易造成火花放电，所以要除掉粉体内的杂质。

（3）消除产生静电的附加源　产生静电的附加源如液流的喷溅、容器底部积水受到注入流的搅拌、在液体或粉体内夹入空气或气泡、粉尘在料斗或料仓内冲击、液体或粉体的混合搅动等。只要采取相应的措施，就可以减少静电的产生。

① 底部注油或将油管延伸至容器底部液面下，从而避免液体在容器内喷溅。

② 改变注油管出口处的几何形状，主要是为了减轻从油槽车顶部注油时的冲击，从而减少注油时产生的静电，这样做对降低油槽内油面的电位有一定的效果，如图 5-14、图 5-15 所示。

③ 为了降低罐内油面电位，过滤器不宜离管出口太近。一般要求从罐内到出口有 30s 的缓冲时间，如满足不了则要配置缓冲器或其他防静电措施。

M5-11　装卸过程静电的消除方法

（4）材料的选用　一种材料与不同种类的其他材料接触后分离时，其上静电电荷的数量和极性是随其他材料不同而不同的。人为地使生产

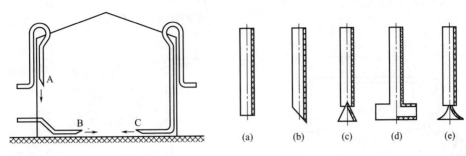

图 5-14　注油示意图　　　　图 5-15　注油管头示意图

(a) 圆筒形；(b) 斜口形；(c) 锥形；(d) T 形；(e) 人字形

物料与不同材料制成的设备发生摩擦，并且与一种材料制成的设备发生摩擦时物料带正电，与另一种材料制成的设备摩擦时物料带负电，以使得物料上的静电互相抵消，从而消除静电的危害。

（5）适当安排物料的投入顺序　在某些搅拌工艺过程中，适当安排加料顺序，可降低静电的危害性。

3. 静电泄漏法

（1）接地　接地是消除静电危害简单易行而且十分有效的方法。接地可以通过接地装置或接地导体将带电体上的静电荷较迅速地引入大地，从而消除了静电荷在带电体上的积聚。其类型包括直接接地、间接接地、跨接接地。

① 接地对象。接地对象包括固定设备和管道系统。如输送油类等可燃液体的管道、储罐、漏斗、过滤器以及其他有关的金属设备或物体；在易燃易爆场所，凡能产生静电的所有金属容器、输送机械、管道、工艺设备等；处理可燃气体或物质的机械外壳、转动的辊筒及一些金属设备；加油栈台、油槽车、油船体、铁路轨道、浮顶油罐等。在采用绝缘管道输送物料能产生静电的情况下，管道外的金属屏蔽层应接地，最好采用内壁衬有铜丝网的软管并接地。固定设备接地端子位置示意如图 5-16。

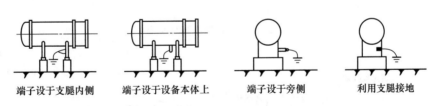

端子设于支腿内侧　　　端子设于设备本体上　　　端子设于旁侧　　　利用支腿接地

图 5-16　固定设备接地端子位置示意图

② 接地方式。油罐罐壁用焊接钢筋或扁钢接地。在可燃液体注入容器时，注入器件（如漏斗、喷嘴）应接地。铁路轨道、输油管道、金属栈桥和卸油台等的始末端和分支处应每隔 50m 有一处接地。注油金属喷嘴与绝缘输油软管应先搭接后接地。输油软管或软筒上缠绕的金属部件也应接地。储油罐的输入输出管间如有一定距离时，应先用连接件搭接后再接地。常见的接地方式见图 5-17～图 5-24。

（2）添加抗静电剂　对于表面不易吸湿的化纤和塑料物质，可以采用各种抗静电剂，其主要成分是以油脂为原料的表面活性剂，能赋予物体表面以吸湿性（亲水性）和电离性，从而增强导电性能，加速静电泄漏。

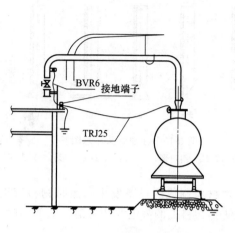

图 5-17　火车槽车接地示意

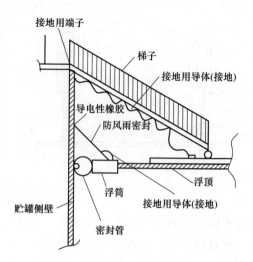

图 5-18　振动设备接地方案示意

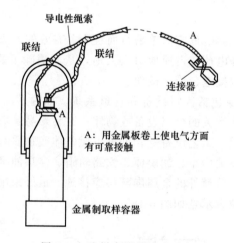

图 5-19　取样容器的接地示意

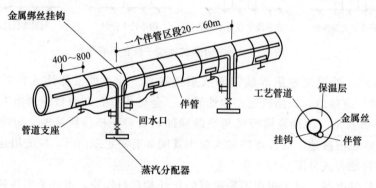

图 5-20　蒸气伴管与工艺管道连接示意

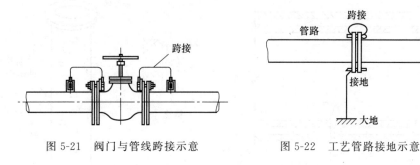

图 5-21　阀门与管线跨接示意　　　　图 5-22　工艺管路接地示意

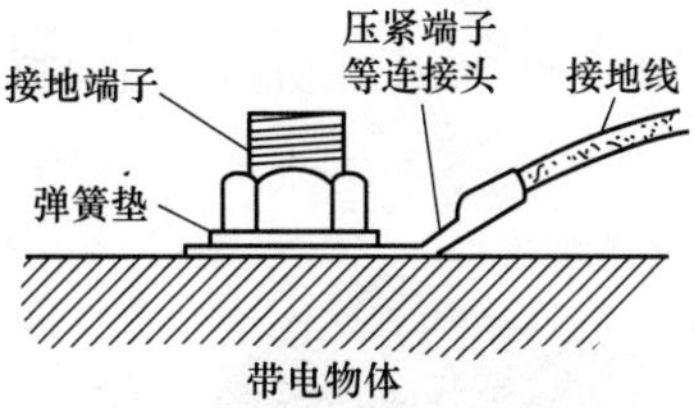

图 5-23　螺母作为接地端子示意 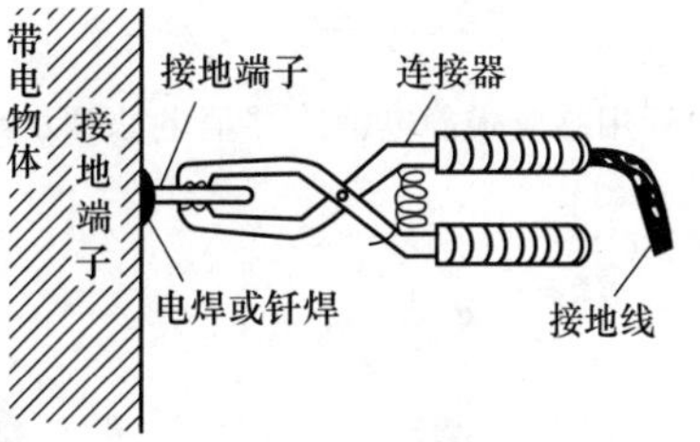　　　　图 5-24　接地用连接器具的示意

（3）增加环境湿度　带电体在自然环境中放置，其所带有的静电荷会自行逸散。介质的电阻率又和环境的湿度有关，而逸散的快慢与介质的表面电阻率和体积电阻率有很大关系。提高环境的相对湿度，不只是能够加快静电的泄漏、还能提高爆炸性混合物的最小引燃能量。为此，在产生静电的生产场所，可安装喷雾器、空调设备或挂湿布片来提高空气湿度，降低或消除静电的危害（图 5-25）。从消除静电危害角度考虑，控制相对湿度在 70％以上为宜。

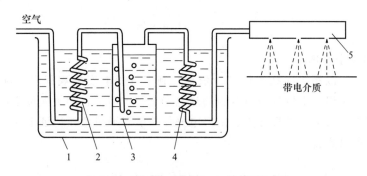

图 5-25　高湿度空气静电消除器装置原理
1—恒温水池；2—预热螺旋管；3—蒸发器；4—过热螺旋管；5—喷头

4. 静电中和器

静电中和是利用静电中和器产生电子或离子来中和物体上的静电电荷。静电中和器主要用来中和非导体上的静电。其原理是在带电物体附近安装静电消除器时，静电消除器产生的与带电物体极性相反的离子便向带电物体移动，并与带电物体的电荷进行中和，从而达到消除静电的目的。油管用感应式静电消除器如图 5-26、图 5-27 所示。图 5-28 为 5 种静电中和器。

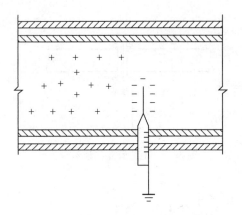
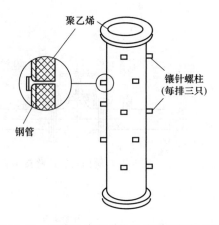

聚乙烯

镶针螺柱
（每排三只）

钢管

图 5-26　油管用感应式静电消除器消电原理示意　　图 5-27　油管用感应式静电消除器结构示意

图 5-28　静电中和器

5. 加强静电安全管理

加强组织领导，以相应的技术标准为依据，制定《静电安全规程实施细则》并强制实施。企业、车间、班组、工位均应有各自的静电安全防护职责，相关人员定期专门培训，在静电防护基础知识、防静电管理守则、防静电操作技能等通过考核持证上岗。所有防静电措施、装置及防护器具齐备。

任务五　预防雷电伤害

【案例介绍】

[案例1]　1989 年 8 月 12 日 9 时 55 分，黄岛油库老罐区 5 号罐因雷击发生爆炸燃烧，这场大火共燃烧 104 小时，烧掉原油 3.6 万吨，烧毁油罐 5 座，14 名消防官兵、5 名油库职工牺牲，造成了巨大的经济损失和人员伤亡。

[案例2] 福建某市化工总厂属林产化工企业，主要以生产樟脑和松脂为主，生产原料有松节油、冰醋酸、二甲苯、碱等易燃易爆危险化学品。2000年7月2日20时，雷雨交加，多人目睹一条高约40cm、宽70cm左右的带状闪电击中了合成樟脑车间，伴随强烈的爆炸声燃起大火，车间内的工艺管道和冷凝器包装机等大量生产设备及66吨樟脑全部烧毁，直接财产损失260万元，所幸未造成人员伤亡。

M5-12 1989年黄岛油库雷击爆炸

[案例3] 2020年5月16日夜，一场猛烈的雷阵雨袭击了抚顺市，21时33分，抚顺石化公司石油三厂污水缓冲池，由于上面漂浮着少量的轻质油，遇雷电瞬间燃起冲天大火。抚顺消防救援支队6个队站、共34辆消防车，120名指战员赶赴现场处置。21时58分，厚厚的泡沫将缓冲池全部覆盖，明火被完全扑灭，火灾未造成人员伤亡。

在生产、加工、处理、存储、运输过程中，石油、化工企业常常使用和储存大量的易燃易爆物品，厂区大部分区域处于爆炸危险环境内，一旦遇到雷击或火花就有火灾爆炸的危险，给生产装置造成致命的破坏，甚至人员伤亡。

【案例分析】

雷电危害是全球最严重的十大自然灾害之一，且仅次于暴雨洪涝、山体滑坡的危害程度，排在第三位。我国化工企业数量持续增加、规模不断扩大，化工装置密集，工艺日趋复杂。一旦遭受雷击，将直接影响化工装置的平稳运行，甚至损坏生产装置，造成安全事故。

做好化工装置的防雷是杜绝安全事故的手段之一，尤其是户外生产装置，如放散管、排风管、安全阀、呼吸阀、放料口、取样口、排污口等，非金属外壳的静设备区，机器设备区的大型压缩机，成群布置的机、泵等转动设备，原料罐区、塔类装置、空压机泵房等界区，应具体情况采取相应的防雷措施，并制订完善防雷设施巡检制度，做到随时发现随时解决，这样才能减少或消除化工装置的雷电事故，保证化工生产装置长周期、安全、平稳的运行。

防雷装置是避免发生雷击的首要措施。防雷装置主要由接闪器、引下线和接地体三部分组成。主要是利用其高出被保护物体的突出地位，把雷电引向自身，然后通过引下线和接地装置，把雷电流泄入大地，以保护人身或建（构）筑物免受雷击的损伤。

必备知识

一、雷电的发生和种类

1. 雷电的概念

雷电是大气中的放电现象，多形成在积雨云中，积雨云随着温度和气流的变化会不停地运动，运动中摩擦生电，就形成了带电荷的云层。某些云层带有正电荷，另一些云层带有负电荷。另外，由于静电感应常使云层下面的建筑、树木等有异性电荷。随着电荷的积累，雷云的电压逐渐升高，当带有不同电荷的雷云与大地凸出物相互接近到一定温度时，其间的电场强度超过$25\sim30\text{kV/cm}$，将发生激烈的放电，同时出现强烈的闪光。由于放电时温度高达2000℃，空气受热急剧膨胀，随之发生爆炸的轰鸣声，这就是闪电与雷鸣。

2. 雷电的种类

根据雷电的不同形状，大致可分为片状、线状和球状三种形式；从危害角度考虑，雷电可分为直击雷（见图 5-29）、感应雷（见图 5-30）和球形雷。从雷云发生的机理来分，有热雷、界雷和低气压性雷。

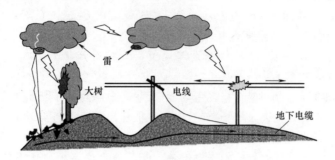

图 5-29　直击雷击示意图

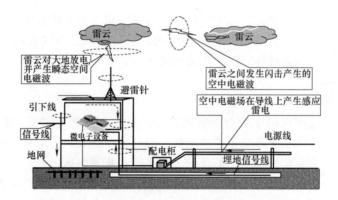

图 5-30　感应雷击示意图

二、雷电的危害

雷电的危害包括直击雷的危害、雷击电磁脉冲的危害，如图 5-31 所示。

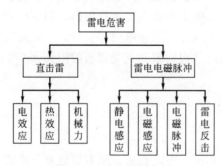

图 5-31　雷电的危害性

M5-13　雷电的种类与危害

1. 直击雷的危害形式

直击雷以强烈放电的形式，通过雷云对大地某点发生危害。有 3 种危害形式。

（1）雷电的电效应　雷云放电时，产生的雷电流变化率大，达几万或几十万安培，通过有电阻或电感物体时，能产生非常高的冲击电压，足以烧毁电力系统、导致易燃易爆物品的爆炸或火灾，甚至造成电效应和冲击波，伤害电气设备和人员。

（2）雷电流的热效应　导体有雷电流通过时，能瞬间将电能转化，产生大量的热能，雷击点的发热能导致极高温度，可达 6000℃以上，造成设备烧毁甚至熔化。

（3）雷电的机械效应　机械设备被雷电直接击中以致毁坏。

2. 雷击电磁脉冲的危害形式

（1）雷电的静电感应　是指带电的雷云接近地面时，对导体感应出相反电荷，使建筑物的感应电荷不能迅速流入大地。对地电压随即产生，以致空气间隙发生火花放电。

（2）雷电的电磁感应　雷电发生时，在极短的时间内，雷击电流发生且很大，交变电磁场在其周围空间产生，进而产生大的电动势、感应电流，致线路中间或终端的设备损害。

（3）雷电的电磁脉冲　以强大闪电流作为干扰源，感应范围大，危害程度巨大，破坏力强。

（4）雷电反击　遭受直击雷的接闪器、接地引下线和接地体，在引导电流时，其与连接的金属导体会产生过高的电压，并与周围产生巨大的电位差，引起闪络。

● 任务实施

训练内容　防雷的基本措施

一、教学准备/工具/仪器

多媒体教学（辅助视频）

图片展示

典型案例

二、操作规范及要求

① GB 50650—2011《石油化工装置防雷设计规范》；

② 掌握雷电防护的基本措施；

③ 根据典型案例做出分析。

三、石油化工企业防雷的基本措施

1. 系统防雷的六点原则

① 拦截闪电：防雷的第一道防线，通过避雷针、避雷带和笼式避雷网把闪电传导入地。

② 均压：亦称"均衡连接"或"等电位连接"。用导体把闪电可能流通的部分与周围的有关部分连接起来，保证闪电通过时，不会产生旁侧闪路放电。

③ 分流：在一切从室外来的导线（包括电力线、电话线、网络信号线等）与接地线之间并联的一种避雷器，是防御各种电气、电子设备的关键措施。

④ 屏蔽：用金属网或管子等导体把需要保护的对象包围起来，把闪电的电磁脉冲从空间入侵的通道全部阻断。

⑤ 接地：防雷中最基础、最重要的一环，是排泄直接雷击和雷电电磁干扰能量的最有效手段之一。目的是把雷电流通过接地体向大地泄放，从而保护建筑物、人员和设备的安全。

⑥ 躲避：在建筑物基建选址时，应该躲开多雷区或易遭雷击的地点，以免日后增大防雷工程的开支和费用。或当雷电发生时关闭设备拔掉电源插头。

2. 防雷装置及防雷基本措施

防雷装置一般由接闪器、引下线和接地装置三部分组成。根据不同保护对象，对直击雷、雷电感应、雷电侵入波均应采取适当的安全措施。防雷装置见图 5-32、图 5-33、图 5-34。

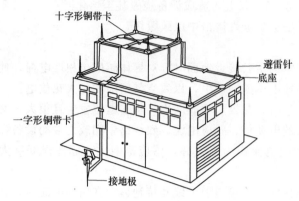

图 5-32　建筑物防雷安装示意图

M5-14　避雷针的工作原理

(a) 安装方法

(b) 安装底座

图 5-33　单只避雷针的安装
方法示意图

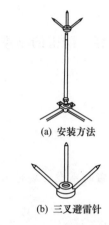

(a) 安装方法

(b) 三叉避雷针

图 5-34　三叉避雷针的安装
方法示意图

M5-15　氧化锌
避雷器

防雷的基本措施见表 5-9。

表 5-9　防雷的基本措施

目的	类型	方法	作用
雷电防护	外部防雷	接闪器[避雷针、避雷线、避雷带(网)]	防直击雷
		引下线	
		接地装置	
	内部防雷	合理布线	防雷电感应
		屏蔽	防雷电感应
		安全距离	防反击、防生命危险
		等电位联结	防反击、防生命危险
		过电压保护	防雷电侵入波

3. 石油化工企业防雷的基本措施

① 石化生产装置变配电间及电子系统设备间（仪表间）都应建造在爆炸危险区域以外，

其系统防雷措施应包括接闪、分流、接地、均压、电磁封锁、合理布线，在适当位置安装电涌保护器（SPD）等措施。

② 石油化工装置在户外的机泵、储罐、储槽、换热器、料仓、塔等设备，相互通过管线连接，具体防雷做法如下：

对高层金属构架、壁厚大于 4mm 的金属密闭容器（包括塔、储罐、储槽、换热器、料仓等）及管道可不设避雷针保护，但必须做防雷接地，设统一的联合环型接地装置，接地电阻小于 10Ω（以满足最小要求为标准），接地点不少于 2 处。排放爆炸危险气体、蒸气或粉尘的放散管在管口处应加设管帽并在接闪器保护范围内，接闪器与雷闪的接触点应在管帽上方 2m 以上，并加装阻火器，且在接闪器保护范围内。易燃易爆物的管道在下列部位应设静电接地设施，其中包括：进出装置或设施处、爆炸危险场所的边界、管道泵及其过滤器、缓冲器等。对在爆炸危险场所内可能产生静电危险的设备和管道均应采取静电接地措施，所有连接法兰盘应进行跨接处理，保证良好的电气连接。

③ 生产工艺装置的防雷要遵照 GB 50650—2011《石油化工装置防雷设计规范》、GB 50160—2008《石油化工企业设计防火标准》、GB 12158—2006《防止静电事故通用导则》、SH/T 3164—2012《石油化工仪表系统防雷工程设计规范》、SH/T 3081—2019《石油化工仪表接地设计规范》、SH/T 3097—2017《石油化工静电接地设计规范》、SH/T 3038—2017《石油化工装置电力设计规范》。

四、人体防雷措施

雷电活动时，由于雷云直接对人体放电，产生对地电压或二次反击放电，都可能对人体造成电击。因此，应注意必要的安全要求。

① 雷电活动时，非工作需要，应尽量少在户外或旷野逗留；在户外或野外最好穿塑料等不浸水的雨衣；如有条件，可进入有宽大金属构架或有防雷设施的建筑物、汽车或船只内；如依靠建筑物屏蔽的街道或高大树木屏蔽的街道躲避时，要注意离开墙壁和树干距离 8m 以上。

② 雷电活动时，应尽量离开小山、小丘或隆起的小道，海滨、湖滨、河边、池旁，铁丝网、金属晒衣绳以及旗杆、烟囱、高塔、孤独的树木附近，还应尽量离开没有防雷保护的小建筑物或其他设施。

③ 雷电活动时，在户内应注意雷电侵入波的危险，应离开照明线、动力线、电话线、广播线、收音机电源线、收音机和电视机天线，以及与其相连的各种设备，以防止这些线路或设备对人体的二次放电。调查资料说明，户内 70％ 以上的人体二次放电事故发生在相距 1m 以内的场合，相距 1.5m 以上的尚未发现死亡事故。由此可见，在发生雷暴时，人体最好离开可能传来雷电侵入波的线路和设备 1.5m 以上。应当注意，雷电活动时，仅仅拉开开关防止雷击是不起作用的，还应注意关闭门窗，防止球形雷进入室内造成危害。

④ 防雷装置在受雷击时，雷电流通常会产生很高电位，可引起人身伤亡事故。为防止反击发生，应使防雷装置与建筑物金属导体间的绝缘介质网络电压大于反击电压，并划出一定的危险区，人员不得接近。

⑤ 当雷电流经地面雷击点的接地体流入周围土壤时，会在它周围形成很高的电位，如有人站在接地体附近，就会受到雷电流所造成的跨步电压的危害。

⑥ 当雷电流经引下线到接地装置时，由于引下线本身和接地装置都有阻抗，因而会产

生较高的电压降，这时人如接触，就会受接触电压危害，应引起注意。

"1+X"考证练习

一、电动机运行中的检查

1. 准备要求

（1）材料、设备准备（见表 5-10）

表 5-10　材料、设备准备清单（一）

序号	名称	规格	单位	数量	备注
1	电动机	根据项目准备	台	1	
2	电源控制柜		台	1	

（2）工具准备（见表 5-11）

表 5-11　工具准备清单（一）

序号	名称	规格	单位	数量	备注
1	听音棒		根	1	
2	强光手电		个	1	
3	活动扳手		把	1	

2. 操作程序规定说明

（1）操作程序说明

① 必须穿戴劳动保护用品。

② 按照设备运行规程相关要求注意监视电动机在运行中的振动、噪声、温度、电流情况，注意是否散发出焦煳的味道，如果发现任何异常，应该停机查明原因，及时汇报并加以排除。

③ 必备的工具、用具应准备齐全。

④ 正确使用工具、用具。

⑤ 符合安全文明操作。

（2）考试规定说明

① 如违章操作该项目终止考核。

② 考核采用百分制，考核项目得分按组卷比例进行折算。

③ 考核方式说明　该项目为模拟操作题，全过程按操作标准结果进行评分。

④ 技能说明　本项目主要测试考生对电动机运行中检查的熟悉程度。

3. 考核时限

① 准备时间：1min（不计入考核时间）。

② 操作时间：15min。

③ 从正式操作开始计时。

④ 考核时，提前完成不加分，超过规定操作时间按规定标准评分。

4. 考核标准及记录表（见表 5-12）

表 5-12　电动机运行中的检查记录表

考核时间：15min

序号	考核内容	考核要点	分数	评分标准	得分	备注
1	准备工作	准备听音棒，强光手电筒，活动扳手	6	少准备一件扣 2 分		
2	检查各连接部件	检查地脚螺栓无松动	6	未检查扣 6 分		
		检查防护罩牢固	5	未检查扣 5 分		
		检查电源线无破损	10	未检查扣 10 分		
		检查接地线完好	10	未检查扣 10 分		
		检查电动机风扇罩无破损和摩擦	10	未检查扣 10 分		
3	检查电动机温度、振动、声音、气味	检查电动机升温正常	10	未检查扣 10 分		
		检查电动机振动值在允许范围内	10	未检查扣 10 分		
		检查电动机声音正常	10	未检查扣 10 分		
		检查电动机无局部过热的现象	5	未检查扣 8 分		
		检查电动机有无缺相运动	10	未检查扣 10 分		
		检查电动机有无冒烟或有无焦糊味	8	未检查扣 8 分		
4	安全文明操作	按安全工作规程及运行管理制度执行		每违反一项规定从总分中扣除 5 分；严重违规者停止操作		
5	考试时限	在规定时间内完成				
	合计		100			

二、扑救电气火灾

1. 准备要求

（1）材料、设备准备（见表 5-13）

表 5-13　材料、设备准备清单（二）

序号	名称	规格	数量	备注
1	干粉灭火器	6kg	2	
2	离心泵		1 台	

（2）工具准备（见表 5-14）

表 5-14　工具准备清单（二）

序号	名称	规格	数量	备注
1	活扳手	8 号	1 个	
2	阀扳手		1 个	

2. 操作程序规定说明

(1) 操作程序说明

① 准备工作。

② 切断电源。

③ 关闭泵的出入口阀。

④ 灭火。

(2) 考核规定说明

① 如违章操作该项目终止考核。

② 考核采用百分制，考核项目得分按组卷比重进行折算。

③ 考核方式说明　该项目为模拟操作题，全过程按操作标准结果进行评分。

④ 技能说明　本项目主要考核学生对电气着火的处理的掌握程度。

3. 考核时限

① 准备时间：1min（不计入考核时间）。

② 操作时间：10min。

③ 从正式操作开始计时。

④ 考核时，提前完成不加分，超过规定操作时间按规定标准评分。

4. 考核标准及记录表（见表 5-15）

表 5-15　泵电机着火的考核标准记录表

考核时间：10min

序号	考核内容	考核要点	分数	评分标准	得分	备注
1	准备工作	选择工具	4	选错一件扣 2 分		
2	切断电源	立即切断电源,如现场不能断电联系供电断电	20	未切断电源扣 10 分,未联系供电断电扣 10 分		
3	关闭泵的出入口阀	关闭泵的出口阀	10	未关闭泵出口阀扣 10 分		
		关闭泵的入口阀	10	未关闭泵入口阀扣 10 分		
4	灭火	选择灭火器,将灭火器提到起火点	20	未将灭火器提到起火点此项不得分,选择的灭火器不正确此项不得分		
		一手握喷嘴,将喷嘴对准火焰根部	16	使用方法不正确扣 10 分 未对准火焰根部扣 6 分		
		一手拔出保险栓,用手掌冲击手柄,干粉冲出覆盖在燃烧区将火扑灭	20	未拔出保险栓扣 10 分,未冲击手柄将干粉喷出扣 10 分		
5	安全文明操作	按国家或企业颁布的有关规定执行		违规操作一次从总分中扣除 5 分,严重违规停止本项操作		
6	考核时限	在规定时间内完成		按规定时间完成,每超时 1min,从总分中扣 5 分,超时 3min 停止操作		
	合计		100			

三、触电急救——心肺复苏操作

1. 考核要求

① 正确穿戴劳动保护用品。

② 考核前统一抽签，按抽签顺序对学生进行考核。

③ 符合安全、文明生产。

2. 准备要求

材料、设备准备见表5-16。

表 5-16 材料、设备准备清单（三）

序号	名称	规格	数量	备注
1	担架		1	
2	安全训练模拟人		1	

3. 操作考核规定及说明

（1）操作程序

① 准备工作。

② 工作服的穿戴。

③ 设备准备。

（2）考核规定及说明

① 如操作违章，将停止考核。

② 考核采用100分制，然后按权重进行折算。

（3）考核方式说明 该项目为实际操作，考核过程按评分标准及操作过程进行评分。

（4）考核时限 以学生顺利完成考核为准。

（5）考核标准及记录表 如表5-17所示。

表 5-17 触电急救——心肺复苏操作考核标准及记录表

考核时间：15min

序号	考核内容	考核要点	分数	评分标准	得分	备注
1	准备工作	穿戴劳保用品	3	未穿戴整齐扣3分		
		工具、用具准备	2	工具选择不正确扣2分		
2	操作前提	检查被救人员身体状况	10	未检查被救人员身体状况扣10分		
		清楚心肺复苏内容	10	不清楚心肺复苏内容扣10分		
3	操作过程	操作顺序正确且无操作不当	10	操作步骤顺序不对扣10分		
				操作步骤漏一项扣2分		
		被救人员身体位置摆放	10	被救人员身体位置摆放不对扣10分		
		按压、吹起比例正确	10	按压、吹起比例不对扣10分		
		保持呼吸道畅通	10	没保持呼吸道畅通扣10分		
		按压力度合理	10	按压力度不够扣10分		
		按压位置正确	10	按压位置不对扣10分		

续表

序号	考核内容	考核要点	分数	评分标准	得分	备注
4	使用工具	正确使用工具	2	使用不正确扣2分		
		正确维护工具	3	工具乱摆放扣3分		
5	安全文明操作	按国家或企业颁布的有关规定执行	5	违规操作一次从总分中扣除5分,严重违规停止本项操作		
6	考核时限	在规定时间内完成	5	按规定时间完成,每超时1min,从总分中扣5分,超时3min停止操作		
	合计		100			

四、单选题

1. 某设备发生电力故障，针对该初始事件应该如何设置安全措施？（　　）

A. 分析该设备是否有启停状态信号反馈至中控室

B. 分析关断系统的联锁是否必要

C. 分析该设备是否需要设置备用动力来源

D. 分析该设备的选型是否合适

2. 作业安全与过程安全的目的都是避免或减少事故危险，包括（　　）。

A. 人员伤害、人员培训　　　　B. 人员伤害、人员培训、环境破坏

C. 人员伤害、设备损坏、环境破坏　　D. 人员伤害、设备损坏、人员培训

3. 预防原理的含义是安全生产管理工作应当以（　　），通过有效的管理和技术手段，减少和防止人的不安全行为和物的不安全状态，从而使事故发生的概率降到最低。

A. 以人为本　　　B. 安全第一　　　C. 预防为主　　　D. 安全优先

4. 在安全装置关闭前，机器的危险部件不能运转，而只有在安全装置关闭后，机器的危险部件才能运转。这种安全装置是（　　）安全装置。

A. 固定　　　　B. 联锁　　　　C. 隔离　　　　D. 自动

5. 为消除静电危害，可采取的最有效措施是（　　）。

A. 设置静电消除器　　　　B. 静电屏蔽

C. 接地　　　　　　　　　D. 增湿

6. 电击是电流直接通过人体所造成的伤害。当数十毫安的工频电流通过人体，且电流持续时间超过人的心脏搏动周期时，短时间即导致死亡，其死亡的主要原因是（　　）。

A. 昏迷　　　　　　　　　B. 严重麻痹

C. 剧烈疼痛　　　　　　　D. 心室发生纤维性颤动

7. 电伤是由电流的热效应、化学效应、机械效应等效应对人体造成的伤害。下列各种电伤中，最为严重的是（　　）。

A. 皮肤金属化　　B. 电流灼伤　　C. 电弧烧伤　　D. 电烙印

8. 在有触电危险的环境中使用的手持照明灯电压不得超过（　　）V。

A. 12　　　　　B. 24　　　　　C. 36　　　　　D. 42

9. 根据建筑物防雷类别的划分，电石库应划为第（　　）类防雷建筑物。

A. 一　　　　　B. 二　　　　　C. 三　　　　　D. 四

10. 有一种防雷装置，当雷电冲击波到来时，该装置被击穿，将雷电波引入大地，而在雷电冲击波过去后，该装置自动恢复绝缘状态，这种装置是（ 　　 ）。

A. 接闪器　　　　B. 接地装置　　　　C. 避雷针　　　　D. 避雷器

归纳总结

用电安全技术包括人身触电事故和各种电气事故的防护技术，触电急救。保证用电安全的基本要素有：①电气绝缘；②安全距离；③安全载流；④标志。保证电气作业安全的技术措施和组织措施，包括制定安全技术标准、规程，建立安全管理制度和电气设备安装、运行维护规程，开展电气安全思想教育和电气安全知识教育；电气设备的绝缘性能的测试技术，用电中的安全技术；电气装置的防火、防爆技术；电气安全用具和静电防护技术等。

为了有效地防止触电事故，电气安全的基本措施包括直接触电防护措施、间接触电防护措施、电气作业安全措施、电气安全装置、电气安全操纵规程、电气安全用具、电气火灾消防技术、组织电气安全专业性检查、做好电气作业人员的培训工作、制定安全标志等。

静电最为严重的危险是引起爆炸和火灾，因此，静电安全防护主要是对爆炸和火灾的防护，主要有环境危险程度控制、工艺控制、接地、增湿、抗静电添加剂、静电中和器和加强静电安全管理。

石化企业防雷，防直击雷的主要措施是装设避雷针、避雷线、避雷网和避雷带。此外还要防感应雷，防雷电侵入波。

巩固与提高

一、选择题

1. 使用的电气设备按有关安全规程，其外壳应有（ 　　 ）防护措施。

A. 无　　　　　　　　　　B. 保护性接零或接地　　　　C. 防锈漆

2. 国际规定，电压（ 　　 ）以下不必考虑防止电击的危险。

A. 36V　　　　　　　　　　B. 65V　　　　　　　　　　C. 25V

3. 三线电缆中的红线代表（ 　　 ）。

A. 零线　　　　　　　　　　B. 火线　　　　　　　　　　C. 地线

4. 停电检修时，在一经合闸即可送电到工作地点的开关上，应悬挂（ 　　 ）标志牌。

A."在此工作"　　　　　B."止步，高压危险"　　　　C."禁止合闸，有人工作"

5. 触电事故中，绝大部分是（ 　　 ）导致人身伤亡的。

A. 人体接受电流遭到电击　　B. 烧伤　　　　　　　　C. 电休克

6. 如果触电者伤势严重，呼吸停止或心脏停止跳动，应施行（ 　　 ）和胸外心脏按压。

A. 按摩　　　　　　　　　　B. 点穴　　　　　　　　C. 人工呼吸

7. 电器着火时不能用（ 　　 ）灭火。

A. 干粉灭火器　　　　　　　B. 沙土　　　　　　　　C. 水

8. 静电电压最高可达（ 　　 ），可现场放电，产生静电火花，引起火灾。

A. 50V　　　　　　　　　　B. 数万伏　　　　　　　　C. 220V

9. 漏电保护器的使用是防止（ 　　 ）。

A. 触电事故　　　　　　　　B. 电压波动　　　　　　　　C. 电荷超负荷

10. 长期在高频电磁场作用下，操作者会有（　　）不良反应。

A. 呼吸困难　　　　　　　　B. 精神失常　　　　　　　　C. 疲劳无力

11. 任何电气设备在未验明无电之前，一律认为（　　）。

A. 无电　　　　　　　　　　B. 也许有电　　　　　　　　C. 有电

12. 金属梯子不适于（　　）。

A. 有触电机会的工作场所　　B. 坑穴或密闭场所　　　　　C. 高空作业

13. 在遇到高压电线断落地面时，导线断落点（　　）m内禁止人员进入。

A. 10　　　　　　　　　　　B. 20　　　　　　　　　　　C. 30

14. 如果工作场所潮湿，为避免触电，使用手持电动工具的人应（　　）。

A. 站在铁板上操作　　　　　B. 站在绝缘胶板上操作　　　C. 穿防静电鞋操作

15. 雷电放电具有（　　）的特点。

A. 电流大，电压高　　　　　B. 电流小，电压高　　　　　C. 电流大，电压低

16. 车间内的明、暗插座距地面的高度一般不低于（　　）m。

A. 0.3　　　　　　　　　　 B. 0.2　　　　　　　　　　 C. 0.1

二、填空题

1. 保护接零是指电气设备在正常情况下不带电的（　　）部分与电网的保护零线相互连接。

2. 保护接地是把故障情况下可能呈现危险的对地电压的"金属外壳"部分同（　　）紧密地连接起来。

3. 人体是导体，当人体接触到具有不同（　　）的两点时，由于（　　）的作用，就会在人体内形成（　　），这种现象就是触电。

4. 按人体触及带电体的方式和电流通过人体的途径，触电可分为：（　　）、（　　）、（　　）。

5. 漏电保护器既可用来保护（　　），还可用来对（　　）系统或设备的（　　）绝缘状况起到监督作用；漏电保护器安装点以后的线路应是（　　）绝缘的，线路应是绝缘良好的。

6. 重复接地是指零线上的一处或多处通过（　　）与大地再连接，其安全作用是：降低漏电设备（　　）电压；减轻零线断线时的（　　）危险；缩短碰壳或接地短路持续时间；改善架空线路的（　　）性能等。

7. 对容易产生静电的场所，要保持地面（　　）；工作人员要穿（　　）的衣服和鞋（靴），静电及时导入大地，防止静电（　　），产生火花。

8. 静电有三大特点：一是（　　）高；二是（　　）突出；三是（　　）现象严重。

9. 电气绝缘、（　　）、（　　）、（　　）等是保证用电安全的基本要素。只要这些要素都能符合安全规范的要求，正常情况下的用电安全就可以得到保证。

10. 电流对人体的伤害有两种类型，即（　　）和（　　）。

三、判断题

1. 在充满可燃气体的环境中，可以使用手动电动工具。（　　）

2. 家用电器在使用过程中，可以用湿手操作开关。（　　）

3. 为了防止触电可采用绝缘、防护、隔离等技术措施以保障安全。（　　）

4. 对于容易产生静电的场所，铺设导电性能好的地板。（　　）

5. 电工可以穿防静电鞋工作。（　　）

6. 在距离线路或变压器较近，有可能误攀登的建筑物上，必须挂有"禁止攀登，有电危险"的标志牌。（　　）

7. 有人低压触电时，应该立即将他拉开。（　　）

8. 在潮湿或高温或有导电灰尘的场所，应该用正常电压供电。（　　）

9. 雷击时，如果作业人员孤立处于暴露区并感到头发竖起时，应该立即双膝下蹲，向前弯曲，双手抱膝。（　　）

10. 清洗电动机械时可以不用关掉电源。（　　）

11. 通常，女性的人体阻抗比男性的大。（　　）

12. 低压设备或做耐压实验的周围栏上可以不用悬挂标志牌。（　　）

13. 电流为 100mA 时，称为致命电流。（　　）

14. 移动某些非固定安装的电气设备时（如电风扇、照明灯），可以不必切断电源。（　　）

15. 一般人的平均电阻为 5000～7000Ω。（　　）

16. 在使用手电钻、电砂轮等手持电动工具时，为保证安全，应该装设漏电保护器。（　　）

17. 在照明电路的保护线上应该装设熔断器。（　　）

18. 对于在易燃、易爆、易灼烧及有静电发生的场所作业的工人，不能穿化纤服装。（　　）

19. 电动工具应由具备证件合格的电工定期检查及维修。（　　）

20. 人体触电致死，是由于肝脏受到严重伤害。（　　）

四、简答题

1. 保护接地和保护接零相比较有哪些不同之处？

2. 电气火灾的防护措施有哪些？

3. 石化生产静电产生的原因是什么？

4. 静电危害的形成条件有哪些？

5. 预防静电危害的基本措施有哪些？

6. 防止人体带电的对策措施有哪些？

7. 雷电的种类和危害性是什么？

8. 防雷的基本措施有哪些？

9. 人体防雷措施有哪些？

五、综合分析题

某人造革厂涂布车间 10 月 4 日晚发生爆燃并引发火灾，造成 4 人死亡，2 人受伤，火灾烧毁车间内部分成品及半成品，烧损一套涂层生产线，过火面积达 670m²，直接经济损失折款 2225 万元。

据调查，该厂生产涂层布所用涂层原料主要是丙烯酸酯树脂涂层胶（主要成分为丙烯酸酯树脂和甲苯，其中甲苯含量为 80%～81%，经取样测定样品的开口闪点低于 19℃）和 958 稀释剂（经取样测定样品中含 60% 的甲苯，样品的开口闪点低于 19℃）混合后的胶料。

经调查分析，该涂层生产线在烘干过程中，产生大量含有甲苯等可燃性混合气体（蒸气），由于烘箱不能及时将烘箱内挥发出的可燃性混合气体（蒸气）排出，烘箱内充满可燃性混合气体（蒸气）；另外整个涂层生产线没有消静电装置，尤其卷料部分没有消除静电的措施，在涂布干燥后的卷取作业中，产生较高的静电位。卷取端涂布的表层首先开始燃烧，火焰很快传播至烘箱，引爆烘箱内的爆炸性混合气体，并导致厂房内发生火灾。

1. 根据上述材料，引起燃爆的原因是（　　　）。

A. 明火　　　　　　　　B. 电火花　　　　　C. 静电　　　　　　D. 短路

2. 静电来源于（　　　）。

A. 滚动摩擦作用　　　　B. 操作工人　　　　C. 烘箱　　　　　　D. 烘箱高温

3. 火焰传播至烘箱，引爆烘箱内的混合气体，说明混合气体（　　　）。

A. 达到了爆炸极限　　　B. 有毒　　　　　　C. 有很高压力　　　D. 有很高温度

4. 从上述材料可以看出（　　　）。

A. 生产设备缺乏必要的安全装置　　　　B. 排风系统不能满足工艺安全要求

C. 生产工艺不合理　　　　　　　　　　D. 涂布的表层涂料挥发

5. 由上述材料分析，造成事故发生的主要原因是什么？

6. 根据上述材料，分析这是一起什么性质的事故。

项目六

防止检修现场伤害 ▷▷▷▷▷▷▷▷

任务一 生产装置检修的安全管理

【案例介绍】

[案例1] 英国北海阿尔法平台天然气生产平台输送液化天然气由A、B两个泵切换进行。1988年7月6日，原计划A泵在下午下班前检修完，但下班时维修工程师没有将A泵检修完，于是就填了一张维修单注明"A泵没有检修好"送到安监员的办公桌上，没实行上锁挂牌管理，接班人也没注意维修单，此时泄压管线上的安全阀被撤掉，在安全阀的位置上安装了一个盲板，且没有上紧。7月6日晚上B泵发生故障，工作人员在不知情的情况下启动了A泵，此时液化天然气立刻从盲板处泄露出来引发火灾发生爆炸，平台坠入海中，造成165人死亡。导致事故发生的一个重要原因：维修中的A泵未上锁挂牌，被意外启动！

M6-1 生产装置检修

[案例2] 泰国某工业园区的曼谷化纤有限公司，2012年5月6日停工检修，工人在清洗甲苯生产线时未按照安全程序操作，导致甲苯在过热的环境中起火，发生爆炸，产生大量浓烟，工厂内60余名工人正在工作，事故导致12人死亡，100多人受伤，车间设施损坏严重。

[案例3] 2018年5月12日15时33分，中石化上海某石油化工有限责任公司一苯罐进行维修作业时发生闪爆事故，造成检维修作业承包商6名现场作业人员死亡。

[案例4] 2018年7月14日15时22分，中国石油某建设有限公司在尼龙厂醇酮车间"83装置停产检修"动火作业过程中，叔丁醇储罐（罐容积25.15m³、内存有2.96t叔丁醇）突然发生闪爆，导致叔丁醇泄漏并引发火灾，事故致1死1伤。

石油化工装置检修是石油化工单位最重要的工作之一，也是最繁重、最危险的工作之一，有90%的安全事故发生在装置开停车与检修期间。

【案例分析】

石油化工装置和设备的检修分为计划检修和非计划检修。按计划进行的检修称为计划检修。根据计划检修内容、周期和要求不同，计划检修可分为小修、中修、大修。目前，大多数石油化工生产装置都定为一年一次大修。随着新材料、新工艺、新技术、新设备的应用，检修质量的提高和预测技术的发展，部分石油化工生产装置则实现了两年进行一次大修的目标。

在生产过程中设备突然发生故障或事故，必须进行不停工或临时停工的检修称为非计划检修。这种检修事先难以预料，无法安排检修计划。在目前的石油化工生产中，这种检修仍然是不可避免的。检修过程主要安全风险分析见表 6-1。

表 6-1　检修过程主要安全风险分析表

序号	项目	重大风险部位	存在的风险
1	分离器、塔	分离器	中毒、火灾
		塔	火灾、中毒、高空坠落、窒息
2	站内联头	分离器内件改造	中毒、泄漏、火灾
		站内液相管线更换	火灾、泄漏
		换热器	泄漏、火灾
3	压缩机检修	注气机组	火灾、中毒、机械伤害、触电
4	污水池清理	站内污水池	窒息、火灾
5	火炬	更换长明灯和点火器	高空作业、坠落
6	机械设备	机泵、空压机	泄漏、触电、机械伤害、火灾

● 必备知识

一、能量隔离

1. 基本概念

监护人：在作业现场专职履行监护职责的人。监护人不直接参与作业，为作业人提供作业环境、劳动保护设施完好情况、作业场所条件变化等情况信息，对整个作业过程实施监督管理。监护人包括甲方监护人和乙方监护人。

置换：用清水、蒸汽、氮气或其他惰性气体将作业管道、设备内可燃气体替换出来的一种方法。

能量：可能造成人员伤害或财产损失的工艺物料或设备所含有的能量。

危险能量：可能失控的、具有潜在的可导致人身伤害、财产损失的能量。

隔离：将阀件、电气开关、蓄能配件等设定在合适的位置或借助特定的设施使设备不能运转或能量不能释放。

M6-2　能量隔离

2. 什么情况下使用能量隔离

当要实施进入、改造或维修某个设备、设施及装置（如维修、维护或修理机械设备，工作于电气线路和系统，工作于其他带压管道和设备，工作靠近其他危险能量）时，需要与其外部能量源（如电力源、流体和压力源、机械驱动装置和控制系统）进行隔离，避免能量意外释放。

3. 常用能量隔离方法

能量隔离常用方法：移除管线加盲板；双切断阀门，打开阀门之间的导淋（双切断加导淋）；退出物料，关闭阀门（关闭阀门）；切断电源或对电容器放电（切断电源）；辐射隔离，距离隔离；锚固、锁闭或阻塞。

4. 安全锁具

安全锁具（如图 6-1 所示）在车间和办公室挂牌上锁时使用，是锁具的一种。它是为了确保设备能源被绝对关闭，设备保持在安全状态。上锁能预防设备不慎开动，造成伤害或死亡。还有一种目的是起警示作用，区别于锁具所起的一般防盗作用。

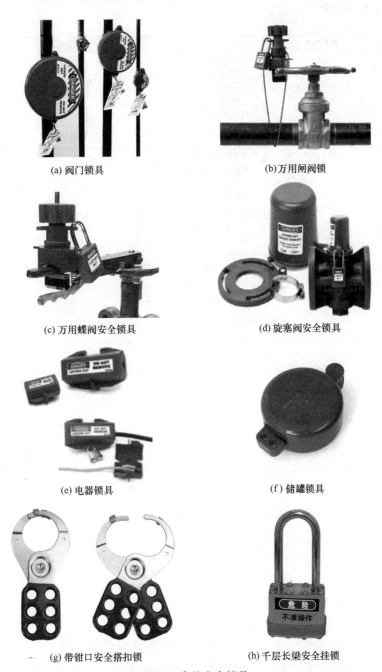

(a) 阀门锁具　　　　　　　　　　　(b) 万用闸阀锁

(c) 万用蝶阀安全锁具　　　　　　　(d) 旋塞阀安全锁具

(e) 电器锁具　　　　　　　　　　　(f) 储罐锁具

(g) 带钳口安全搭扣锁　　　　　　　(h) 千层长梁安全挂锁

图 6-1　常见安全锁具

上锁：用锁头和锁具锁定隔离能量的各种电气开关、阀门或设备，保持其与能量隔离，防止有人错误操作，直至维修或调试工作完全结束，然后移除。上锁挂签清单见图 6-2。

上锁挂签隔离清单

编码：　　　　　　　　　　　　　　　　　　顺序号：

隔离统统/设备：

能量/物料	隔离方法	上锁挂签点
	□ 移除管线加盲板	
	□ 双切断加导淋	
	□ 关闭阀门	
	□ 切断电源	
	□ 打开阀门	
	□ 接通电源	
	□ 其他	
	□ 移除管线加盲板	
	□ 双切断加导淋	
	□ 关闭阀门	
	□ 切断电源	
	□ 打开阀门	
	□ 接通电源	
	□ 其他	
	□ 移除管线加盲板	
	□ 双切断加导淋	
	□ 关闭阀门	
	□ 切断电源	
	□ 阀门	
	□ 接通电源	
	□ 其他	
备注		

编写人：　　　　　　批准人：　　　　　　　　　　　年 月 日

图 6-2　上锁挂签清单

挂牌：使用吊牌警示已经被隔离能量的设备或系统不允许随意触动操作，如图 6-3 所示。

个人锁：用于锁住单个隔离点或锁箱的标有个人姓名的安全锁，每人只有一把，供个人专用。

集体锁：用于锁住隔离点并配有锁箱的安全锁，集体锁可以是一把钥匙配一把锁，也可以是一把钥匙配多把锁。

上锁设施：保证能够上锁的辅助设施，如锁扣、阀门锁套、链条等。

二、装置检修存在的主要危险因素

1. 火灾爆炸

（1）物料互窜引起爆炸　生产中的各种物料大多具有燃烧和爆炸性质，因此，当物料发生互窜后，如氧气窜入可燃气体中、可燃气体窜入空气（氧气）中或窜入检修的设备中，在足够能量的火源下均能引起爆炸。

（2）违章动火引起爆炸　检修前未采取必要的安全措施，违章动火，是引起爆炸事故的

图 6-3　上锁挂牌

一个主要原因。

（3）用汽油等易挥发液体擦洗设备引起爆炸 石油化工企业在设备检修时，按规定使用洗涤剂清污，但个别职工却用汽油等易挥发的可燃液体作为洗涤剂，发生不少重大火灾爆炸事故。

（4）带压作业引起爆炸 带压作业在石油化工企业，特别是老装置时更多采用，因为装置老化，跑、冒、滴、漏经常发生。为了确保正常生产，尽量采用切实可行的安全措施，带压堵漏是允许的，也是安全的。但是，有的企业在不减压的情况下，热紧螺栓、消漏换垫等也常常引起爆炸事故。

2. 职业中毒

石油化工生产中，有毒有害物质的来源是多方面的：有的作为原料、成品或废弃物等方式出现，如混合苯、硫化氢、氨、催化剂等；有的是在维护检修中产生的有毒有害气体、蒸气、雾、粉尘、烟尘等。有毒有害物质侵入人体的途径多为吸入、食入或经皮肤吸收，造成检修人员中毒。

3. 其他因素

除上述主要危险、危害外，石油化工设备维护过程中还有高处作业引起的人员坠落或落物的物体打击伤害、电气设备或线路引起的触电伤害、转动设备引起的机械伤害以及高温介质灼伤、低温介质冻伤、噪声危害等。

三、装置检修特点

1. 复杂性

对石化工艺装置中残留的原料和产品清理、吹扫不彻底，就会发生火灾、爆炸和中毒事件；装置的塔高数十米，管线纵横交错，各种设备遍及各个角落，各工种人员纵横向交叉作业。

2. 系统性

工艺装置由各种设备按工艺要求构成一个庞大的系统，检修按系统结构分类、分层次进行。

3. 规范性

检修设备、安全设施、消防器材、机具摆放、工艺装置中各种设备设施的拆卸安装、安全标志及警示用语的张贴和悬挂、劳动保护用品用具的配备和使用等都要程序化、标准化，必须符合安全技术规范规定。

4. 可靠性

在检修、调试中质量达标，装置才能达到"安、稳、长、满、优"运行的目标。

● 任务实施

训练内容 装置检修的安全管理及如何上锁挂牌

一、教学准备/工具/仪器

多媒体教学（辅助视频）

图片展示

典型案例

实物

二、操作规范及要求

① AQ 3026—2008《化学品生产单位设备检修作业安全规范》；

② 掌握检修的主要程序；

③ 根据典型案例做出分析；

④ 模拟检修前安全管理。

三、检修前的准备工作

要做好装置检修的安全管理，一是检修前要成立专门的组织机构，要对检修的装置进行全面系统的危险辨识及风险评价，明确各自的职责，做到任务清楚，对检修进行统一领导、制订计划、统一指挥；二是装置检修要制订停车、检修、开车方案及安全措施，每一项检修有明确要求和注意事项，并设专职人员负责；三是要对所有参加检修人员进行现场安全交底和安全教育，明确检修内容、步骤、方法、质量要求，对各工种要进行安全培训和考核，经考试合格后，方可参与检修施工。检修前的准备工作如表 6-2 所示。

表 6-2　检修前的准备工作

序号	工作任务	具体内容
1	设立检修指挥机构	明确分工,分片包干,各司其职,各负其责
2	制订检修技术方案	确定检修时间、内容、质量标准、工作程序、施工方法、起重方法、安全措施,明确施工负责人和检修项目负责人等
3	制订检修安全措施	制订动火、动土、罐内空间作业、登高、用电、起重等安全措施,以及教育、检查、奖罚的管理办法
4	技术交底安全教育	明确检修内容、步骤、方法质量标准、人员分工、注意事项、存在的危险因素和由此而采取的安全技术措施
5	全面检查消除隐患	装置停车检修前,应由指挥部统一组织,分组对停产前的准备工作进行一次全面细致的检查

四、装置检修上锁挂签操作（具体见表 6-3）

M6-3　上锁挂签

表 6-3　装置检修上锁挂签操作

序号	程序	具体工作
1	辨识	属地单位应辨识作业过程中所有能量和物料(含公用系统)的来源及类型。需要控制的能量包括但不限于以下种类:电能、动能、势能、蒸汽能、化学能、热能等
2	隔离	1. 属地单位编制上锁挂签清单(如图 6-2 所示)并明确隔离方式、挂签点及上锁点。上锁挂签清单与作业许可证正本共同存放,一并存档 2. 根据能量和物料性质及隔离方式选择相匹配的断开、隔离设施。管线、设备的隔离执行《管线、设备打开管理程序》;电隔离执行相关标准与规定

续表

序号	程序		具体工作
3	上锁挂签	多个隔离点的上锁挂签	1. 属地单位应根据上锁挂签清单对已完成隔离的隔离设施选择合适的锁具,填写警示标签,使用集体锁对隔离点上锁挂签 2. 涉及电气、仪表隔离时,属地单位应向电气、仪表专业人员提供所需数量的同组集体锁,由电气、仪表专业人员实施上锁挂签 3. 所有作业人员应对隔离点进行上锁挂签确认 4. 集体锁钥匙放到锁箱后,作业人用个人锁锁住锁箱 5. 作业人员用个人锁锁住锁箱。如果作业人员没有个人锁,应提前向属地单位登记申领,作业结束后归还
		单个隔离点的上锁挂签	1. 作业人应选择合适的锁具并填写警示标签,用个人锁对隔离点进行上锁挂签 2. 所有作业人员(检维修人员)使用个人锁对隔离点进行上锁挂签。如果作业人员没有个人锁,应提前向属地单位登记申领,作业结束后归还 3. 在隔离高、低压电气时,至少两名电工进行,一人对电气隔离点上锁挂签,另一人确认
		装置停工检修的挂签	装置停工检修时,属地单位应对系统进行盲板隔离,具体执行《盲板抽堵管理程序》
4	确认		1. 上锁挂签后属地单位与作业单位应共同确认能量和物料已被隔离或去除。确认应根据现场情况选用(但不限于)以下可行的方式: ①低点放空,确认物料已被隔离; ②观察压力表或液面指示等以确认能量或物料已被隔离; ③目视确认组件已断开、转动设备已停止转动; ④对暴露于电气危险的工作任务,应检查电源导线已断开。所有上锁应实物断开且经测试无电压存在 2. 有条件进行试验时,属地单位应在作业人员在场时对设备进行试验。如按下启动按钮或开关,确认设备不再运转。在进行试验时,应屏蔽所有可能会阻止设备启动或移动的限制条件(如联锁) 3. 如果确认隔离无效,应由属地单位采取相应措施确保作业安全
5	解锁		1. 解锁依据先解个人锁后解集体锁的原则进行 2. 作业人员完成作业后,解除个人锁。当确认所有作业人员都解除个人锁后,由属地单位作业人解除个人锁 3. 涉及电气、仪表隔离时,属地单位应向电气、仪表专业人员提供集体锁钥匙,由电气、仪表专业人员进行解锁 4. 属地单位确认设备、系统符合运行要求后,按照上锁挂签清单解除现场集体锁 5. 解锁后设备或系统试运行不能满足要求时,应按本程序要求重新进行 6. 当作业部位处于应急状态下需解锁时,首先考虑使用备用钥匙解锁。无法及时取得备用钥匙时,经属地负责人(或其授权人)同意后,可以采用其他安全的方式解锁。解锁应确保人员和设施的安全,解锁后应及时通知上锁挂签的相关人员

任务二 盲板抽堵作业

【案例介绍】

[案例1] 2018年4月26日,天津某化工股份有限公司在 3# 合成氨变换炉气密性检修作业期间,装置上游的煤气化炉已开始点火运行,因 3# 合成氨变换炉与火炬之间管道上阀门关闭不严且未按照要求倒升温氮气盲板,致使一氧化碳气体通过火炬总管进入了 3# 合成氨变换炉,并从炉顶部人孔溢出,造成3人死亡、2人受伤的中毒事故。

[案例2]　2018年7月9日下午，上海某空调设备工程技术有限公司为客户厂房安装中央空调。4名工人在安装好的管道内打入了0.3MPa的空气，测试管道的密封性，测试完后未泄压。7月10日7时许，4人一起再次来到现场，其中一人在脚手架上，安全绳一端系在管道支架上，另一端绑在自己身上，在没有给管道泄压的情况下，打开接口处的盲板，管道内的压力使盲板弹出，打到他身上致其坠落，身体被安全绳挂住，在空中摆动的过程中，撞击到作业面下方及四周的物体，导致死亡。

[案例3]　某化肥厂检修更换合成车间铜洗再生器盘管。系统停车后，操作工根据安全检修的要求，加堵了盲板，并办好了动火证。铜洗副工段长不了解动火工作还没有完成，怕天黑后不好工作，带领1名工人把氨吸收塔出口阀上的盲板拆掉。检修未结束提前拆盲板，导致爆炸，造成4人死亡，5人轻伤的重大事故。

抽堵盲板工作既有很大的危险性，又有较复杂的技术性，为避免各类事故的发生，必须由熟悉生产工艺的人员负责，严加管理。

🏴【案例分析】

石油化工生产工艺流程连续性强，设备管道紧密相连，设备与管道间虽有各种阀门控制，但在生产过程中，阀门长期受内部介质的冲洗和化学腐蚀作用，严密性能大大减弱，有可能出现泄漏，所以在设备或管道检验时，假如仅仅用封闭阀门来与生产系统进行隔离，往往是不可靠的。在这种情况下，盲板是最有效的隔离手段。

M6-4　因盲板
引发的事故

抽堵盲板由项目负责人负责，绘制盲板图，并编号、登记、落实到人。盲板的材质、厚度应符合安全技术规范要求。抽加盲板应在系统卸压后保持正压时进行。检修人员配备适当的防毒面具和灭火器材，并挂盲板标志牌。抽堵盲板主要安全风险分析如表6-4所示。

表6-4　抽堵盲板主要安全风险分析表

序号	工作步骤	危害	安全风险
1	施工前	未办理盲板抽堵作业证	火灾、爆炸、中毒、人员伤害、财产损失
		未按照盲板抽堵作业证规定的时间抽堵盲板，延时	发生意外事故、人员伤害、财产损失
		无施工方案	设备设施损坏、人员伤害、其他伤害
2	施工中	施工现场无安全警示标志	人员伤害、财产损失
		不置换分析盲目进入	人员伤害、财产损失
		无人监护，不采取措施，擅自进入	人员伤害
		擅自变更盲板作业内容	设备设施损坏、人员伤害
		在禁火区使用易产生火花的工具	火灾、爆炸
		施工中发现有毒有害物质时不采取防范措施	人员伤害
		未及时拆除盲板采取防范措施	设备设施损坏、人员伤害、其他伤害

● 必备知识

一、盲板的分类及选用

盲板主要是用于将生产介质完全分离，防止由于切断阀关闭不严，影响生产，甚至造成事故。从外观上看，一般分为8字盲板、插板、垫环（插板和垫环互为盲通）。具体如图6-4所示。

图 6-4　盲板

M6-5　盲板的作用与分类

盲板应设置在要求分离（切断）的部位，如设备接管口处、切断阀前后或两个法兰之间。通常推荐使用 8 字盲板，为打压、吹扫等一次性使用的部位亦可使用插板（圆形盲板）。

二、盲板的设置

1. 需要设置盲板的部位

① 原始开车准备阶段，在进行管道的强度试验或严密性试验时，不能和所相连的设备（如透平、压缩机、气化炉、反应器等）同时进行的情况下，需在设备与管道的连接处设置盲板。

② 界区外连接到界区内的各种工艺物料管道，当装置停车时，若该管道仍在运行之中，在切断阀处设置盲板。

③ 装置为多系列时，从界区外来的总管道分为若干分管道进入每一系列，在各分管道的切断阀处设置盲板。

④ 装置要定期维修、检查或互相切换时，所涉及的设备需完全隔离时，在切断阀处设置盲板。

⑤ 充压管道、置换气管道（如氮气管道、压缩空气管道）等工艺管道与设备相连时，在切断阀处设置盲板。

⑥ 设备、管道的低点排净，若工艺介质需集中到统一的收集系统，在切断阀后设置盲板。

⑦ 设备和管道的排气管、排液管、取样管在阀后应设置盲板或丝堵。无毒、无危害健康和非爆炸危险的物料除外。

⑧ 装置分期建设时，有互相联系的管道在切断阀处设置盲板，以便后续工程施工。

⑨ 装置正常生产时，需完全切断的一些辅助管道，一般也应设置盲板。

⑩ 其他工艺要求需设置盲板的场合。

2. 盲板设置

① 盲板在 PI 图上表示的图形，按照行业标准《管道仪表流程图管道和管件的图形符号》，如图 6-5 所示。

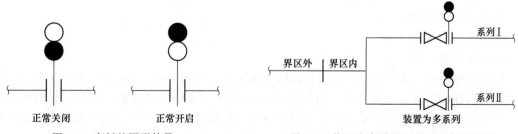

图 6-5　盲板的图形符号　　　　图 6-6　装置为多系列生产时的盲板设置

② 装置为多系列生产时，盲板设置如图 6-6 所示。

③ 设备管道低点排净的盲板设置，如图 6-7 所示。

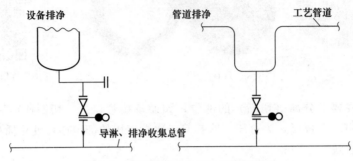

图 6-7　设备管道低点排净的盲板设置

④ 充压管线、置换管线的盲板设置，如图 6-8 所示。

⑤ 装置分期建设时，盲板设置如图 6-9 所示。

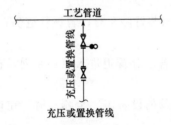

图 6-8　充压管线、置换管线的盲板设置

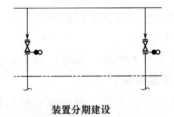

图 6-9　装置分期建设时的盲板设置

● 任务实施

训练内容　盲板抽堵作业安全管理

一、教学准备/工具/仪器

多媒体教学（辅助视频）

图片展示

典型案例

实物

二、操作规范及要求

① AQ 3027—2008《化学品生产单位盲板抽堵作业安全规范》；

② 掌握抽堵盲板的主要程序；

③ 根据典型案例做出分析；

④ 模拟训练抽堵盲板。

三、盲板的选用

对于高压盲板，有系列的产品可供选购，而对于中低压盲板，都是由各单位用气割制作一块圆形的铁板作为盲板来使用。盲板的直径和厚度大多凭经验选取，但是假如盲板选薄了，使用过程中变形，就很难从法兰之间抽出来。假如盲板选厚了，法兰之间的间距又不够宽，就很难插到法兰之间。不管盲板选得太厚还是太薄，均会给施工带来不便。所以要使用尽可能薄的盲板，又要保证盲板在使用过程中不发生变形，需留意以下两点：

① 盲板的材质、厚度应与介质性质、压力、温度相适应，严禁用石棉板或白铁皮代替盲板。盲板要平整、光滑，经检查无裂纹和孔洞，高压盲板应经探伤合格。制作盲板可用20钢、16MnR，禁止使用铸铁、铸钢材质。

② 管线中介质已经放空或介质压力≤2.5MPa时，可以使用光滑面盲板，其厚度不应小于管壁的厚度。管线中介质没有放空且压力>2.5MPa时，或者需要其他形式的盲板，如凹凸面盲板、槽形盲板、8字盲板等，应委托设计单位进行核算后选取。盲板的直径应大于或等于法兰密封面直径，并应按管道内介质性质、压力、温度选用合适的材料制作盲板垫片。盲板应有手柄，便于安装、拆卸和加挂盲板标识牌。

四、《盲板抽堵安全作业证》的管理

①《盲板抽堵安全作业证》由生产车间（分厂）办理，格式如图6-10所示。

盲板抽堵作业票

○ 加盲板　　○ 拆除盲板　　编号:

装置名称				填写人				
施工单位				施工地点				
作业单位				监护人				
设备情况	原有介质	温度	压力	盲板情况	材质	规格	数量	编号
作业人员	加装盲板	年 月 日 时 分		作业人员				
	拆卸盲板	年 月 日 时 分						

序号	生产处理措施	选项	执行人
1	关闭待检维修设备仪表出入口阀门		
2	设备管线撤压		
3	设备管线介质排空		
4	盲板按编号挂牌		
5	确认物料走向和加、拆盲板的法兰位置		
6	其他需交底确认内容:		
序号	主要安全措施	选项	确认人
1	作业人员着装符合要求		
2	作业人员劳保护品佩戴符合要求。在有毒物料环境中，佩戴防毒面具和空气呼吸器；在腐蚀性物料环境中，佩戴防酸碱护镜等护品		
3	关闭待检修设备出入口阀门		
4	设备管线撤压		
5	设备管线介质清空		
6	作业时站在上风向，并背向作业		
7	严禁使用产生火花的工具进行作业		
8	高处作业时系挂安全带		
9	盲板按编号挂牌		
10	其他补充安全措施:		

施工单位意见:	车间（工段）意见:	安全管理部门意见:	厂领导审批意见:
签名:	签名:	签名:	签名:
完工验收时间　年 月 日 时 分	验收人签名:	验收人签名:	

图6-10 盲板作业证

② 盲板抽堵作业宜实行一块盲板一张作业证的管理方式。

③ 严禁随意涂改、转借《盲板抽堵安全作业证》，变更盲板位置或增减盲板数量时，应重新办理《盲板抽堵安全作业证》。

④《盲板抽堵安全作业证》由生产车间（分厂）负责填写、盲板抽堵作业单位负责人确认、单位生产部门审批。

⑤ 经审批的《盲板抽堵安全作业证》一式两份，盲板抽堵作业单位、生产车间（分厂）各一份，生产车间（分厂）负责存档，《盲板抽堵安全作业证》保存期限至少为 1 年。

五、盲板抽堵作业安全要求

① 盲板抽堵作业实施作业证管理，作业前应办理《盲板抽堵安全作业证》。

② 盲板抽堵作业人员应经过安全教育和专门的安全培训，并经考核合格。

M6-6 盲板抽堵作业主要安全措施

③ 生产车间应预先绘制盲板位置图，对盲板进行统一编号，并设专人负责。盲板抽堵作业单位应按图作业。

④ 作业人员应对现场作业环境进行有害因素辨识并制订相应的安全措施。

⑤ 盲板抽堵作业应设专人监护，监护人不得离开作业现场。

⑥ 在作业复杂、危险性大的场所进行盲板抽堵作业，应制定应急预案。

⑦ 在有毒介质的管道、设备上进行盲板抽堵作业时，系统压力应降到尽可能低的程度，作业人员应穿戴适合的防护用具。

⑧ 在易燃易爆场所进行盲板抽堵作业时，作业人员应穿防静电工作服、安全鞋；距作业地点 30m 内不得有动火作业；工作照明应使用防爆灯具；作业时应使用防爆工具，禁止用铁器敲打管线、法兰等。

⑨ 在强腐蚀性介质的管道、设备上进行抽堵盲板作业时，作业人员应采取防止酸碱灼伤的措施。

⑩ 在介质温度较高、可能对作业人员造成烫伤的情况下，作业人员应采取防烫措施。

⑪ 高处盲板抽堵作业应按相关高处作业安全规范的规定进行。

⑫ 不得在同一管道上同时进行两处及两处以上的盲板抽堵作业。

⑬ 抽堵盲板时，应按盲板位置图及盲板编号，由生产车间设专人统一指挥作业，逐一确认并做好记录。

⑭ 每个盲板应设标牌进行标识，标牌编号应与盲板位置图上的盲板编号一致。

⑮ 作业结束，由盲板抽堵作业单位、生产车间专人共同确认。

六、相关人员职责

1. 生产车间（分厂）负责人

① 应了解管道、设备内介质特性及走向，制定、落实盲板抽堵安全措施，安排监护人，向作业单位负责人或作业人员交代作业安全注意事项。

② 生产系统如有紧急或异常情况，应立即通知停止盲板抽堵作业。

③ 作业完成后，应组织检查盲板抽堵情况。

2. 监护人

① 负责盲板抽堵作业现场的监护与检查，发现异常情况应立即通知作业人员停止作业，并及时联系有关人员采取措施。

② 应坚守岗位，不得脱岗；在盲板抽堵作业期间，不得兼做其他工作。

③ 当发现盲板抽堵作业人违章作业时应立即制止。

④ 作业完成后，要会同作业人员检查、清理现场，确认无误后方可离开现场。

3. 作业单位负责人

① 了解作业内容及现场情况，确认作业安全措施，向作业人员交代作业任务和安全注意事项。

② 各项安全措施落实后，方可安排人员进行盲板抽堵作业。

4. 作业人

① 作业前应了解作业的内容、地点、时间、要求，熟知作业中的危害因素和应采取的安全措施。

② 要逐项确认相关安全措施的落实情况。

③ 若发现不具备安全条件时不得进行盲板抽堵作业。

④ 作业完成后，会同生产单位负责人检查盲板抽堵情况，确认无误后方可离开作业现场。

5. 审批人

① 审查《作业证》的办理是否符合要求。

② 督促检查各项安全措施的落实情况。

任务三　临时用电作业

【案例介绍】

[案例1]　某石油化工公司，2004年9月17日15时接到设备抢修任务，当班电工在下班前到连续重整装置内 E-107 换热器处安装两台临时照明灯。在没有找到行灯变压器后，擅自将防爆型 36V 行灯的灯罩打开，换上 220V/100W 的灯泡。16时左右到现场，通过现场配置的防爆开关箱，安装了一盏 220V 固定式探照灯和一盏 220V 手提式防爆行灯，没有在临时供电线路上安装漏电保护器。21日30分左右，新接班的电工接到电话："施工现场使用的行灯罩碎了，需马上更换"，便到现场更换。没能及时发现行灯使用非安全电压问题，错过了消除事故隐患的良机。22时30分左右，天降大雨，地面积水，作业人员抢修工作仍在继续。23时左右，一名工人在水中移动手提式行灯时，忽然触电倒地。另一名工人发现后没意识到是触电，便上前扯拽行灯，也被电击倒。经送医院抢救无效，2人于当晚死亡。

[案例2]　2016年8月，某施工工地，临时用电的电缆长约30m，却由不同规格的电缆线拼接而成，控制箱布置及元器件装设、电缆敷设、线头包裹都不规范，部分电缆属伪劣产品，也未装设漏电保护器。一场大雨过后，因本端用电设备没有电压，在没采取将线路停电和防护的条件下，现场电工沿着草丛中的三相动力电缆巡线，一脚踏在盘在地上的电缆线上，触电摔倒，在场的其他工人急忙揪断电缆，拉下电闸，经全力抢救，电工幸运地活了下来。

作业现场用电最大的特点是"临时"。施工场地是临时的，甚至施工供电设施也是临时的，作业现场用电易出现安全隐患，因此要严格加强电气设备的安全防护等技术措施，按规范要求进行操作，防止触电事故的发生。

M6-7 临时
用电事故

【案例分析】

对于石化企业而言，临时用电的风险更重要的是常出现在紧急抢修、设备异常处理、改造项目、外来施工等过程中。边生产边施工，周围遍布易燃易爆管线、危险品物料，施工条件苛刻，稍有不慎即可引发火灾爆炸、环境污染、人员中毒或触电等安全事故。临时用电的安全风险分析见表6-5。

表6-5 临时用电的安全风险分析表

序号	工作步骤	危害	安全风险
1	接、拆电作业	未穿戴好劳动保护、防护用品	触电
		未办理临时用电安全作业证	造成人身伤害
		安装临时用电线路人员无电工作业证	触电
		安装未执行电气施工安装规范	触电
2	施工作业	在防爆场所使用的临时用电设备、线路未采取防爆措施	着火、爆炸
		临时用配电盘不符合要求	造成人身伤害
		未正确接电焊机或不按规定接地线	造成人身伤害
		移动电动工具未接漏电保护器	触电
		临时用电线路架空高度不够	造成人身伤害
		临时用电设备和线路容量、负荷不符合要求	造成人身伤害
		任意增加用电负荷	损害设备
		使用临时用电设备时未设监护人	造成人身伤害

● 必备知识

因施工、检修的需要，凡在正式运行的供电系统上加接或拆除如电缆线路、变压器、配电箱等设备以及使用电动机、电焊机、潜水泵、通风机、电动工具、照明器具等一切临时性用电负荷，通称为临时用电。

一、临时用电作业基本要求

① 在正式运行电源上所接的一切临时用电，应办理"临时用电作业许可证"。

② 临时用电设备和线路必须按供电电压等级及负荷容量正确选用。所用的电气元件必须符合国家规范、标准要求。

M6-8 什么是
临时用电

③ 临时用电电源施工、安装必须严格执行电气施工、安装规范。安装临时用电线路的电气作业人员应持有有效电工作业证。

二、危险识别

临时用电作业许可证签发前，配送电单位应根据现场情况针对作业内容进行危害识别，制订相应的作业程序和安全措施。

临时用电作业许可证签发人应将本次作业需执行的安全措施填入"临时用电作业许可证"内。

三、临时用电作业许可证办理程序

① 临时用电单位负责人持《电工作业证》和按规定须办理的用火作业许可证等资料，到配送电单位办理"临时用电作业许可证"（如图 6-11 所示）。

化工企业临时用电作业许可证

编号		申请作业单位		
工程名称		施工单位		
施工地点		用电设备及功率		
电源接入点		工作电压		
临时用电人		电工证号		
临时用电时间	从　年　月　日　时　分至　年　月　日　时　分			
序号	主要安全措施			确认人签名
1	安装临时线路人员持有电工作业操作证			
2	在防爆场所使用的临时电源、电气元件和线路达到相应防爆等级要求			
3	临时用电的单相和混凝土用线路采用五线制			
4	临时用电线路架空高度在装置内不低于2.5m，道路不低于5m			
5	临时用电线路架空进线不得采用裸线，不得在树上或脚手架上架设			
6	暗管埋设及地下电缆线路设有"走向标志"和安全标志，电缆埋深大于0.7m			
7	现场临时用电配电盘、箱有防雨措施			
8	临时用电、设施安有漏电保护器，移动工具、手持工具应有一机一闸保护			
9	用电设备、线路容量、负荷符合要求			
10	其他补充安全措施			
临时用电单位意见	供电主管部门意见		供电执行单位意见	
完工验收：　年　月　日　时　分　签名：				

图 6-11　临时用电作业许可证

② 配送电单位临时用电作业许可证签发人应对临时用电作业程序和安全措施进行确认后，签发"临时用电作业许可证"。

③ 临时用电单位负责人应向施工作业人员进行作业程序和安全措施交底并督促实施。

④ 配送电单位送电作业人员在送电前要对临时用电设施进行检查，确认安全措施落实到位后，方可送电。

⑤ 作业完工后，临时用电单位应及时通知配送电单位停电，配送电单位停电并做相应确认后，由临时用电单位拆除临时用电线路。配送电单位验收后，双方在许可证上签字。

● **任务实施**

训练内容　临时用电作业管理

一、教学准备/工具/仪器

多媒体教学（辅助视频）

图片展示

典型案例

实物

二、操作规范及要求

① GB 30871—2014《化学品生产单位特殊作业安全规范》；

② 掌握检修的主要程序；

③ 根据典型案例做出分析；

④ 模拟临时用电现场作业过程管理。

三、临时用电现场作业管理要点

临时用电现场作业管理如表 6-6 所示。

表 6-6　临时用电现场作业管理

工作流程	主管/协管	依据文件	相关文件/记录
确定用电容量、性质	机动处、工程处、临时用电单位		
办理火票　提出申请	工程处、临时用电单位及生产作业单位	临时用电管理规定	用火作业许可证、电气设备停复役申请表
危险识别　批准申请	机动处、生产处、工程处、安环处、配、送电单位、临时用电单位及生产作业单位	临时用电管理规定	临时用电作业许可证、电气设备停复役申请表
办理临时用电作业许可证	临时用电单位及配、送电单位	电气专业管理规定、临时用电管理规定	临时用电作业许可证
接线、送电	临时用电单位及配、送电单位	电气专业管理规定、临时用电管理规定	临时用电作业许可证
巡回检查、整改	临时用电单位及配、送电单位	电气专业管理规定、临时用电管理规定	临时用电设施巡检记录、临时用电隐患处理通知单
停电、拆线	临时用电单位及配、送电单位	电气专业管理规定、临时用电管理规定	临时用电作业许可证

四、作业安全措施

① 检修和施工队伍的自备电源不得接入公用电网。

② 施工配电箱（房）禁止直接接入各类用电设备，各类用电设备必须经用户配电箱转接［用电设备应按照总配电箱（房）→分配电箱→开关箱→用电设备的三级配电方式进行连接（如图 6-12 所示）］。施工配电箱（房）的"PEN"线或"PE"线应重复接地。配电箱内开关设备应具备短路、过载、漏电保护功能。对于 220V/380V 供电系统，电气设备金属外壳应采用 TNS 三相五线制保护接地系统。

M6-9　临时用电主要安全措施

③ 在防爆场所使用的临时电源，电气元件和线路要达到相应的防爆等级要求，并采取相应的防爆安全措施。

④ 临时用电线路及设备的绝缘应良好。

⑤ 临时用电架空线应采用绝缘铜芯线。架空线最大弧垂与地面距离，在施工现场不低于 2.5m，穿越机动车道不低于 5m。架空线应架设在专用电杆上，严禁架设在树上或脚手架上。

⑥ 对需埋地敷设的电缆线路应设有"走向标志"及"安全标志"。电缆埋深不应小于 0.7m，穿越道路时应加设保护套管。

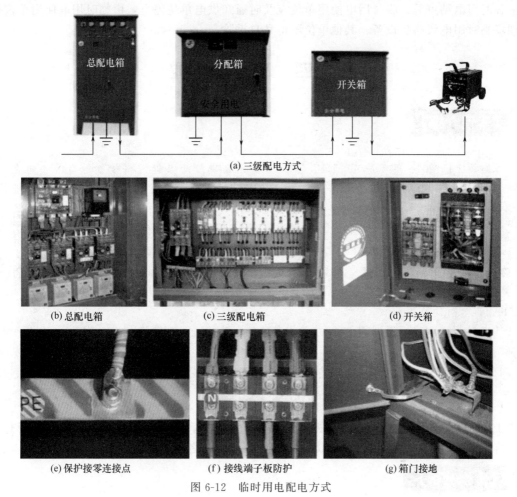

(a) 三级配电方式

(b) 总配电箱　　　　　(c) 三级配电箱　　　　　(d) 开关箱

(e) 保护接零连接点　　(f) 接线端子板防护　　　(g) 箱门接地

图 6-12　临时用电配电方式

⑦ 对现场临时用电配电盘、箱应有编号，并有防雨措施、配电盘、箱门能牢靠关闭。

⑧ 行灯电压不得超过 36V；在特别潮湿的场所或塔、釜、槽、罐等金属设备内作业装设的临时照明行灯电压不应超过 12V。

⑨ 临时用电设施应做到一机一闸一保护，移动工具、手持式电动工具必须安装符合规范要求的漏电保护器。

五、巡检与安全监护

① 配送电单位应将临时用电设施纳入正常电气运行巡回检查范围，确保每天不少于两次巡回检查，并建立巡检记录，发现问题及时下达隐患问题处理通知单，确保临时供电设施完好。对存在重大隐患和发生威胁安全的紧急情况时，配送电单位有权紧急停电处理。

② 临时用电单位必须严格遵守临时用电的安全规定，不得变更临时用电地点和工作内容，禁止任意增加用电负荷或私自向其他单位转供电。

③ 在临时用电有效期内，如遇施工过程中停工、人员离开时，临时用电单位应从受电端向供电端逐次切断临时用电开关，待重新施工时，临时用电单位应对线路、设备进行检查确认后，方可送电。

④ 临时用电必须严格确定用电时间，超过时限要重新办理临时用电作业许可证。

临时用电结束后，临时用电使用单位应及时通知供电单位停电，由临时用电使用单位拆除现场临时用电线路各设备，其他单位不得私自拆除。

任务四　高处作业

【案例介绍】

[案例1]　2018年6月29日15点55分，河南鹤壁市某能源科技股份有限公司在检修甲醇空罐过程中，工人未系安全带，由于罐内混合气体冲击罐顶，造成正在检修作业的3名工人跌落受伤，其中1人经抢救无效死亡。

[案例2]　2019年3月26日，上海某石化公司炼油二部加氢裂化装置压缩机房顶实施彩钢板更换项目作业时，承包商在装置监护人不在现场的情况下私自作业，一作业人员在压缩机房顶拖动临时电箱移动时，未将安全带挂钩挂在生命安全绳上，不慎踩到未固定的新铺设彩钢板，从11.98米高处坠落死亡。

M6-10　高处作业事故案例

[案例3]　某石化企业外协施工人员在进行高处作业，自身系有安全带，当一个作业点的工作完成后，要转移到相邻的另一作业点继续工作，就在该施工人员摘除挂点连接件，向相邻挂点处移动时，不慎发生坠落事故。而此时地面监护人恰好因故离开了监护点。

上述案例提醒我们，必须高度重视高处作业安全生产管理，加强对操作人员的安全思想教育，落实相关安全管理规章制度和采取安全防范措施，杜绝各种违章作业现象，避免事故发生。

【案例分析】

石油化工装置多数为多层布局，高处作业的机会比较多，如设备巡检、设备管线拆装、阀门检修更换、防腐刷漆保温、仪表调校、电缆架空敷设等。据统计，石油化工企业高处坠落事故造成伤亡人数仅次于火灾和中毒事故。高处作业的安全风险分析见表6-7。

表6-7　高处作业的安全风险分析表

序号	工作步骤	危害	安全风险
1	准备工作	未穿戴劳动保护用品	造成人身伤害
		未办理高处安全作业证	造成人身伤害
		不适合高处的人员登高	高处坠落伤人
		现场环境和施工未按安全要求	造成人身伤害
2	施工作业	脚手架不牢靠或不按规定搭设	高处坠落伤人
		不系安全带、不戴安全帽	造成人身伤害
		在梯子上作业，无人扶梯子	高处坠落伤人
		平台、梯子滑及脚下踏空滑落	高处坠落伤人
		交叉作业无防护措施	造成人身伤害
		高处工具脱落或投掷工具	造成人身伤害
		安全带低挂高用	造成人身伤害

● 必备知识

一、基本概念

高处作业：在坠落高度基准面 2m 及以上有可能坠落的高处作业。常见安全警示如图 6-13 所示。

图 6-13　高处作业安全标志

1. 高处作业的级别

高处作业分为四个等级：

Ⅰ级（$2m \leqslant h \leqslant 5m$）；

Ⅱ级（$5m < h \leqslant 15m$）；

Ⅲ级（$15m < h \leqslant 30m$）；

Ⅳ级（$h > 30m$）。

经过危害分析，由于作业环境的危害因素导致风险度增加时，高处作业应进行升级管理。

2. 可能坠落范围半径

其可能坠落范围半径 R，根据高度 h 不同分别是：

当高度 h 为 $2 \sim 5m$ 时，半径 R 为 2m；

当高度 h 为 5m 以上至 15m 时，半径 R 为 3m；

当高度 h 为 15m 以上至 30m 时，半径 R 为 4m；

当高度 h 为 30m 以上时，半径 R 为 5m；

高度 h 为作业位置至其底部的垂直距离。

M6-11　高处作业
定义及作业分级

二、高处作业的基本类型

高处作业主要包括临边、洞口、攀登、悬空、交叉等五种基本类型。

1. 临边作业

临边作业是指施工现场中，工作面边沿无围护设施或围护设施高度低于 80cm 时的高处作业。下列作业条件属于临边作业：

① 基坑周边，无防护的阳台、料台与挑平台等；

② 无防护楼层、楼面周边；

③ 无防护的楼梯口和梯段口；

④ 井架、施工电梯和脚手架等的通道两侧面；

⑤ 各种垂直运输卸料平台的周边。

2. 洞口作业

洞口作业是指孔、洞口旁边的高处作业，包括施工现场及通道旁深度在 2m 及 2m 以上的桩孔、沟槽与管道孔洞等边沿作业。

建筑物的楼梯口、电梯口及设备安装预留洞口等（在未安装正式栏杆、门窗等围护结构时），还有一些施工需要预留的上料口、通道口、施工口等。凡是在 2.5cm 以上，洞口若没有防护时，就有造成作业人员高处坠落的危险；或者若不慎将物体从这些洞口坠落时，还可能造成下面的人员发生物体打击事故。

3. 攀登作业

攀登作业是指借助建筑结构或脚手架上的登高设施或采用梯子或其他登高设施在攀登条件下进行的高处作业。

在建筑物周围搭拆脚手架，张挂安全网，装拆塔机、龙门架、井字架、施工电梯、桩架，登高安装钢结构构件等作业都属于这种作业。

进行攀登作业时作业人员由于没有作业平台，只能攀登在可借助物的架子上作业，要借助一手攀、一只脚勾或用腰绳来保持平衡，身体重心垂线不通过脚下，作业难度大，危险性大，若有不慎就可能坠落。

4. 悬空作业

悬空作业是指在周边临空状态下进行高处作业。其特点是在操作者无立足点或无牢靠立足点条件下进行高处作业。

建筑施工中的构件吊装，利用吊篮进行外装修，悬挑或悬空梁板、雨棚等特殊部位支拆模板、扎筋、浇混凝土等项作业都属于悬空作业，由于是在不稳定的条件下施工作业，危险性很大。

5. 交叉作业

交叉作业是指在施工现场的上下不同层次，于空间贯通状态下同时进行的高处作业。现场施工上部搭设脚手架、吊运物料、地面上的人员搬运材料、制作钢筋，或外墙装修下面打底抹灰、上面进行面层装饰等，都是施工现场的交叉作业。交叉作业中，若高处作业不慎碰掉物料，失手掉下工具或吊运物体散落，都可能砸到下面的作业人员，发生物体打击伤亡事故。

● **任务实施**

训练内容　高处作业安全管理

一、教学准备/工具/仪器

多媒体教学（辅助视频）

图片展示

典型案例

实物

二、操作规范及要求

① SH/T 3567—2018《石油化工工程高处作业技术规范》；

② 掌握检修的主要程序；

③ 根据典型案例做出分析；

④ 模拟高处检修作业管理。

三、高处作业安全管理

① 从事高处作业时必须设专人监护。Ⅲ级及以上高处作业应办理《高处作业许可证》

（如图 6-14 所示），并配备通讯联络工具。

高 处 作 业 票

编号：

工程名称		填写人	
施工单位		作业地点	
作业内容		作业类别	
作业高度		施工单位监护人	
现场人员姓名		施工区域监护人	
派工单位监护人			
作业时间	年 月 日 时 分至 年 月 日 时 分		
相关作业票编号			

序号	主要安全措施	选项	确认人
1	作业人员身体条件符合要求。		
2	作业人员着装符合要求。		
3	作业人员佩戴安全带。		
4	作业人员携带工具袋，所有工具系有安全绳。		
5	作业人员佩戴过滤式呼吸器或空气呼吸器。		
6	现场搭设的脚手架、防护围栏符合安全规程。		
7	垂直分层作业时中间有隔离措施。		
8	梯子和绳梯符合安全规程。		
9	在石棉瓦等不承重物上作业时应搭设并站在固定承重板上。		
10	高处作业应有充足的照明，安装临时灯或防爆灯。		
11	30m 以上进行高处作业应配备有通信联络工具。		
12	其他补充安全措施：		
危害识别			

施工单位意见：	车间（工段）意见：	安全管理部门意见：	厂领导审批意见：
签名：	签名：	签名：	签名：
完工时间　年 月 日 时 分		验收人签名：	验收人签名：

图 6-14　高处作业许可证

② 凡患有未控制的高血压、恐高症、癫痫、晕厥及眩晕症、器质性心脏病或各种心律失常、四肢骨关节及运动功能障碍疾病，以及其他不适于高处作业疾患的人员，不得从事高处作业。高处作业人员进行作业前需提供有效的体检报告，体检报告附在《高处作业许可证》后面。

③ 各基层单位与施工单位现场安全负责人应对作业人进行必要的安全教育，其内容包括所从事作业的安全知识、作业中可能遇到意外时的处理和救护方法等。

④ 应制订应急预案，其内容包括作业人员紧急状况下的逃生路线和救护方法，现场应配备的救生设施和灭火器材等。现场人员应熟知应急预案的内容。

⑤ 高处作业人员应正确佩戴符合国家标准的安全带，安全带应系挂在施工作业处上方的牢固构件上，不得系挂在有尖锐棱角或有可能转动的部位。安全带系挂点下方应有足够的空间，安全带应高挂低用。在不具备安全带系挂条件时，应增设生命绳、安全网等安全设施，确保高处作业的安全。

⑥ 劳动保护用品应符合高处作业的要求。对于需要戴安全帽进行的高处作业，作业人员应系好安全帽带。原则上禁止穿硬底或带钉易滑的鞋进行高处作业。

⑦ 应根据实际需要配备符合 GB 26557 等标准安全要求的梯子、挡脚板、跳板等，脚手

架的搭设必须符合国家有关规程和标准，并经过验收、挂合格标识牌后方可使用。高处作业平台四周应设置防护栏、挡脚板；临边及洞口四周应设置防护栏杆、警示标志或采取覆盖措施。高处带压堵漏等特殊情况应设置逃生通道。

⑧ 高处作业人员不得站在不牢固的结构物上进行作业，不得在高处做与工作无关的事。在彩钢瓦屋顶、石棉板、瓦楞板等轻型材料上方作业时，必须铺设牢固的脚手板，并加以固定，脚手板上要有防滑措施。

⑨ 高处作业严禁上下投掷工具、材料和杂物等，所用材料应堆放平稳，并设安全警戒区，安排专人监护。工具在使用时应系有安全绳，不用时应将工具放入工具套（袋）内，高处作业人员上下时手中不得持物。在同一坠落方向上，不得进行上下交叉作业，如需进行交叉作业，中间应设置安全防护层，坠落高度超过 24m 的交叉作业，应设双层安全防护。

⑩ 高处铺设格栅板、花纹板时，要按照安全作业方案和作业程序，必须按组边铺设边固定；铺设完后，要及时组织检查和验收。

⑪ 因作业需要，临时拆除或变动安全防护设施时，应经作业审批人员同意，并采取相应的防护措施，作业后应立即恢复，重新组织脚手架等验收。

M6-12　高处作业主要安全措施

⑫ 在气温高于 35℃（含 35℃）或低于 5℃（含 5℃）条件下进行高处作业时，应采取防暑、防寒措施；当气温高于 40℃ 时，应停止室外高处作业。

⑬ 在邻近地区设有排放有毒、有害气体及粉尘超出允许浓度的烟囱及设备的场合，严禁进行高处作业。在有毒有害、易燃易爆、粉尘的环境中进行高处作业时，应对作业点进行检测，检测结果不合格不得作业。如在允许浓度范围内，也应采取有效的防护措施，预先与作业所在地有关人员取得联系，确定联络方式，并为作业人员配备必要的且符合相关国家标准的防护器具（如空气呼吸器、过滤式防毒面具或口罩等）。

⑭ 雨、雪天作业时应采取防滑、防寒措施；遇有不适宜高处作业的恶劣气象条件（六级及以上大风、雷电、暴雨、大雾等）时，严禁露天高处作业；暴风雪、台风、暴雨后，应对作业安全设施进行检查，发现问题立即处理。

⑮ 作业场所光线不足时，应对作业环境设置照明设备，确保作业需要的能见度。

⑯ 同一垂直方向交叉作业，应采取"错时错位硬隔离"的管理和技术措施。

⑰ 应推进标准化作业，尽可能降低和减少高处作业的频次和时间。

⑱ 高处作业区域周边与外电架空线路安全防护距离应符合表 6-8 规定。

表 6-8　作业区域周边与外电架空线路安全防护距离

带电体电压等级/kV	≤10	220 及以下	500 及以下
安全防护距离/m	7.0	10.0	15.0

⑲ 许可证的管理。许可证一式四联，签发单位留存第一联，施工单位作业人员持有第二联，监护人员持有第三联，第四联由施工单位送至控制室或岗位固定位置。作业完工验收后，许可证由安全部门保存，保存期为一年。

许可证的有效期为作业项目一个周期，最长有效期不得超过 3 天。当作业中断，再次作业前，应重新对环境条件和安全措施予以确认；当作业内容和环境条件变更时，需要重新办理许可证。

四、相关人员职责

1. 作业人员职责

① 在作业前充分了解作业的内容、地点（位号）、时间和作业要求，熟知作业中的危害因素和许可证中的安全措施。

② 持有有效的高处作业许可证，并对许可证上的安全防护措施确认后，方可进行高处作业。

③ 对安全措施不落实而强令作业时，作业人员应拒绝作业，并向上级报告。

④ 在作业中如发现异常或感到不适等情况，应及时发出信号，并迅速撤离现场。

2. 监护人员职责

① 了解作业区域或岗位的生产过程，熟悉工艺操作和设备状况；了解周边环境和风险，熟悉应对突发事件的处置程序。

② 接到许可证后，应在技术人员和单位负责人的指导下，逐项检查落实安全措施。

③ 应佩戴明显标志，当发现高处作业内容与许可证不相符合，或者相关安全措施不落实时，有权制止作业；作业过程中出现异常时，应及时采取措施，有权终止作业。

④ 作业过程中，监护人不得随意离开现场，确需离开时，收回作业许可证，暂停作业。

任务五　受限空间作业

【案例介绍】

[案例1] 2015年1月14日21时20分，云南红河某糖业有限责任公司制炼车间副主任安排5名工人到五楼清洗7号、8号糖浆箱。21时46分，1名工人进入7号糖浆箱，在弯下腰准备作业时晕倒，现场人员发现后用对讲机呼叫，附近11名工人相继进行施救，最终导致4人死亡、2人中度中毒、6人轻度中毒。

[案例2] 2016年6月12日上午9时30分，甘肃天水市某石化有限公司两名员工在3#发育罐罐顶活动时，手套从罐顶观察孔掉入罐内。在没有对发育罐存在的危险有害因素进行辨识的情况下，未采取任何防护措施就进入罐内，造成中毒窒息，施救的员工又因盲目施救，导致事故扩大。最终导致3人死亡、1人受伤的受限空间中毒窒息事故。

[案例3] 2019年2月20日，在湖南某材料科技股份有限公司生产车间的R301反应釜维修温度计套管时，在未确定反应釜内气体成分，又未佩戴隔离式呼吸器的情况下盲目进入反应釜作业，发生受限空间作业窒息事故，造成1人死亡，2人受伤，直接经济损失约132万元。

因为受限空间内可能盛装过或积存有毒有害、易燃易爆物质，如果工艺处理不彻底，或者对需要进入的设备未有效隔离，导致可燃气体、有毒有害气体残留或窜入等，若作业时对作业活动的危险性认识不足，采取措施不力，违章操作等，就可能发生着火、爆炸、中毒窒息事故，因此必须予以高度重视。

M6-13 受限空间作业事故案例

【案例分析】

由于受限空间内人员进出时有一定的困难或受到限制（受限空间也不是设计用作人员长时间停留的），通风状况较差，存在空气中的氧气含量不足，或者空气中存在着有害物质，不可长时间停留；并可能有各种机械动力、传动、电气设备，若处理不当、操作失误等，可能发生机械伤害、触电等事故；当在受限空间内进行高空作业时，可能造成坠落事故。进入受限空间作业的安全风险分析见表 6-9。

表 6-9　进入受限空间作业的安全风险分析表

岗位	工作步骤	危　害	安全风险
进入受限空间作业	作业前	不按规定要求办理用电许可证和用火作业许可证，乱接电源、私自动火	违章作业引发事故
		作业人员安全防护措施不落实	引发事故
		作业人员未进行安全教育	不能及时发现处理作业现场出现的问题
		检修的设备清洗置换不合格，氧气不足	火灾、爆炸、人员伤害
		检修的设备不与外界隔绝	火灾、爆炸、人员伤害
		监护不足，监护人不到位	出现事故不能及时处置，造成事故扩大
		消防器材不足及应急措施不当	不能及时灭火，造成事故扩大。人员伤害
		通风不良	引发事故
		照明设备触电危害	触电、人员伤害
	作业中	在设备内切割作业后切割物件落下，温度高	人员伤害
		未定时检测	人员伤害
		设备内高处作业不系安全带	高空坠落人员伤害
		设备内焊接作业，烟雾大	人员伤害
		设备内作业，扳手等工具放置不稳或者把持不牢，造成脱落	人员伤害
		设备内施工粉尘多	人员伤害
		拆除设备人孔螺栓等配件，不按规定放置，导致高空坠落	人员伤害
		作业工程中出现危险品泄漏，或人员不适	人员伤害
	完工后	现场没有清理	人员伤害
		设备内遗留异物	引发事故、人员伤害

● 必备知识

一、受限空间作业范围及不安全因素

受限空间：化学品生产单位的各类塔、釜、槽、罐、炉膛、锅筒、管道、容器以及地下室、窨井、坑（池）、下水道或其他封闭、半封闭场所。如图 6-15 所示。

不安全因素主要有以下几点。

① 设备与设备之间、设备内外之间相互隔断，导致作业空间通风不畅，照明不良。

(a) 安全标志

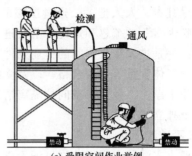

(c) 受限空间作业举例

进入受限空间作业票

装置/单元名称		设备名称		编号：	
原有介质		主要危险因素			
作业单位		监护人			
作业内容					
作业人员					
作业时间		年 月 日 时 分至 年 月 日 分			

采样分析数据	采样时间	氧含量	可燃气体含量	有毒气体含量	分析工签名
		%	%		

序号	主要安全措施	选项	确认人
1	所有与受限空间有联系的阀门、管线加符合规定要求的盲板隔离，列出盲板清单，并落实拆装盲板责任人		
2	设备经过置换、吹扫、蒸煮		
3	设备打开通风孔进行自然通风，温度适宜人员作业；必要时采取强制通风或佩戴空气呼吸器，但设备内缺氧时，严禁用通氧气的方法补氧		
4	相关设备进行处理，带搅拌机的设备应切断电源，挂"禁止合闸"标志牌，设专人监护		
5	盛装过可燃有毒液体、气体的受限空间，应分析可燃、有毒有害气体含量		
6	检查受限空间内部，具备作业条件，受限空间作业期间，严禁同时进行各类与该设备有关的试车、试压或试验工作。在同一受限空间内不应进行交叉作业，如必要时，必须采取避免相互影响、伤害安全措施		
7	作业人员清楚受限空间内存在的其他危害因素，如内部附件、集渣坑等		
8	检查受限空间进出口通道，不得有阻碍人员进出的障碍物		
9	使用的所有电气设备必须安装漏电保护器，漏电起跳电流不大于30毫安，并做到"一机一闸一保护"		
10	金属容器和潮湿、工作场地狭窄的受限空间作业照明电压不大于12V；严禁将接线箱（板）带电容器内使用，在潮湿溶器中，作业人员应站在绝缘板上，同时保证金属容器接地可靠		
11	原盛装过可燃液体、气体等介质，有挥发可能性的，应使用防爆电筒或电压不大于12V的自备直流电源的安全行灯；作业人员应穿戴防静电服，使用防爆工具。严禁携带手机等非防爆通讯工具和其他非防爆器材		
12	作业监护措施：消防器材（　）、救生绳（　）、气防设备（　）、安全三架（　）		
13	发生有人中毒、窒息的紧急情况，抢救人员必须佩戴隔离式防护面具进行设备抢救，并至少有一人在外部做好联络、监护工作		
危害识别及其他补充安全措施：			

施工作业单位意见：	车间（工段）意见：	安全管理部门意见：	厂领导意见：
签名：	签名：	签名：	签名：

完工验收	验收时间	年 月 日 时 分	作业单位	签名：	生产单位	签名：

(b) 作业票

图 6-15　受限空间作业

② 活动空间较小，工作场地狭窄，导致作业人员出入困难，相互之间联系不便，不利于作业监护。

③ 受限空间作业时，一般温度较高，导致作业人员体能消耗较大，易疲劳，易出汗，易发生触电事故。

④ 有些塔、釜、槽、罐、炉膛、容器内留有酸、碱、毒、尘、烟等介质，具有一定危险性，稍有疏忽就能发生火灾、爆炸和中毒事故，而且一旦发生事故，难以施救。

M6-14　受限空间作业定义及典型危害

二、办理作业许可证

办理进入受限空间作业许可证，涉及办理人、监护人员、作业人员、审批人、批准人等。要求各尽其责，人人把关。通过层层的办理程序，有效避免"某一个人""某一环节"对"某一危险因素"的疏忽和迟钝。落实进入受限空间作业的安全防范措施，主要考虑两个方面的问题：一是进入受限空间的作业条件，如作业点周围的环境，包括氧气含量、可燃气体含量、有毒气体含量等是否合格，以及受限空间内残存的易燃易爆、有毒有害固体废物等是否已经清除干净。二是受限空间的隔离情况，需要作业的受限空间是否与其他系统完全隔断，成为一个独立的系统。

三、"三不进入"原则

没有办理进入受限空间作业许可证不进入；监护人不在现场不进入；安全防护措施没有落实不进入。

● 任务实施

训练内容　受限空间作业管理

一、教学准备/工具/仪器

多媒体教学（辅助视频）

图片展示

典型案例

实物

二、操作规范及要求

① AQ 3028—2008《化学品生产单位受限空间作业安全规范》；

② 掌握检修的主要程序；

③ 根据典型案例做出分析；

④ 模拟实施受限空间作业管理。

三、受限空间作业安全管理

1. 受限空间作业实施作业证管理，作业前应办理《受限空间安全作业证》（简称《作业证》）。

2. 安全隔离

① 受限空间与其他系统连通的可能危及安全作业的管道应采取有效隔离措施。

M6-15　受限空间作业的主要安全措施

② 管道安全隔绝可采用插入盲板或拆除一段管道进行隔绝，不能用水封或关闭阀门等代替盲板或拆除管道。

③ 与受限空间相连通的可能危及安全作业的孔、洞应进行严密的封堵。

④ 受限空间带有搅拌器等用电设备时，应在停机后切断电源，上锁并加挂警示牌。

3. 清洗或置换

受限空间作业前，应根据受限空间盛装（过）的物料的特性，对受限空间进行清洗或置换，并达到下列要求。

① 氧含量一般为 18%～21%，在富氧环境下不得大于 23.5%。

② 有毒气体（物质）浓度应符合 GBZ 2 的规定。

③ 可燃气体浓度：当被测气体或蒸气的爆炸下限大于等于 4% 时，其被测浓度不大于 0.5%（体积分数）。当被测气体或蒸气的爆炸下限小于 4% 时，其被测浓度不大于 0.2%

（体积分数）。

4. 通风

应采取措施，保持受限空间空气良好流通。

① 打开人孔、手孔、料孔、风门、烟门等与大气相通的设施进行自然通风。

② 必要时，可采取强制通风，如图 6-16 所示为受限空间作业时通风换气举例。

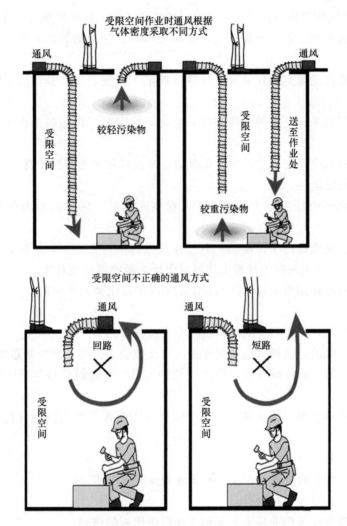

图 6-16　受限空间作业时通风换气举例

③ 采用管道送风时，送风前应对管道内介质和风源进行分析确认。

④ 禁止向受限空间充氧气或富氧空气。

5. 监测

① 作业前 30min 内，应对受限空间进行气体采样分析，分析合格后方可进入。

② 分析仪器应在校验有效期内，使用前应保证其处于正常工作状态。

③ 采样点应有代表性，容积较大的受限空间应采取上、中、下各部位取样。

④ 作业中应定时监测，至少每 2h 监测一次，如监测分析结果有明显变化，则应加大监

测频率，作业中断超过 30min 应重新进行监测分析。对可能释放有害物质的受限空间，应连续监测。情况异常时应立即停止作业，撤离人员。经对现场处理，并取样分析合格后方可恢复作业。

⑤ 涂刷具有挥发性溶剂的涂料时，应做连续分析，并采取强制通风措施。

⑥ 采样人员深入或探入受限空间采样时应按相关要求做好个体防护措施。

6. 个体防护措施

受限空间经清洗或置换不能达到要求时，应采取相应的防护措施方可作业。

① 在缺氧或有毒的受限空间作业时，应佩戴隔离式防护面具，必要时作业人员应拴带救生绳。

② 在易燃易爆的受限空间作业时，应穿防静电工作服、工作鞋，使用防爆型低压灯具及不发生火花的工具。

③ 在有酸碱等腐蚀性介质的受限空间作业时，应穿戴好防酸碱工作服、工作鞋、手套等护品。

④ 在产生噪声的受限空间作业时，应佩戴耳塞或耳罩等防噪声护具。

7. 照明及用电安全

① 受限空间照明电压应小于等于 36V，在潮湿容器、狭小容器内作业电压应小于等于 12V。

② 使用超过安全电压的手持电动工具作业或进行电焊作业时，应配备漏电保护器。在潮湿容器中，作业人员应站在绝缘板上，同时保证金属容器接地可靠。

③ 临时用电应办理用电手续，按 GB/T 13869 的规定架设和拆除。

8. 监护

① 受限空间作业，在受限空间外应设有专人监护。

② 进入受限空间前，监护人应会同作业人员检查安全措施，统一联系信号。

③ 在风险较大的受限空间作业，应增设监护人员，并随时保持与受限空间作业人员的联络。

④ 监护人员不得脱离岗位，并应掌握受限空间作业人员的人数和身份，对人员和工器具进行清点。

9. 其他安全要求

① 在受限空间作业时应在受限空间外设置安全警示标志。

② 受限空间出入口应保持畅通。

③ 多工种、多层交叉作业应采取互相之间避免伤害的措施。

④ 作业人员不得携带与作业无关的物品进入受限空间，作业中不得抛掷材料、工器具等物品。

⑤ 受限空间外应备有空气呼吸器（氧气呼吸器）、消防器材和清水等相应的应急用品。

⑥ 严禁作业人员在有毒、窒息环境下摘下防毒面具。

⑦ 难度大、劳动强度大、时间长的受限空间作业应采取轮换作业。

⑧ 在受限空间进行高处作业应按《化学品生产单位高处作业安全规范》的规定进行，应搭设安全梯或安全平台。

⑨ 在受限空间进行动火作业应按《化学品生产单位动火作业安全规范》的规定。

四、相关人员职责

1. 作业负责人的职责

① 对受限空间作业安全负全面责任。

② 在受限空间作业环境、作业方案和防护设施及用品达到安全要求后，可安排人员进入受限空间作业。

③ 在受限空间及其附近发生异常情况时，应停止作业。

④ 检查、确认应急准备情况，核实内外联络及呼叫方法。

⑤ 对未经允许试图进入或已经进入受限空间者进行劝阻或责令退出。

2. 监护人员的职责

① 对受限空间作业人员的安全负有监督和保护的职责。

② 了解可能面临的危害，对作业人员出现的异常行为能够及时警觉并做出判断。与作业人员保持联系和交流，观察作业人员的状况。

③ 当发现异常时，立即向作业人员发出撤离警报，并帮助作业人员从受限空间逃生，同时立即呼叫紧急救援。

④ 掌握应急救援的基本知识。

3. 作业人员的职责

① 负责在保障安全的前提下进入受限空间实施作业任务。作业前应了解作业的内容、地点、时间、要求，熟知作业中的危害因素和应采取的安全措施。

② 确认安全防护措施落实情况。

③ 遵守受限空间作业安全操作规程，正确使用受限空间作业安全设施与个体防护用品。

④ 应与监护人员进行必要的、有效的安全、报警、撤离等双向信息交流。

⑤ 服从作业监护人的指挥，如发现作业监护人员不履行职责时，应停止作业并撤出受限空间。

⑥ 在作业中如出现异常情况或感到不适或呼吸困难时，应立即向作业监护人发出信号，迅速撤离现场。

4. 审批人员的职责

① 审查《作业证》的办理是否符合要求。

② 到现场了解受限空间内外情况。

③ 督促检查各项安全措施的落实情况。

任务六　动火作业

【案例介绍】

[案例1]　2017年4月28日9时，河南济源某焦化公司化产车间对澄清槽泄漏的冷凝液管进行维修。12点50分副主任与安全员使用便携式煤气测定仪在澄清槽观察孔揭盖检测，未发现异常后，车间动火工人电话通知电工接好电焊机。14时，安全员找值班班长在动火证上签字，维修人员对冷凝液管进行蒸汽吹扫，清除管道内残留的氨水、焦油、

煤气等可燃物。15点02分，动火人、维修工、监火人、安全员等4人在澄清槽顶部用电焊切割冷凝液管弯头时，澄清槽突然发生爆炸，澄清槽顶部与槽体焊接的盖板被爆炸冲击波掀开，4人分别被抛到距事故发生点3m至43m的不同位置。经120医护人员现场确认，4人已经死亡。事故原因：检测时间超30min动火，未重新进行气体检测。

　　[案例2]　2018年1月24日，吐鲁番市某煤化有限公司在对改质沥青高位槽油气回收管道进行检维修作业，相关人员还在办理动火票、公司安环部安全员拿着气体检测仪，还未走到现场开展动火前的各项准备工作时，现场的工人就提前违章动火，发生闪爆造成3人死亡、1人重伤。

　　[案例3]　2019年4月15日15时37分，济南市某制药有限公司冻干车间地下室，在管道改造过程中，因动火过程中电焊火花引燃低温传热介质产生烟雾，致使现场作业的10名工作人员中8人当场窒息死亡，其余2名工作人员在抢救过程中死亡，另有12名救援人员受呛伤。

　　动火作业是石化企业主要的也是风险最大的生产作业活动之一。如果不能充分认识并采取有效的措施控制动火作业过程中的风险，极有可能导致火灾、爆炸等事故的发生，严重时可能会导致重大人员伤亡或者其他灾难性的后果。

M6-16　用火作业事故案例

【案例分析】

石油化工装置检修动火量大，危险性也较大。因为装置在生产过程中，盛装多种有毒有害、易燃易爆物料，虽经过一系列的处理工作，但是由于设备管线较多，加之结构复杂，难以达到理想条件，很可能留有死角，因此，凡检修动火部位和地区，必须按动火要求，采取措施，办理审批手续。审批动火应考虑两个问题：一是动火设备本身；二是动火的周围环境。用火作业的安全风险分析如表6-10所示。

表6-10　用火作业安全风险分析表

序号	工作步骤	危害	安全风险
1	作业前准备	动火设备未处理	火灾、爆炸
		动火作业周围地沟、窨井没封堵、易燃杂物没清理	火灾、爆炸、人员伤害
		分析不合格	火灾、爆炸
		作业票超期	火灾、爆炸
		动火前没检查电、气焊工具	火灾、爆炸
		劳保用品穿戴不齐全	烫伤
		作业现场周围有易燃易爆物品	火灾、爆炸
		五级风以上	火灾、爆炸
		不正确接电焊机或不按规定接地线	触电、人员伤害、财产损失

续表

序号	工作步骤	危害	安全风险
2	动火作业	焊渣迸溅	火灾、爆炸
		消防器材不到位	不能及时灭火,造成事故扩大
		监护人不到位	出现事故不能及时处置,造成事故扩大
		现场监火人不熟悉现场	火灾、爆炸
		氧气瓶与乙炔瓶间距小于5m	火灾、爆炸
		两气瓶与动火地点均距小于10m	火灾、爆炸
		临时电线使用不当	触电伤害
		动火扩大范围	火灾、爆炸
3	检查验收	动火完后未清理现场	火灾、爆炸
		设备未试	火灾、爆炸

● **必备知识**

一、基本概念

1. 动火作业

动火作业指能直接或间接产生明火的工艺设置以外的非常规作业,如使用电焊、气焊(割)、喷灯、电钻、砂轮等进行可能产生火焰、火花和炽热表面的非常规作业。

2. 动火作业分级

动火作业分为特殊动火作业、一级动火作业和二级动火作业三级。

(1)特殊动火作业 在生产运行状态下的易燃易爆生产装置、输送管道、储罐、容器等部位及其他特殊危险场所进行的动火作业。带压不置换动火作业按特殊动火作业管理。

M6-17 动火作业定义及分类

(2)一级动火作业 在易燃易爆场所进行的除特殊动火作业以外的动火作业。厂区管廊上的动火作业按一级动火作业管理。

(3)二级动火作业 除特殊动火作业和一级动火作业以外的禁火区的动火作业。

凡生产装置或系统全部停车,装置经清洗、置换、取样分析合格并采取安全隔离措施后,可根据其火灾、爆炸危险性大小,经厂安全(防火)部门批准,动火作业可按二级动火作业管理。

遇节日、假日或其他特殊情况时,动火作业应升级管理。

二、动火作业安全防火要求

1. 动火作业安全防火基本要求

① 动火作业应办理《动火安全作业证》(简称《作业证》,如图6-17所示),进入受限空间、高处等进行动火作业时,还须执行《化学品生产单位受限空间作业安全规范》和《化学品生产单位高处作业安全规范》的规定。

② 动火作业应有专人监火,动火作业前应清除动火现场及周围的易燃物品,或采取其

动火作业安全许可证

动火等级（　　）　　　　　　　　　　　　　　　　编号：

申请动火时间							申请人	
施工作业单位								
动火装置、设施部位								
作业内容								
动火人			特种作业类别				证件号	
动火人			特种作业类别				证件号	
动火人			特种作业类别				证件号	
动火监护人		工种		相关单位动火监护人			工种	
动火时间			年 月 日 时 分至 年 月 日 时 分					

动火分析结果	采样检测时间		采样点	可燃气体含量	有毒气体含量	分析工签名
				%		

序号	动火主要安全措施	选项	确认人
1	动火设备内部构件清理干净，蒸汽吹扫或水洗合格，达到动火条件		
2	断开与动火设备相连的所有管线，加好符合要求的盲板（　　）块		
3	动火点周围（最小半径15m）的下水井、地漏、地沟、电缆沟等已清除易燃物，并已采取覆盖、铺砂、水封等手段进行隔离		
4	罐区内动火点同一围堰内和防护间距以内的油罐不得进行脱水作业		
5	清除动火点周围易燃物、可燃物（应注意清理距用火点30m内的可燃粉尘、硫磺黄粉、铝粉、镁粉、锌粉等能导致粉尘爆炸的粉尘，防止粉尘飞扬和聚集）		
6	距动火点30m内严禁排放各类可燃气体，15m内严禁排放各类可燃液体，动火点10m范围内及动火点下部区域严禁同时进行可燃溶剂清洗和喷漆等作业		
7	高处作业应采取防火花飞溅措施		
8	电焊回路线应接在焊接件上，把线不得穿过下水井或与其他设备搭接		
9	乙炔瓶应直立放置，氧气瓶与乙炔气瓶间距不应小于5m，二者与动火点、明火或其他热源间距不应小于10m，并不得在烈日下曝晒		
10	现场配备蒸汽带（　　）根，灭火器（　　）个，铁锹（　　）把，石棉布（　　）块		
11	在受限空间内进行动火作业、临时用电作业时，不得同时进行刷漆、喷漆作业或使用可燃溶剂清洗等其他可能散发易燃气体、易燃液体的作业		
12	危害识别及其他补充措施：		

动火车间意见：　　　　　　　　签名：	相关单位意见：　　　　　　　　签名：	生产部门意见：　　　　　　　　签名：
设备部门意见：　　　　　　　　签名：	安全管理部门意见：　　　　　　　　签名：	厂领导审批意见：　　　　　　　　签名：

完工验收	验收时间	年 月 日 时 分	作业单位	签名：	作业单位	签名：

图 6-17　用火作业许可证

他有效的安全防火措施，配备足够适用的消防器材。

③ 凡在盛有或盛过危险化学品的容器、设备、管道等生产、储存装置及处于 GB 50016 规定的甲、乙类区域的生产设备上动火作业，应将其与生产系统彻底隔离，并进行清洗、置换，取样分析合格后方可动火作业；因条件限制无法进行清洗、置换而确需动火作业时按特殊动火作业执行。

④ 凡处于 GB 50016 规定的甲、乙类区域的动火作业，地面如有可燃物、空洞、窨井、地沟、水封等，应检查分析，距用火点 15m 以内的，应采取清理或封盖等措施；对于用火点周围有可能泄漏易燃、可燃物料的设备，应采取有效的空间隔离措施。

⑤ 拆除管线的动火作业，应先查明其内部介质及其走向，并制订相应的安全防火措施。

⑥ 在生产、使用、储存氧气的设备上进行动火作业，氧含量不得超过 21％。

⑦ 五级风以上（含五级风）天气，原则上禁止露天动火作业。因生产需要确需动火作业时，动火作业应升级管理。

⑧ 在铁路沿线（25m 以内）进行动火作业时，遇装有危险化学品的火车通过或停留时，应立即停止作业。

M6-18　动火作业主要安全措施

⑨ 凡在有可燃物构件的凉水塔、脱气塔、水洗塔等内部进行动火作业时，应采取防火隔绝措施。

⑩ 动火期间距动火点 30m 内不得排放各类可燃气体；距动火点 15m 内不得排放各类可燃液体；不得在动火点 10m 范围内及用火点下方同时进行可燃溶剂清洗或喷漆等作业。

⑪ 动火作业前，应检查电焊、气焊、手持电动工具等动火工器具本质安全程度，保证安全可靠。

⑫ 使用气焊、气割动火作业时，乙炔瓶应直立放置；氧气瓶与乙炔气瓶间距不应小于 5m，二者与动火作业地点不应小于 10m，并不得在烈日下曝晒。

⑬ 动火作业完毕，动火人和监火人以及参与动火作业的人员应清理现场，监火人确认无残留火种后方可离开。

2. 特殊动火作业的安全防火要求

特殊动火作业在符合动火作业安全防火基本要求规定的同时，还应符合以下规定。

① 在生产不稳定的情况下不得进行带压不置换动火作业。

② 应事先制定安全施工方案，落实安全防火措施，必要时可请专职消防队到现场监护。

③ 动火作业前，生产车间应通知生产调度部门及有关单位，使之在异常情况下能及时采取相应的应急措施。

④ 动火作业过程中，应使系统保持正压，严禁负压动火作业。

⑤ 动火作业现场的通风应良好，以便使泄漏的气体能顺畅排走。

三、动火相关人员职责

1. 动火作业负责人

① 负责办理《作业证》并对动火作业负全面责任。

② 应在动火作业前详细了解作业内容和动火部位及周围情况，参与动火安全措施的制定、落实，向作业人员交代作业任务和防火安全注意事项。

③ 作业完成后，组织检查现场，确认无遗留火种后方可离开现场。

2. 作业人员（动火人）

① 应参与风险危害因素辨识和安全措施的制定。

② 应逐项确认相关安全措施的落实情况。

③ 应确认动火地点和时间。

④ 若发现不具备安全条件时不得进行动火作业。

⑤ 应随身携带《作业证》。

⑥ 动火作业结束后，负责清理作业现场，确保现场无安全隐患。

3. 作业监护人（监火人）

① 负责动火现场的监护与检查，发现异常情况应立即通知动火人停止动火作业，及时联系有关人员采取措施。

图6-18　监护人在动火作业现场

② 应坚守岗位,不准脱岗;在动火期间,不准兼做其他工作。如图6-18所示。

③ 当发现动火人违章作业时应立即制止。

④ 熟悉紧急情况下的应急处置程序和救援措施,熟练使用相关消防设备、救护工具等应急器材,可进行紧急情况下的初期处置。

⑤ 在动火作业完成后,应会同有关人员清理现场,清除残火,确认无遗留火种后方可离开现场。

四、"四不动火"原则

① 动火作业许可证未经签发不动火;

② 制定的安全措施没有落实不动火;

③ 动火部位、时间、内容与动火作业许可证不符不动火;

④ 监护人不在场不动火。

● 任务实施

训练内容　动火作业安全管理

一、教学准备/工具/仪器

多媒体教学(辅助视频)

图片展示

典型案例

实物

二、操作规范及要求

① AQ 3022—2008《化学品生产单位动火作业安全规范》;

② 掌握检修的主要程序;

③ 根据典型案例做出分析;

④ 模拟实施检修动火作业管理。

三、动火作业流程

实施动火作业的流程主要包括作业申请、作业审批、作业实施和作业关闭等四个环节。

(1) 作业申请　由作业单位的现场作业负责人提出,作业单位参加作业区域所在单位组织的风险分析,根据提出的风险管控要求制定并落实安全措施。

(2) 作业审批　由作业批准人组织作业申请人等有关人员进行书面审查和现场核查,确认合格后,批准动火作业。

(3) 作业实施　由作业人员按照动火作业许可证的要求,实施动火作业,监护人员按规定实施现场监护。

(4) 作业关闭　是在动火作业结束后,由作业人员清理并恢复作业现场,作业申请人和作业批准人在现场验收合格后,签字关闭动火作业许可证。

四、《作业证》的审批

① 特殊动火作业的《作业证》由主管厂长或总工程师审批。

② 一级动火作业的《作业证》由主管安全（防火）的部门审批。

③ 二级动火作业的《作业证》由动火点所在车间主管负责人审批。

五、《作业证》的有效期限

① 特殊动火作业和一级动火作业的《作业证》有效期不超过 8h。

② 二级动火作业的《作业证》有效期不超过 72h，每日动火前应进行动火分析。

③ 动火作业超过有效期限，应重新办理《作业证》。

④《作业证》保存期限至少为 1 年。

六、动火分析及合格标准

① 动火作业前应进行安全分析，动火分析的取样点要有代表性。

② 在较大的设备内动火作业，应采取上、中、下取样；在较长的物料管线上动火，应在彻底隔绝区域内分段取样；在设备外部动火作业，应进行环境分析，且分析范围不小于距动火点 10m。

③ 取样与动火间隔时间不得超过 30min，如超过此间隔或动火作业中断时间超过 30min，应重新取样分析。特殊动火作业期间还应随时进行监测。

④ 使用便携式可燃气体检测仪或其他类似手段进行分析时，检测设备应经标准气体样品标定合格。

⑤ 动火分析合格判定：当被测气体或蒸气的爆炸下限大于等于 4% 时，其被测浓度应不大于 0.5%（体积分数）；当被测气体或蒸气的爆炸下限小于 4% 时，其被测浓度应不大于 0.2%（体积分数）。

七、动火作业通用设施的管理

1. 氧气瓶的管理

氧气瓶装卸搬运时，要防止高处坠落及倾倒等碰撞冲击。储存和使用时防止突然倾倒，立放时应有固定措施。放气速度不能过快。严禁用沾有油脂的工具、手套或工作服接触氧气瓶或减压阀等部件。安装减压阀时，应检查阀门接口不得有油脂，并略开氧气瓶吹除污垢，然后安装。瓶内气体不能全部用尽，防止可燃气倒流或空气进入，用后关紧阀门。氧气瓶与电焊在同一地点使用时，瓶底应垫绝缘物，防止气瓶带电。冬季使用气瓶时，瓶阀或减压阀可能有冻结现象，此时可用热水或蒸汽解冻，严禁使用火烤或用力旋拧减压器，防止气体大量冲出。不能与油脂燃料相距过近，至少要保持 5m 的安全距离或有隔离措施，并远离高温明火，与明火距离不小于 10m。

2. 乙炔瓶的管理

乙炔瓶禁止卧放，防止暴晒，冬季解冻不应用火烤，也不容许用蒸汽，应采用温水解冻。乙炔瓶与电焊在同一工作地点使用时，乙炔瓶不应绝缘，而应进行接地，防止产生静电发生危害。

3. 电焊作业的管理

电焊工所用焊把必须进行绝缘检查，禁止将接地线连接于在用管线、设备以及相关的钢结构上，防止产生静电，发生火灾。电焊机露天放置应稳固并有防雨措施，每台电动机有专用的开关箱和一机一闸控制。采用自动开关控制，不能使用手动开关。电焊机的一次侧及二次侧都应装设防触电保护装置。一次侧的电源线长度不应超过 3m，电焊机的外壳应做保护接地或接零。

任务七　压力容器的检验与维护

【案例介绍】

[案例1]　2018年3月12日16时14分，某石化炼油运行一部柴油加氢装置发生一起爆炸火灾事故，事故造成2人死亡，1人灼伤。经事后调查，原因为反应进料泵P501B联锁停泵后，当班外操员没有及时关闭泵出口阀，同时泵出口单向阀漏量，造成反应系统高温高压介质从P501/B出口倒窜至加氢原料缓冲罐V501，造成V501超压爆裂。

[案例2]　2020年2月，山东某股份有限公司全资子公司辽宁一公司发生爆炸事故，造成5人死亡，10人受伤，直接经济损失约1200万元。事故的直接原因为：烯草酮工段一操员工未对物料进行复核确认、二操员工错误地将丙酰三酮与氯代胺同时加入到氯代胺储罐V1428内，导致丙酰三酮和氯代胺在储罐内发生反应，放热并积累热量，物料温度逐渐升高，反应放热速率逐渐加快，最终导致物料分解、爆炸。

【案例分析】

压力容器属于特种设备，是一个涉及多行业、多学科的综合性产品，其建造技术涉及冶金、机械加工、腐蚀与防腐、无损检测、安全防护等众多行业。化工行业大量使用的压力容器，由于介质的腐蚀性、反应条件变化、运输、使用、人为等问题，必须定期检定和校验。严禁超负荷运行，失检、失修、安全装置失灵。

压力容器爆炸属于物理性爆炸，爆炸可能的原因如下：

① 超压超温。

② 压力容器有先天性缺陷。

③ 未按规定对压力容器进行定期检验和报废。

④ 压力容器内腐蚀和容器外腐蚀。

⑤ 安全阀卡涩，未按规定进行定期校验，排气量不够。

⑥ 操作人员违章操作。

⑦ 压力容器同时流入可发生化学反应的物质而引发爆炸。

● 必备知识

压力容器是内部或外部承受气体或液体压力、并对安全性有较高要求的密封容器，是化工生产过程中完成反应、换热、储存、分离等作用的一类特种设备，其介质一般具有易燃、易爆、高温、高压及危险性大等特点。压力容器主要为圆柱形，少数为球形或其他形状。

圆柱形压力容器通常由筒体、封头、接管、法兰等零件和部件组成，压力容器工作压力越高，筒体的壁就应越厚。

一、压力容器分类

1. 按设计压力分类

① 低压（L）$0.1MPa \leqslant p < 1.6MPa$；

② 中压（M）1.6MPa≤p＜10MPa；

③ 高压（H）10MPa≤p＜100MPa；

④ 超高压（U）p≥100MPa。

2. 按工艺过程中的作用分类

（1）反应压力容器（R） 主要是用于完成介质的物理、化学反应的压力容器。例如反应器、反应釜、分解锅、硫化罐、分解塔、聚合塔、高压釜、超高压釜、合成塔、变换炉、蒸煮锅、蒸球、蒸压釜、煤气发生炉等。

（2）换热压力容器（E） 主要是用于完成介质热量交换的压力容器。例如管壳式余热锅炉、热交换器、冷却器、冷凝器、蒸发器、加热器、消毒锅、染色器、烘缸、蒸炒锅、预热锅、溶剂预热器、蒸锅、蒸脱机、电热蒸汽发生器、煤气发生炉水夹套等。

（3）分离压力容器（S） 主要是用于完成介质的流体压力平衡缓冲和气体净化分离等的压力容器。例如分离器、过滤器、集油器、缓冲器、洗涤器、吸收塔、铜洗塔、干燥塔、汽提塔、分汽缸、除氧器等。

（4）储存压力容器（C，其中球罐为B） 主要是用于储存、盛装气体、液体、液化气体等介质的压力容器，如各种型式的储罐。

3. 综合分类

（1）固定式压力容器 使用环境固定，不能移动。工作介质种类繁多，大多为有毒、易燃易爆和具有腐蚀性的各类危险化学品。如球形储罐、卧式储罐、各种换热器、合成塔、反应器、干燥器、分离器、管壳式余热锅炉、载人容器（如医用氧舱）等。

（2）移动式压力容器 主要是在移动中使用，作为某种介质的包装搭载在运输工具上。工作介质许多都是易燃、易爆或有毒的物质。例如汽车与铁路罐车的罐体。

（3）气瓶类压力容器 作为压力容器的一种，社会拥有量非常之大，有高压气瓶（如氢、氧、氮气瓶）和低压气瓶（如民用液化石油气钢瓶），工作介质许多也是易燃、易爆或有毒物质。也有很强的移动性，既有运输过程中的长距离移动，也有在具体使用中的短距离移动。例如液化石油气钢瓶、氧气瓶、氢气瓶、氮气瓶、二氧化碳气瓶、液氯钢瓶、液氨钢瓶和溶解乙炔气瓶等。

二、压力容器安全附件

主要有安全阀、压力表、爆破片、温度计、液位计、减压阀、紧急切断装置、快开门式压力容器的安全联锁装置。

M6-19 化工压力
容器安全阀

三、压力容器的定期检验

1. 压力容器定检要求

（1）压力容器年度检测 年检是在压力容器运转时的在线检测。依据容器外表、安全装置和仪表数据来看容器的完整性，对于外表，检查其腐蚀及变形情况，检测焊缝、法兰密封和开孔接管处是否有泄漏状况，安全阀、爆破片、压力表等安全装置及仪表要装备齐全，其灵敏度和可靠性要检测到；计量检定和校验是否按照规定要求进行。压力容器的温度、压力等操作需要的工艺参数的掌控和压力容器运转时的操作与检修记录都是检测时要检查到的。年检主要是宏观检查，如果有需要，可以进行测厚、壁温检查及腐蚀性介质含量检测、真空度检测等测试。

（2）压力容器全面检测 该检测是在压力容器停止运转的情况下做的，这种情况下能及早检测出压力容器各部存在的隐患，包含定检周期中产生的和原来的损伤的扩展状况，进一步判断容器是否能够继续使用。

2. 定期检验内容

（1）全面检查　压力容器外部检验内容包括：

M6-20　化工
压力容器检验

① 压力容器的本体、接口部位、焊接接头等的裂纹、过热、变形、泄漏等。

② 外表面的腐蚀；保温层破损、脱落、潮湿、跑冷。

③ 检漏孔、信号孔的漏液、漏气；疏通检漏管；排放（疏水、排污）装置。

④ 压力容器与相邻管道或构件的异常振动、响声，相互摩擦。

⑤ 进行安全附件检查。

⑥ 支承或支座的损坏，基础下沉、倾斜、开裂，紧固件的完好情况。

⑦ 运行的稳定情况；安全状况等级为 4 级的压力容器监控情况。

压力容器内部检验主要内容有：

① 外部检验的全部项目。

② 结构检验。重点检查的部位有：筒体与封头连接处、开孔处、焊缝、封头、支座或支承、法兰、排污口。

③ 几何尺寸。凡是有资料可确认容器几何尺寸的，一般核对其主要尺寸即可。对在运行中可能发生变化的几何尺寸，如筒体的不圆度、封头与筒体鼓胀变形等，应重点复核。

④ 表面缺陷。主要有：腐蚀与机械损伤、表面裂纹、焊缝咬边、变形等。应对表面缺陷进行认真的检查和测定。

⑤ 壁厚测定。测定位置应有代表性，并有足够的测定点数。

⑥ 材质。确定主要受压元件材质是否恶化。

⑦ 保温层、堆焊层、金属衬里的完好情况。

⑧ 焊缝埋藏缺陷检查。

⑨ 安全附件检查。

⑩ 紧固件检查。

（2）耐压试验　耐压试验是指压力容器全面检验合格后，所进行的超过最高工作压力的液压试验或者气压试验。每两次全面检验期间内，原则上应当进行一次耐压试验。耐压试验（一般进行水压试验）是对主要焊缝进行无损探伤抽查或全部焊缝检查。但对压力很低、非易燃或无毒、无腐蚀性介质的容器，若没有发现缺陷并取得一定使用经验后，可不作无损探伤检查。容器的全面检验周期，一般为每六年至少进行一次。对盛装空气和惰性气体的合格容器，经过一两次内外检验确认无腐蚀后，全面检验周期可适当延长。

● 任务实施

一、气瓶的安全使用

气瓶是一种承压设备，具有爆炸危险，且其承装介质一般具有易燃、易爆、有毒、强腐蚀等性质，使用环境又因其移动、重复充装、操作使用人员不固定和使用环境变化的特点，比其他压力容器更为复杂、恶劣。气瓶一旦发生爆炸或泄漏，往往发生火灾或中毒，甚至引起灾难性事故，带来严重的财产损失、人员伤亡和环境污染。常用气瓶颜色见表 6-11。

表 6-11　常用气体气瓶颜色

序号	名称	气瓶颜色	字体颜色
1	空气	黑色	白色
2	氧气	淡蓝色	黑色
3	氢气	浅绿色	大红色
4	氯气	深绿色	白色
5	氨	淡黄色	黑色
6	氮气	黑色	白色
7	乙炔	白色	大红色
8	硫化氢	白色	大红色
9	环氧乙烷	银灰色	大红色
10	二氧化碳	铝白	黑色
11	二氧化硫	银灰色	黑色

气瓶使用规则：

① 各种气瓶涂漆标志要正确，使用时必须直立放置，加以适当固定，防止倾倒。

② 气瓶应放置在通风良好的地方，防雨淋和日光曝晒，不应放置在焊割施工的钢板上及电流通过的导体上。

③ 气瓶尤其是瓶阀周围严禁沾有油脂等易燃物质；安装减压表时，要检查瓶阀和出气口内有无油脂等杂质。

④ 气瓶严禁近火，乙炔瓶温不得超过 40℃，液化气瓶温不得超过 45℃，明火操作之间的距离大于 10m，瓶阀管路不得漏气，严禁明火试漏。

⑤ 瓶内气体不应全部用完，防止气体倒灌。

⑥ 气瓶应定期按 TSG 23—2021《气瓶安全技术规程》在指定的单位进行检查。

⑦ 不准将氧气代替空气或氧气作通风气使用；气瓶装置的防爆紫铜片不准私自调换；气瓶用后要将气瓶阀关闭。

M6-21　气瓶的
安全使用

二、压力容器的紧急情况处理

发生下列异常现象之一时操作人员有权采取紧急措施处理并及时上报：

① 容器工作压力、介质温度或容器壁温超过规定值以及容器超负荷运行、经采取措施仍不能得到有效控制时。

② 容器主要受压元件或盛装易燃、易爆、有害、毒性程度为中等危害介质的容器发现裂纹、鼓包、变形、泄漏等危及安全的缺陷时。

③ 容器所在岗位发生火灾或相邻设备发生事故已直接危及容器安全运行时。

④ 容器过量充装危及安全时。

M6-22　液化
石油气罐车
爆炸

⑤ 容器的接管、紧固件损坏难以保证容器安全运行时。

⑥ 容器液位失去控制，采取措施仍不能得到有效控制时。

⑦ 容器与相邻管道发生振动，危及容器安全运行时。

⑧ 安全装置失灵、无法调整，危及安全运行时。

⑨ 发生安全生产技术规程中不允许容器继续运行的其它情况时。

三、压力容器的维修安全

压力容器的维修应当符合国家特种设备专业部门制定的规定，维修时要特别注意以下问题。

1. 压力容器的安全维护

做好压力容器的维护保养工作，加强对压力容器的维护保养，是保障压力容器安全运行和经济运行的一项非常重要、必不可少的工作。

① 压力容器的安全装置（安全阀、压力表、泄压孔、防爆膜）应可靠、灵敏、准确，并应定期检查。

② 应经常检查压力容器的防腐措施，确保其完好。同时，应采取措施防止压力容器及相关连接管道"跑、漏、滴、冒"。

③ 应经常检查压力容器的紧固件和密封情况，以确保完整性和可靠性；减少和消除压力容器的振动。

④ 检查压力容器的静电接地情况，确保接地装置完整、良好。

⑤ 停止使用和密封的压力容器也应定期维护保养。

2. 压力容器维修过程的安全操作

（1）吹扫更换　压力容器必须按规定的程序和时间进行吹扫和更换，要系统、全面地制定所有管道的清洗置换工艺表，严格按照清洗工艺，逐项清洗置换。对于易燃、易爆、有毒介质，特别是高黏度压力容器和管道内壁有污垢、结构复杂的，吹扫流速、流量和时间必须足够长，以保证吹扫干净。用蒸汽吹扫时，蒸汽冷凝水会积聚在压力容器的管道中。因此，用蒸汽吹扫后，必须再用压缩空气吹扫，以进行低点放空和排出积水。维修时如果要在用氮气置换的压力容器中工作，需要事先用空气吹扫将氮气赶出，待气体分析内容合格后方可进入。

（2）加盲板　连接压力容器与压力容器、连接压力容器与压缩机、泵或其他设备的管道有很多。盲板将与其相连的众多管道隔离开来。如果没有盲板，单独的阀门无法完成隔离。阀门长期受到介质冲刷、腐蚀、结垢或杂质堆积，严密性难以保证，一旦易燃易爆物质泄漏，遇施工明火会引起爆炸、燃烧事故；如果有毒的物质泄漏，压力容器内的工作人员会中毒或窒息。总之，凡是能引起火灾、爆炸或人身伤害的物料，都应采用盲板隔离。

（3）维修、施工用火　维修保养中用火都要经批准，实行"三不动火：即不经批准不动火；防火措施没落实不动火；监护人不在现场不动火。使用火的地点和时间必须明确，避免由于操作不规范引起火灾和不必要的人员伤亡。因此，必须严格执行消防管理制度。

（4）压力容器及设备拆封检查　维修和操作人员进入现场，首要工作就是打开压力容器人孔，拆卸压力容器人孔盖、管道法兰、机泵。拆卸作业时，应注意安全操作，稍有疏忽就可能导致事故和人身伤害。

"1+X"考证练习

一、考核准备

1. 考核要求

① 正确穿戴劳动保护用品。

② 考核前统一抽签，按抽签顺序对学生进行考核。

③ 符合安全、文明生产。

2. 材料准备

具体要求见表 6-12。

表 6-12　材料准备清单

序号	名称	规格	数量	备注
1	工具包		1	
2	灭火器材		1	
3	空气呼吸器		1	

3. 操作考核规定及说明

（1）操作程序

① 准备工作；

② 工作服的穿戴；

③ 设备准备。

（2）考核规定及说明

① 如操作违章，将停止考核；

② 考核采用 100 分制，然后按权重进行折算。

（3）考核方式说明　该项目为实际操作，考核过程按评分标准及操作过程进行评分。

二、工艺设备检修前的安全确认

考核标准及记录表（见表 6-13）。

表 6-13　考核标准及记录表（一）

考核时间：10min

序号	考核内容	考核要点	分数	评分标准	得分	备注
1	准备工作	穿戴劳保用品	3	未穿戴整齐扣 3 分		
		工具、用具准备	2	工具选择不正确扣 2 分		
2	操作程序	物料的切断	20	未切断所有进出物料扣 20 分		
3		排放物料	30	未排放物料扣 10 分		
				有毒有害气体排放未采取隔离措施扣 10 分		
				有毒有害液体直接排放扣 10 分		
4		卸压	20	未进行卸压操作扣 10 分		
				卸压后未确认压力扣 10 分		
5		置换	20	未进行置换操作扣 10 分		
				未进行分析扣 10 分		

续表

序号	考核内容	考核要点	分数	评分标准	得分	备注
6	使用工具	使用工具	2	工具使用不正确扣2分		
		维护工具	3	工具乱摆乱放扣3分		
7	安全及其他	按操作规程规定		违规一次总分扣5分；严重违规停止操作		
		在规定时间内完成操作		每超时1min总分扣5分；超时5min停止操作		
	合计		100			

三、动火监护工作内容检查

考核标准及记录表（见表 6-14）。

表 6-14 考核标准及记录表（二）

考核时间：15min

序号	考核内容	考核要点	分数	评分标准	得分	备注
1	准备工作	穿戴劳保用品	3	未穿戴整齐扣3分		
		工具、用具准备	2	工具选择不正确扣2分		
2	操作前提	检查前准备充分	30	未带工具包扣5分		
				工具缺少扣5分		
				不清楚用火监护职责该项零分		
				不清楚用火监护人权限该项零分		
3	操作过程	检查过程正确无漏项	20	动火安全措施一项未检查扣10分		
				检查走过场该项零分		
		熟悉动火内容	10	不熟悉动火内容扣10分		
		熟悉动火区域内工艺操作情况	10	不熟悉动火区域内工艺操作情况扣10分		
		熟悉动火区域内设备情况	10	不熟悉动火区域内设备情况扣10分		
4	使用工具	正确使用工具	2	正确使用不正确扣2分		
		正确维护工具	3	工具乱摆放扣3分		
5	安全文明操作	按国家或企业颁布的有关规定执行	5	违规操作一次从总分中扣除5分，严重违规停止本项操作		
6	考核时限	在规定时间内完成	5	按规定时间完成，每超时1min，从总分中扣5分，超时3min停止操作		
	合计		100			

四、进入受限空间作业的监护

考核标准及记录表（见表 6-15）。

表 6-15　考核标准及记录表（三）

考核时间：15min

序号	考核内容	考核要点	分数	评分标准	得分	备注
1	准备工作	穿戴劳保用品	3	未穿戴整齐扣3分		
		工具、用具准备	2	工具选择不正确扣2分		
		操作前准备充分	10	未了解设备吹扫情况扣5分		
				未了解设备内介质情况扣5分		
				未检查设备加盲板情况扣5分		
2	操作过程	进入受限空间作业人员和监护人员，须持有进入设备许可证	10	未检查许可证扣5分		
				未检查监护人员资格扣5分		
		作业人员和设备所在部门不是一个单位，须各派一人做监护人	10	监护人员不监护标志扣5分		
				监护人员不清点人数扣5分		
				监护人员不清点工具扣5分		
				无监护人员就作业扣5分		
		检查受限空间内环境分析单	10	无环境分析单扣10分		
				分析单不合格就作业扣10分		
		切断受限空间内的电源，环境温度在常温左右	10	不切断电源扣5分		
				不测环境温度扣5分		
		设备外须配备一定量的应急救护器材和灭火器材	10	无应急救护器材扣10分		
				无灭火器材扣10分		
		受限空间内要自然通风或强制通风，以及配备长管面具、空气呼吸器	5	未自然通风或强制通风扣5分		
				未配备长管面具、空气呼吸器扣5分		
		受限空间内出现有人中毒、窒息的紧急情况，监护人或抢救人必须佩戴空气呼吸器进入设备，并至少一人在外面作联络	5	没佩戴空气呼吸器进入设备扣5分		
				外面无人作联络扣5分		
				监护人员发现后逃逸扣5分		
		验收	10	作业完毕后没进行验收扣5分		
				作业完毕后没督促作业人员清理工具扣5分		
3	使用工具	正确使用工具	2	不正确扣2分		
		正确维护工具	3	工具乱摆放扣3分		
4	安全文明操作	按国家或企业颁布的有关规定执行	5	违规操作一次从总分中扣除5分，严重违规停止本项操作		
5	考核时限	在规定时间内完成	5	按规定时间完成，每超时1min，从总分中扣5分，超时3min停止操作		
	合计		100			

五、单选题

1. 《危险化学品企业事故隐患排查治理实施导则》规定，企业进行隐患排查的频次应满足：装置操作人员现场巡检间隔不得大于 2h，涉及"两重点一重大"的生产、储存装置和部位的操作人员现场巡检不得大于（　　）h。

  A. 0.5　　　　　　　　B. 1　　　　　　　　C. 1.5　　　　　　　　D. 2

2. 《关于加强化工过程安全管理的指导意见》中的"两重点一重大"指的是（　　）。

  A. 重点装置、重点岗位、重大隐患

  B. 重点人员、重点设备、重大事故

  C. 重点监管危险化学品、重点监管危险化工工艺和危险化学品重大危险源

  D. 重点装置、重点仓库、重大危险源罐区

3. 工艺危险通常来自于两个方面，即（　　）和工艺流程的危险。

  A. 人员误操作的危险　　　　　　　　B. 工艺物料的危险

  C. 设备仪表故障的危险　　　　　　　D. 应急反应缺失的危险

4. 识别施工现场危险源有多种方法，包括：现场调查、工作任务分析、（　　）、危险与可操作性研究、事件树分析（ETA）、故障树分析（FTA）等。

  A. 项目讨论　　　　B. 安全部门商议　　　　C. 安全检查表　　　　D. 隐患调查

5. 化工装置工艺危险分析有多种方法，包括危险与可操作性分析（HAZOP）、保护层分析（LOPA）、安全仪表系统的安全完整性等级分析（SIL）等。关于工艺危险分析方法的说法，正确的是（　　）。

  A. HAZOP 分析是 LOPA 分析的继续，是对 LOPA 分析结果的丰富和补充

  B. LOPA 分析是对 SL 分析结果的验证，SL 分析是 LOPA 分析的前期准备工作

  C. HAZOP 分析方法用于辨识设计缺陷、工艺过程危害及操作性问题的结构化分析

  D. LOPA 分析方法的基本特点是基于事故场景进行定量风险分析

6. 盲板的作用是确保有毒、有害、易燃等介质被有效的隔离，其安装时应该在（　　）。

  A. 生产过程中　　　　　　　　　　　B. 物料未排尽前

  C. 物料排尽后　　　　　　　　　　　D. 物料排放期间

7. 参数是有关过程的，用来描述它的物理、化学状态或按照什么规律正在发生的事件。参数分为具体参数和概念参数两类，以下都属于具体参数的是（　　）。

  A. 压力、温度、液位　　　　　　　　B. 压力、汽化、流量

  C. 流量、液位、反应　　　　　　　　D. 混合、汽化、压力

8. 分析概念性参数"维护"时，下面哪一个问题不是应该识别的重点？（　　）

  A. 维护需要的便利性条件是否具备　　　B. 停车检修时发生的危险

  C. 维护时的停车对装置的磨损　　　　　D. 日常维护可能发生的危险

9. 根据 AQ/T 3054—2015《保护层分析（LOPA）方法应用导则》规定，下列选项中，属于设备故障类原因的是（　　）。

  A. 维护失误　　　　　　　　　　　　B. 临近区域火灾或爆炸

  C. 泄漏等　　　　　　　　　　　　　D. 操作失误

10. 以下哪项不属于初始事件（　　）。

  A. 冷却水中断　　　　　　　　　　　B. 雷击

  C. 基本工艺控制系统仪表回路失效　　　D. 储罐超压

归纳总结

当前石化企业实行"两年一修""三年一修"，有的"四年一修"。

石油化工装置易燃易爆，特别是在装置及设备的检修期间，更是各类事故的高发期和多发期。因此，石油化工装置检修是安全管理的重点和难点，更应该加强管理，防患于未然。

在石化企业中，压力容器是不可缺少的重要角色。在分离、反应、存储、传热等各个工艺环节中都离不开它的身影。压力容器属于八大类特种设备之一，从生产、使用、检验、检测直至报废，实行全过程监管。因此，企业的每一次大修压力容器都是重点检验的设备。

施工检修作业环境复杂，不确定因素比较多，领导重视才是确保安全的关键。一是检修前要成立专门的组织机构，要对检修的装置进行全面系统的危险辨识及风险评价，明确各自的职责，做到任务清楚，对检修进行统一领导、制订计划、统一指挥。二是装置检修要制订停车、检修、开车方案及安全措施；每一项检修有明确要求和注意事项，并设专职人员负责。三是要对所参加检修人员进行现场安全交底和安全教育，明确检修内容、步骤、方法、质量要求；对各工种要进行安全培训和考核，经考试合格后，方可参与检修施工。石化装置检修过程主要是动火作业、有限空间作业、高空作业、拆卸作业、临时用电作业等，因此，一定要确保安全措施落实到位，各种作业手续齐全，安全监督人员必须在施工现场。另外，现场文明施工和检查很重要，施工使用的物品及工程料要摆放整齐，要及时处理掉现场出现的安全隐患。

巩固与提高

一、填空题

1. 石油化工装置和设备的检修分为（　　）检修和（　　）检修。

2. 目前，大多数石油化工生产装置都定为（　　）年一次大修。

3. 对检修现场的坑、井、洼、沟、陡坡等应填平或铺设与地面平齐的盖板，也可设置（　　）和（　　）标志，并设（　　）。

4. 施工现场临时用电，要符合《施工现场临时用电安全技术规范》（JGJ 46—2005）的要求，做到（　　）、三相五线制，三级配电等，电线要整齐规范。

5. 高处作业，如果有无法避免的上下交叉作业，必须在每个作业层设（　　），避免高空坠物对下部人员造成伤害。

6. 一般说来装置停车时，炼油装置多用（　　）吹扫置换，化工装置根据工艺要求多用（　　）置换。

7. 设备、管道物料排空后，加水冲洗，再经置换至设备内可燃物含量合格，氧含量在（　　）。

8. 装置停车检修的设备必须与运行系统或有物料系统进行隔离，而这种隔离只靠阀门是不行的。最保险的办法是将与检修设备相连的管道用（　　）相隔离。

9. 对于非禁火区内临时用电的有效期限最长不超过（　　）月。

10. 对于220V/380V供电系统，临时用电的电气设备金属外壳应采用（　　）保护接地系统。

11. 行灯使用电压不得超过（　　）V，在特别潮湿的场所或塔、釜、罐、槽等金属设备内作业的临时照明灯电压不得超过（　　）V。

12. 目前的石油化工生产中，计划外检修（　　）避免。

二、简答题

1. 生产装置检修的特点是什么？

2. 生产装置检修的安全管理要求是什么？

3. 施工结束后"三查四定"的内容是什么？

4. 盲板的制作要求是什么？

5. 加盲板的位置要求是什么？

6. 什么叫临时用电？

7. 高处作业范围是什么？

8. 什么是"受限空间"？

9. "三不进罐"原则是什么？

10. 石油化工企业用火作业范围是什么？

11. "三不用火"原则是什么？

三、综合分析题

某石化厂焦化车间计划外检修，在焊接一处管线连接处时，没有对距用火地点只有1.2m的污水井进行有效遮盖；动火前车间既没有到现场检查落实用火安全措施，动火时又没有看火人在场，致使电焊火星落到污水井中，引燃井内的煤气，发生爆燃，并窜入污水明沟，引发大火。直接经济损失高达21万元。

1. 单项选择题

（1）以下选项中，不属于可燃液体的是（　　）。

A. 四氯化碳　　　　　　B. 二甲苯　　　　　　C. 环己烷　　　　　　D. 乙二醇

（2）在焊割动火作业中，必须采取安全措施。下列选项中，叙述错误的是（　　）。

A. 动火人员必须持证上岗　　　　　　B. 进行动火作业前必须报告班组长

C. 动火前必须清除动火地点周围可燃物　　　　　　D. 动火后必须彻底熄灭余火

2. 多项选择题

（3）危险化学品可能造成的危害有（　　）。

A. 引发职业中毒　　　　　　B. 引发火灾、爆炸事故

C. 引发地质灾害　　　　　　D. 引发环境污染

（4）以下选项中，属于可燃气的是（　　）。

A. 丁二烯　　　　　　B. 液氨　　　　　　C. 二氧化碳　　　　　　D. 一氧化碳

3. 简答题

防止发生火灾、爆炸事故的基本原则是什么？

四、阅读资料

某厂聚丙烯反应釜工艺流程如图6-19所示，反应釜进口有丙烯进料、辅料进料、氮气、蒸汽四个阀门；反应釜出口有聚丙烯出料、反应尾气两个阀门。反应釜搅拌机叶片位于釜中部位置，罐顶设置一人孔。

由于聚丙烯车间聚丙烯反应釜出现故障，要进入反应釜内进行焊接动火作业。车间领导安排人员对反应釜进行退料、吹扫、清洗、置换后，打开釜顶人孔通风，并对辅料进料、蒸汽、氮气等进口阀门加装盲板隔断；对聚丙烯出料、反应尾气等出口阀门加装盲板隔断。因

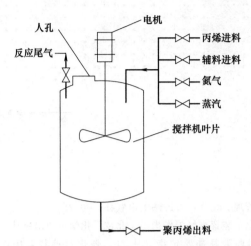

图 6-19　聚丙烯反应釜工艺流程示意图

为少了一块盲板，未对丙烯进料阀门加装盲板隔断，仅关闭丙烯进料阀门。

当日下午，分析人员从反应釜顶部人孔采样分析，反应釜内可燃气体含量和氧气含量均为合格。车间安全员按进入受限空间作业许可证和用火作业许可证办理程序办理作业许可证，作业执行人焊工李某和监护人到达现场。李某是一个有 20 多年焊接工龄的老师傅，动火作业经验丰富。在进入反应釜之前，李某点燃一纸条，丢进反应釜内，未见燃烧、爆炸现象。于是，李某携带焊枪进入反应釜内开始用火作业。突然，"嘭"的一声，反应釜内发生了爆炸，焊工李某当即被炸死在反应釜内。

参考文献

[1] 杨吉华. 图说工厂安全管理. 北京：人民邮电出版社，2012.

[2] 付建平，刘忠，张健. 化工装置维修工作指南. 北京：化学工业出版社，2012.

[3] 中国石油化工集体公司职业技能鉴定指导中心. 催化重整装置操作工. 北京：中国石化出版社，2006.

[4] 中国石油化工集体公司职业技能鉴定指导中心. 催化裂化装置操作工. 北京：中国石化出版社，2006.

[5] 中国石油化工集体公司职业技能鉴定指导中心. 加氢裂化装置操作工. 北京：中国石化出版社，2006.

[6] 中国石油化工集体公司职业技能鉴定指导中心. 常减压蒸馏操作工. 北京：中国石化出版社，2006.

[7] 孙玉叶，夏登友. 危险化学品事故应急救援与处置. 北京：化学工业出版社，2008.

[8] 杨永杰，康彦芳. 化工工艺安全技术. 北京：化学工业出版社，2008.

[9] 刘景良. 化工安全技术. 第4版. 北京：化学工业出版社，2019.

[10] 应急救援系统丛书编委会. 危险化学品应急救援必读. 北京：中国石化出版社，2008.

[11] 韩世奇，韩燕晖. 危险化学品生产安全与应急救援. 北京：化学工业出版社，2008.

[12] 魏振枢. 化工安全技术概论. 北京：化学工业出版社，2008.

[13] 张荣. 危险化学品安全技术. 第2版. 北京：化学工业出版社，2017.

[14] 国家安全生产监督管理局. 危险化学品生产单位安全培训教程. 北京：化学工业出版社，2004.

[15] 葛晓军，周厚云，梁绪. 化工生产安全技术. 北京：化学工业出版社，2008.

[16] 孙玉叶. 化工安全生产技术与职业健康. 第2版. 北京：化学工业出版社，2015.

[17] 玉德堂，孙玉叶. 化工安全生产技术. 天津：天津大学出版社，2009.

[18] 杨旸，王绍民. 新员工HSE教育读本. 北京：中国石化出版社，2009.

[19] 刘玉伟. 灭火救援安全技术. 北京：中国石化出版社，2010.

[20] 杨健. 危险化学品消防救援与处置. 北京：中国石化出版社，2010.

[21] 中国石油化工集团公司安全环保局. 石油化工生产技术（中级本）. 第2版. 北京：中国石化出版社，2009.

[22] 刘承先. 化工生产公用工程. 北京：化学工业出版社，2015.

[23] 朱以刚. 石油化工厂员工人身安全知识必读. 北京：中国石化出版社，2010.

[24] 杨旸，王绍民. 炼化企业现场作业安全管理与监护. 北京：中国石化出版社，2010.